教科書ワーク

わくわく ポイント確認《かくにん》カード

アプリでバッチリ! ポイント確認!

名前

花の色

とくちょう

❶

名前

花の色

とくちょう

❷

名前

花の色

とくちょう

❸

名前

花の色

とくちょう

❹

生き物《もの》のかんさつ

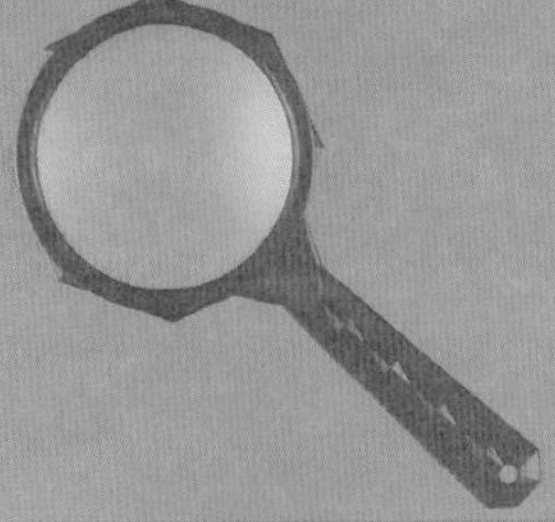

道具《どうぐ》の名前は？

この道具を使《つか》うと、どう見える？

❺

めが出たあとの植物《しょくぶつ》

あの名前は？

あの形はどの植物も同じ？ちがう？

❻

太陽《たいよう》のいちとかげのでき方

あの名前は？

ぼうのかげができるのは、㋐〜㋒のどこ？

❼

ほういの調《しら》べ方

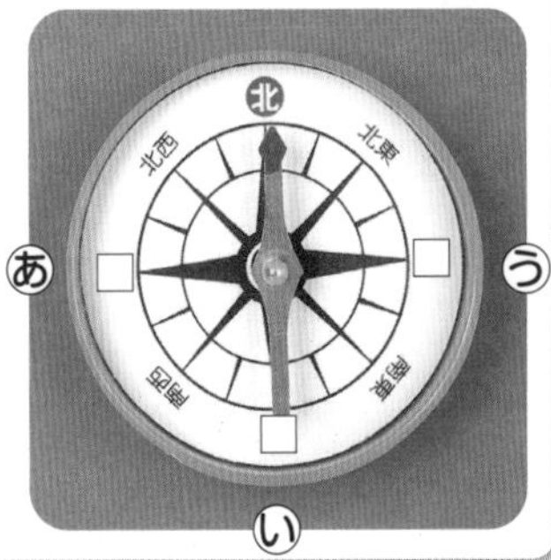

道具の名前は？

あ〜うのほういは？

❽

太陽のいちのへんか

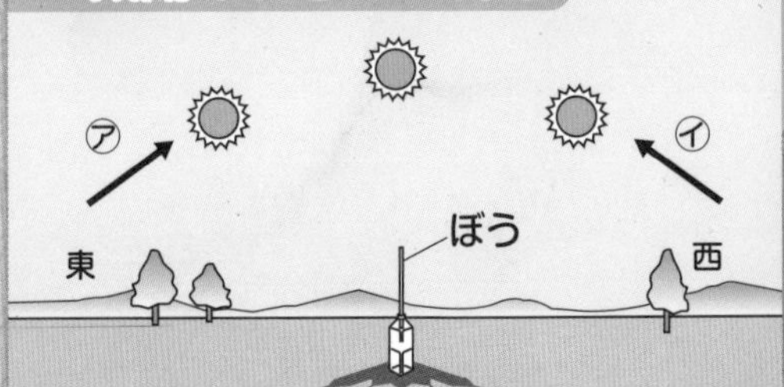

太陽のいちのへんかは㋐、㋑どっち？

かげの向《む》きのへんかは太陽と同じ？反対《はんたい》？

❾

温度《おんど》のはかり方

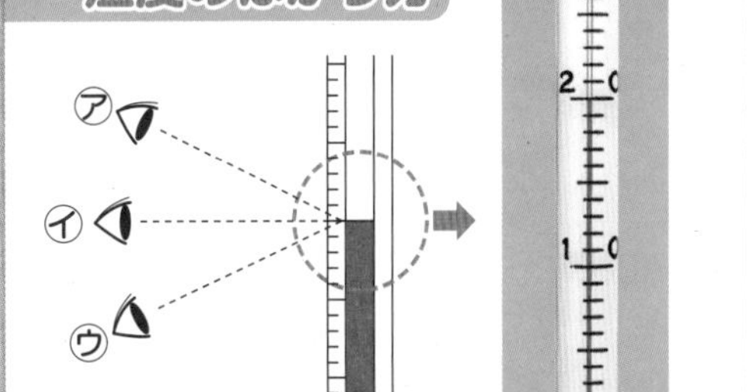

目もりは㋐〜㋒のどこから読む？

温度計は何℃《ど》を表《あらわ》している？

❿

アプリでバッチリ！ポイント確認！

おもての QR コードからアクセスしてください。

※本サービスは無料ですが、別途各通信会社の通信料がかかります。
※お客様のネット環境および端末によりご利用できない場合がございます。
※ QR コードは㈱デンソーウェーブの登録商標です。

使い方

- 切りとり線《せん》にそって切りはなしましょう。
- 写真や図を見て、質問《しつもん》に答えてみましょう。
- 使い終《お》わったら、あなにひもなどを通して、まとめておきましょう。

名前 ヒマワリ

花の色 黄色

高さ 1～3m

とくちょう

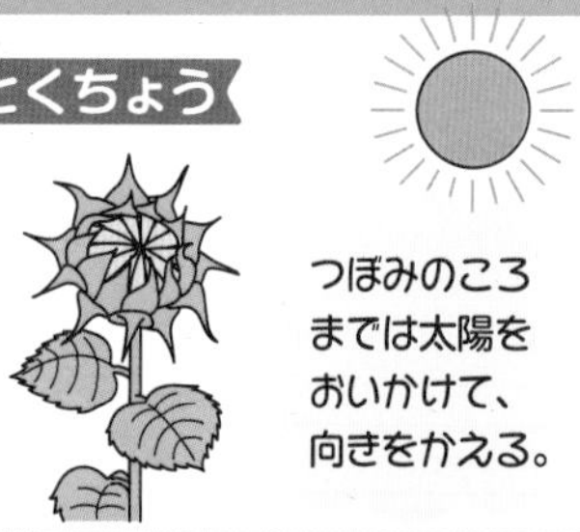

つぼみのころまでは太陽をおいかけて、向きをかえる。

❷

名前 ホウセンカ

花の色 赤色・白色・ピンク色などがある。

高さ 30～60cm

とくちょう

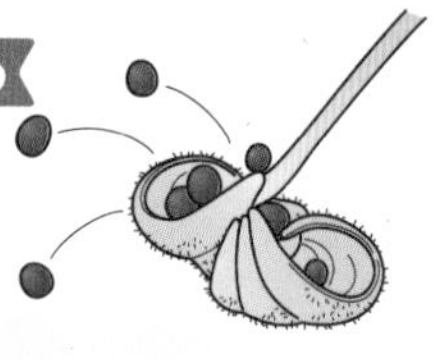

実《み》がはじけて、たねがとぶ。

❶

名前 マリーゴールド

花の色 黄色・オレンジ色などがある。

高さ 15～30cm

とくちょう

これ全体《ぜんたい》が1まいの葉。

❹

名前 タンポポ

花の色 黄色

高さ 15～30cm

とくちょう

葉《は》はギザギザしている。

❸

めが出たあとの植物

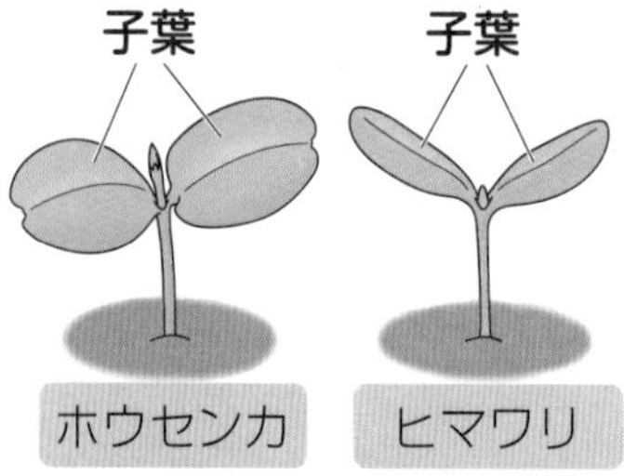

子葉《しよう》は、植物のしゅるいによって、形や大きさがちがうよ。

❻

生き物のかんさつ

虫めがねでかんさつすると、小さいものが大きく見えるよ。

❺

ほういの調べ方

①ほういじしんを水平《すいへい》に持《も》つ。
②はりの動《うご》きが止まるまでまつ。
③北の文字をはりの色のついた先に合わせる。

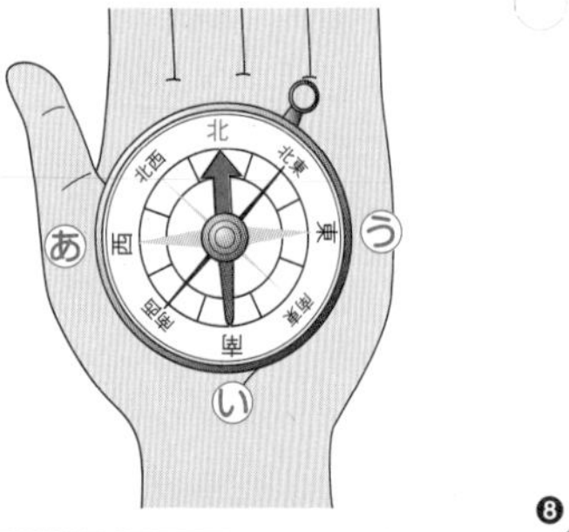

❽

太陽のいちとかげのでき方

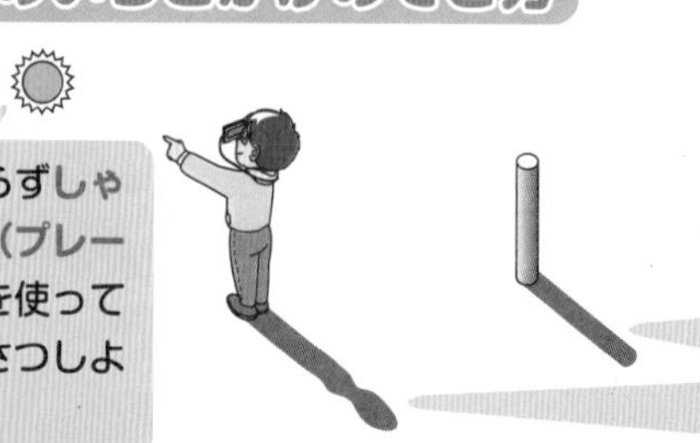

かならずしゃ光板《ばん》（プレート）を使ってかんさつしよう。

かげはどれも同じ向き（㋑）にできるよ。

❼

温度のはかり方

温度計は、目の高さとえきの先を合わせて、真《ま》横《よこ》から目もりを読もう。写真は、20℃だとわかるね。

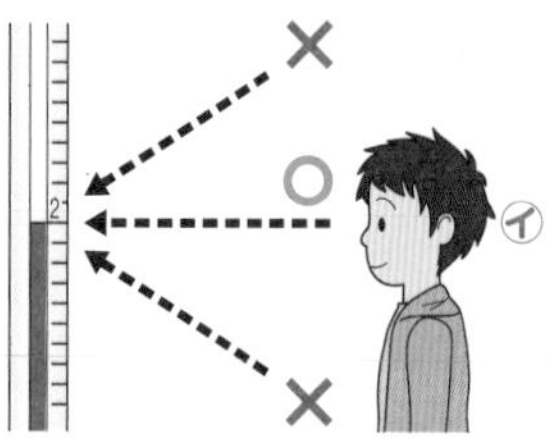

❿

太陽のいちのへんか

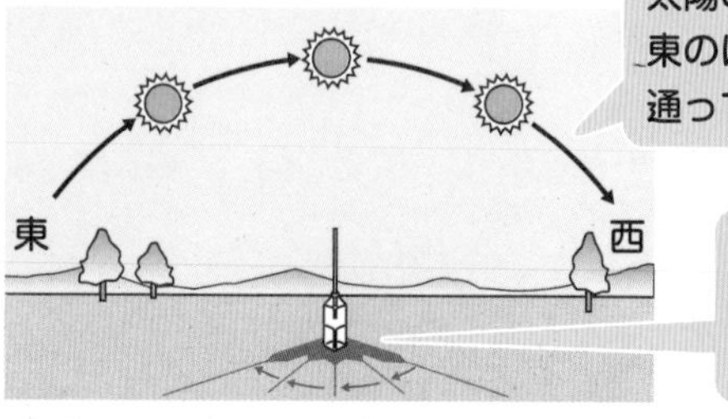

太陽のいちは㋐のように、東のほうから南の空を通って西のほうへかわる。

かげの向きのへんかは、太陽と反対になる。

❾

名前

育《そだ》ち方

からだのつくり

⑪

名前

育ち方

からだのつくり

⑫

名前

すみか

食べ物《もの》

⑬

名前

すみか

食べ物

⑭

名前

すみか

食べ物

⑮

名前

すみか

食べ物

⑯

風の力

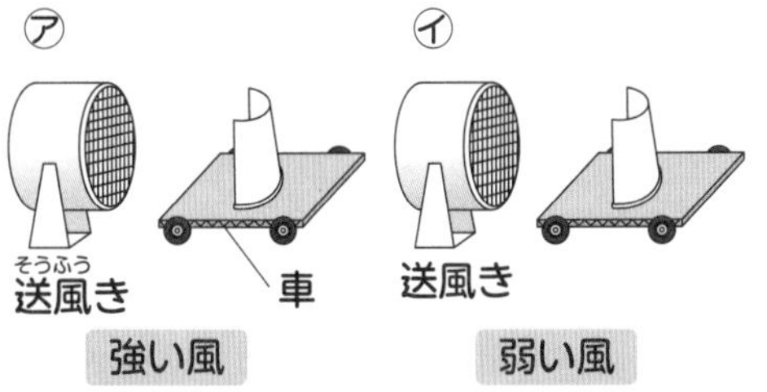

ア
イ
送風《そうふう》き
車
送風き
強い風
弱い風

遠くまで走るのは ア、イどっち？

ものを動かすはたらきを大きくするには？

⑰

ゴムの力

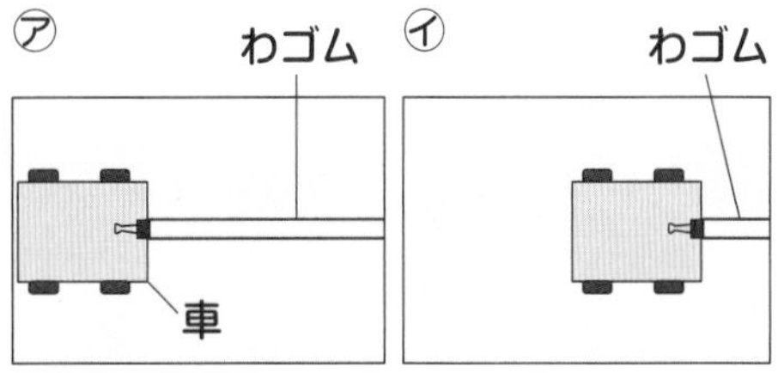

ア
わゴム
イ
わゴム
車

遠くまで走るのはどっち？

ものを動かすはたらきを大きくするには？

⑱

光のせいしつ

ア
イ
ウ
オ
エ
キ
カ
ク

光はどう進《すす》む？

いちばん明るいのは？

⑲

音のせいしつ

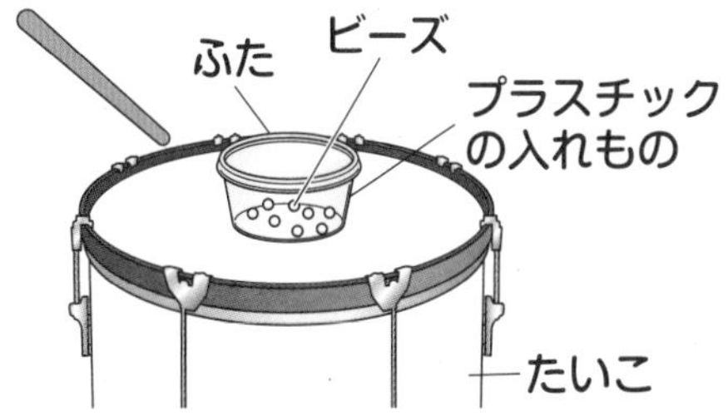

ふた
ビーズ
プラスチックの入れもの
たいこ

ふるえが大きいときの音の大きさは？

ふるえが小さいときの音の大きさは？

⑳

電気とじしゃくのふしぎ

10円玉(銅《どう》)　クリップ(鉄《てつ》)　コップ(ガラス)

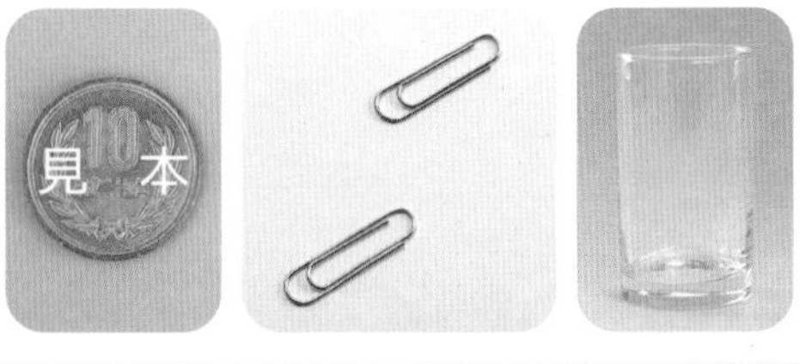

見本

電気を通すものは？

じしゃくにつくものは？

㉑

ものの重《おも》さと体積《たいせき》

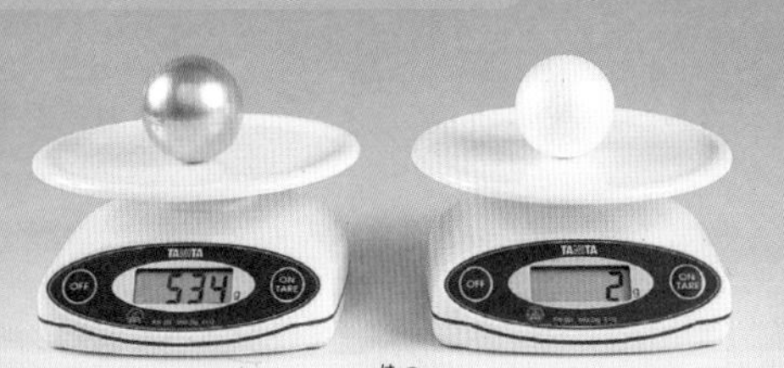

534
2

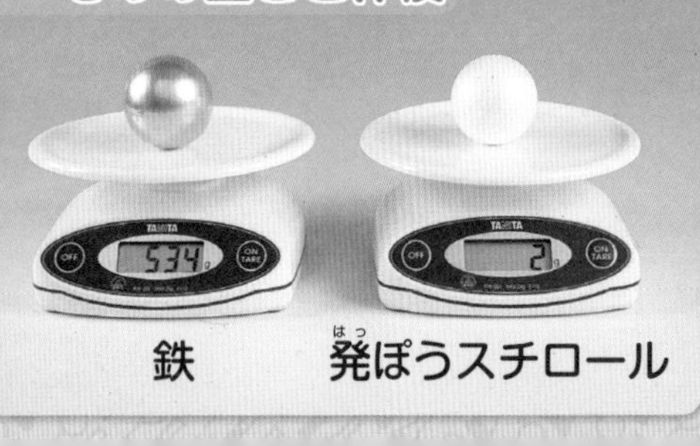

鉄　発《はっ》ぽうスチロール

どちらが軽《かる》い？

体積が同じものの重さは同じ？ちがう？

㉒

名前 ショウリョウバッタ

育ち方

たまご → よう虫 → せい虫

からだのつくり

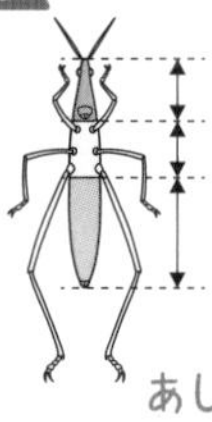
頭
むね
はら
あしは6本

名前 モンシロチョウ

育ち方

たまご → よう虫 → さなぎ → せい虫

からだのつくり

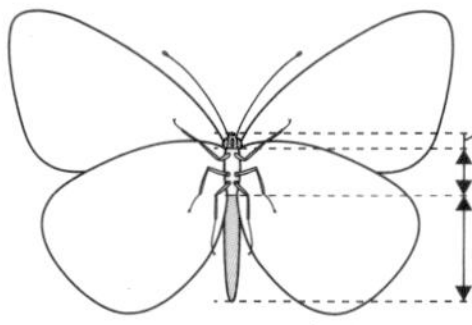
頭
むね
はら
あしは6本

名前 カブトムシ

すみか 林の中

食べ物 木のしる

とくちょう

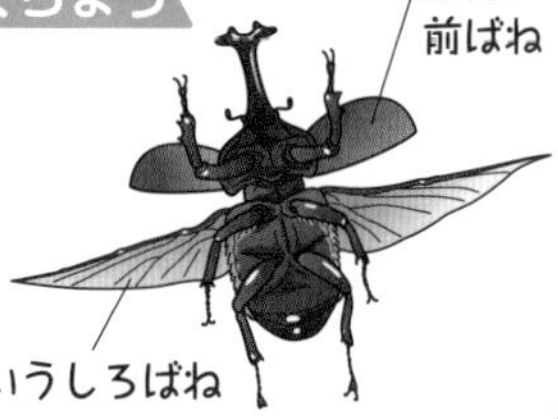
かたい
前ばね
うすいうしろばね

名前 ナナホシテントウ

すみか 草むら

食べ物 小さな虫

とくちょう

ナナホシテントウの
せい虫は、かれ葉の下
などで冬をこす。

名前 クモ

すみか 草むらや
林の中など

食べ物 ほかの虫

とくちょう

からだは、
2つの部分《ぶぶん》に
分かれている。

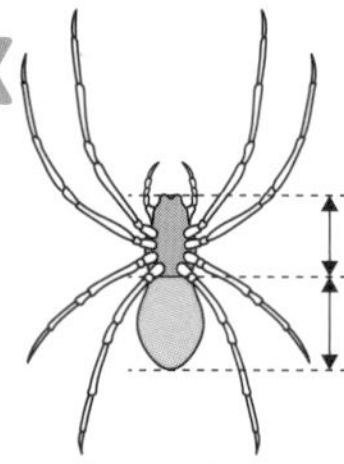
頭・むね
はら
あしは8本

名前 ダンゴムシ

すみか 石の下や
落《お》ち葉の
下など

食べ物 落ち葉や
かれ葉

とくちょう

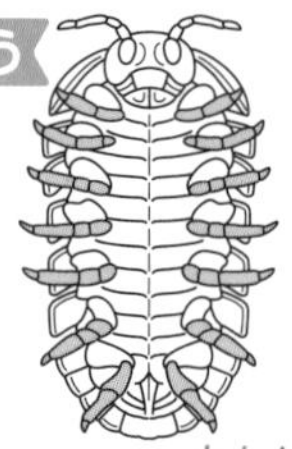
あしは14本

ゴムの力

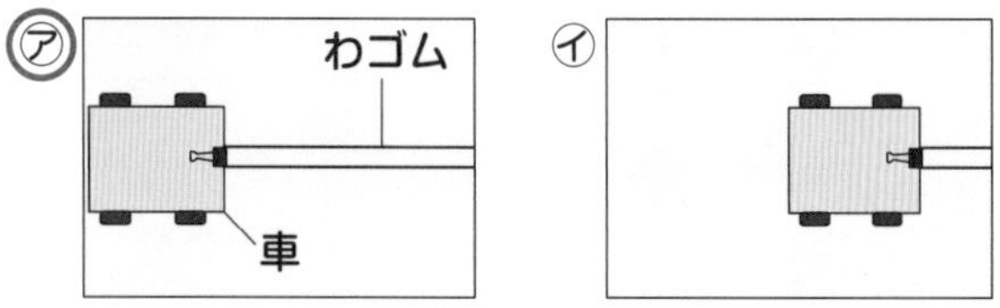
ア
わゴム
車
イ

●ものを動かすはたらきを大きくするには、わゴムを**長くのばす**！

風の力

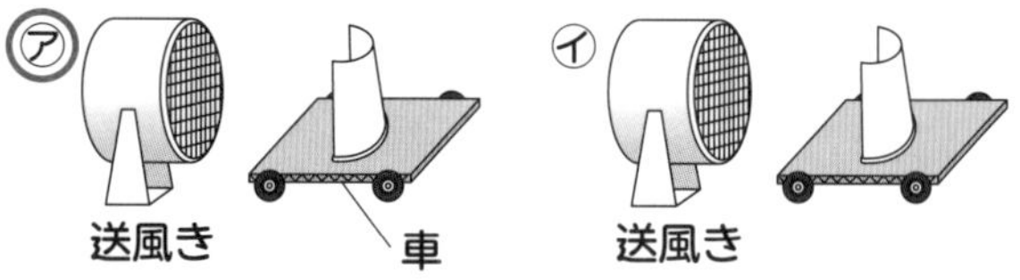
ア
送風き
車
強い風
イ
送風き
弱い風

●ものを動かすはたらきを大きくするには、風を**強くする**！

音のせいしつ

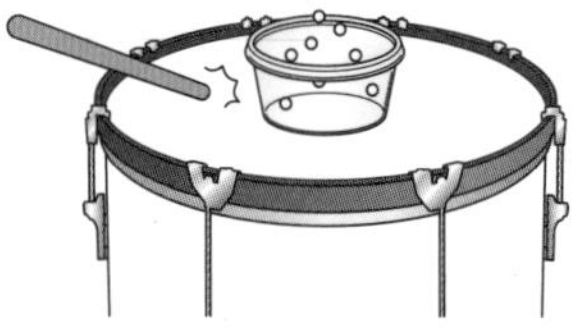

たいこのふるえが大きいと音は**大きく**、ふるえが小さいと音は**小さい**よ。

光のせいしつ

かがみで光をはね返《かえ》すと、
光はまっすぐ進んでいるの
がわかる。

光をたくさん重ねている
エがいちばん明るい。

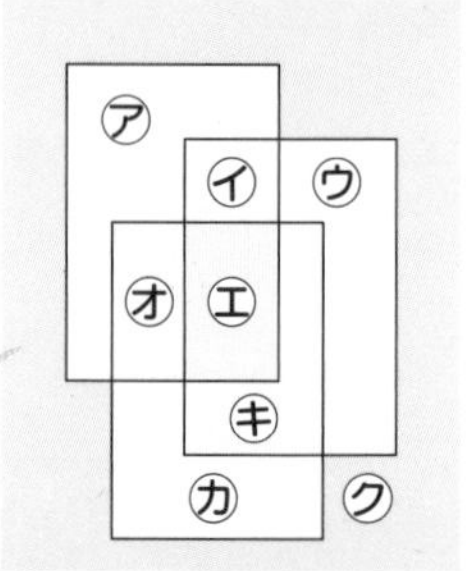
ア
イ
ウ
オ
エ
キ
カ
ク

ものの重さと体積

鉄は534g、
発ぽうスチ
ロールは2g
だから…

発ぽうスチロール
のほうが軽い！

鉄
発ぽうスチロール
534g
2g

●体積が同じでも、ものによって重さは**ちがう**！

電気とじしゃくのふしぎ

●電気を通すもの

鉄、銅、アルミニウムなどの金ぞく

れい **10円玉(銅)、クリップ(鉄)**

●じしゃくにつくもの

鉄でできているもの

れい **クリップ(鉄)**

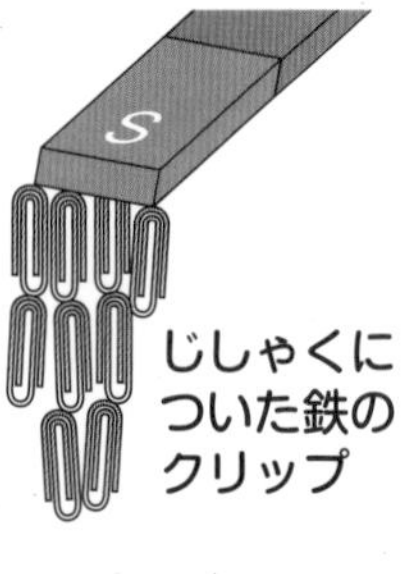
S
じしゃくに
ついた鉄の
クリップ

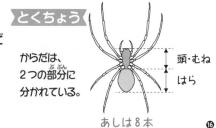

わくわくシール

★1日の学習がおわったら、チャレンジシールをはろう。
★実力はんていテストがおわったら、まんてんシールをはろう。

まんてんシール

チャレンジシール

いろ

くきのふしぎ

アサガオ

ヘチマ

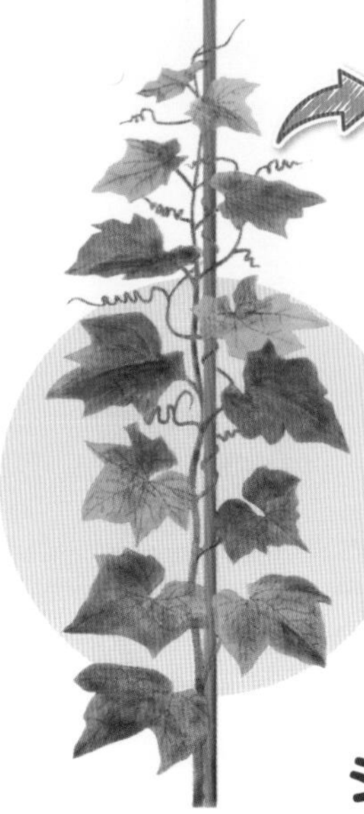

ヘチマの
まきひげ

ジャガイモ

くきがつるのように
曲《ま》がってのびて、ほ
かのものにまきつくよ。

くきの一部《いちぶ》が「まきひげ」
というつるになって、
ほかのものにまきつくよ。

ジャガイモは、
土の中にあるけれど、
じつはよう分をたく
わえている「くき」
なんだ。

葉のふしぎ

わたしたちが食べて
いるのは、「葉《は》」に
よう分がたくわえ
られた部分《ぶぶん》だよ。

タマネギ

この部分が
「くき」だよ。

カエデ

葉の色がかわるのは、
葉のつけ根《ね》にかべが
できて、葉によう分
がたまるためだよ。

いろな植物《しょくぶつ》

教科書ワーク

たねのふしぎ

風でとぶたね

カエデ

タンポポ

風を受《う》けやすいつくりをしているね。

人や動物につくたね

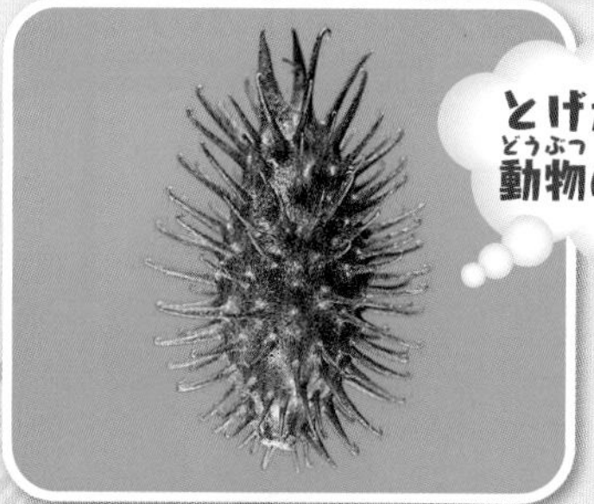

オオオナモミ

アメリカセンダングサ

とげが人のふくや動物《どうぶつ》の毛につくよ。

たねが遠くにはこばれると、めが出て、なかまをふやすことができるんだね。

根のふしぎ

サツマイモ

根《ね》によう分がたくわえられて、「いも」になっているよ。

ウキクサ

水の中に根があるよ。

教科書ワーク

もくじ

教育出版版 理科3年

動画 コードを読みとって、下の番号《ばんごう》の動画《どうが》を見てみよう。

●写真提供：アーテファクトリー，アフロ

勉強した日　　月　　日

生き物を調べよう

きほんのワーク

もくひょう
身《み》のまわりの生き物はどのように生活しているかをかくにんしよう。

おわったらシールをはろう

教科書 8～19、178、180ページ　答え 1ページ

図を見て、あとの問いに答えましょう。

1 虫めがねの使《つか》い方

虫めがねは、① [　　] に近づけて持《も》つ。

手で持てるもの

②（ 花　虫めがね ）を動《うご》かしながら、はっきり見えるようにする。

手で持てないもの

③（ 顔　虫めがね ）を動かしながら、はっきり見えるようにする。

(1) ①の[　　]にあてはまる言葉《ことば》を書きましょう。

(2) 虫めがねを使ってかんさつするときに動かすものはどちらですか。②、③の（　）のうち、正しいほうを◯でかこみましょう。

2 いろいろな生き物《もの》

① [　　]　② [　　]　③ [　　]　④ [　　]

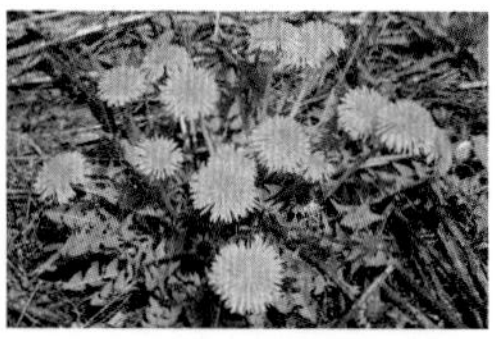

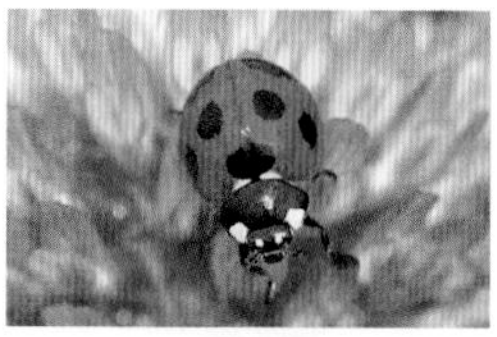

生き物は、しゅるいによって、形、色、大きさが⑤（ 同じ　ちがう ）。

(1) ①～④の[　　]にあてはまる生き物の名前を書きましょう。

(2) いろいろな生き物をくらべてみると、形、色、大きさは同じですか、ちがいますか。⑤の（　）のうち、正しいほうを◯でかこみましょう。

まとめ　〔 虫めがね　ちがう　大きく 〕からえらんで（　）に書きましょう。

- ①（　　　　）を使うと、かんさつするものが②（　　　　）見える。
- 生き物は、しゅるいによって、形、色、大きさが③（　　　　）。

わくわくたんてい団
タンポポの花をよくかんさつしてみると、黄色い花びらのようなものがたくさんあります。この花びらのようなものの１まい１まいが、実《じつ》は小さな１つの花になっています。

勉強した日　月　日

練習のワーク

教科書 8~19、178、180ページ　答え 1ページ

できた数　/9問中

おわったらシールをはろう

1 オオイヌノフグリをかんさつしました。次《つぎ》の問《と》いに答えましょう。

(1) かんさつには、㋐の道具《どうぐ》を使いました。㋐を何といいますか。

(　　　　)

(2) ㋐は何をするための道具ですか。正しいほうに○をつけましょう。

①(　　　)小さいものを、大きくして見るための道具。

②(　　　)大きいものを、小さくして見るための道具。

(3) 右のきろくの㋑～㋓の部分《ぶぶん》に書くことを、次のア～ウからそれぞれえらびましょう。

オオイヌノフグリ	3年	1組	木下ひなこ
㋑	調べた場所：川ばた公園		
全体	(㋒)	地面近くに広がっていた。	
	(㋓)	高さ10cmぐらい。	
葉	(㋒)	緑色。丸くてぎざぎざしていた。	
	(㋓)	1cmぐらい。	
花	(㋒)	青っぽい色をしていた。	
	(㋓)	5mmぐらい。	

㋑(　　　　)　㋒(　　　　)　㋓(　　　　)

ア　生き物の形や色　　イ　かんさつした月日　　ウ　生き物の大きさ

2 次の生き物の図を見て、あとの問いに答えましょう。

㋐

㋑

㋒

㋓

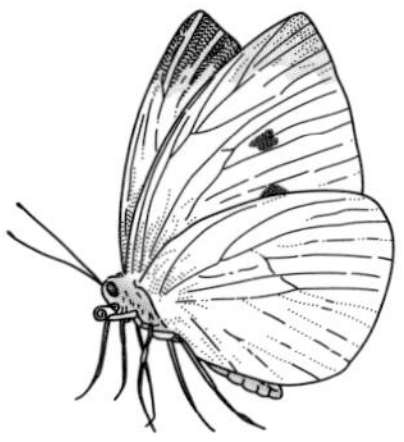

(1) 葉《は》がぎざぎざで、黄色い花をさかせる植物《しょくぶつ》は、㋐、㋑のどちらですか。

(　　　　)

(2) 黒いもようがついた白っぽいはねをもつ生き物は、㋒、㋓のどちらですか。

(　　　　)

(3) 大きさが1cmくらいで、土の中にすをつくっている生き物は、㋒、㋓のどちらですか。

(　　　　)

(4) 形や色、大きさは、生き物のしゅるいによってちがいますか、同じですか。

(　　　　)

勉強した日　　月　　日

1　植物の育ち①

もくひょう

かんさつカードのかき方やたねのとくちょうをかくにんしよう。

おわったらシールをはろう

きほんのワーク

教科書 20~24、178~179ページ　答え 1ページ

図を見て、あとの問いに答えましょう。

1 かんさつカードのかき方

かんさつするものと①[　　　]を書く。

かんさつした②[　　　]を書く。

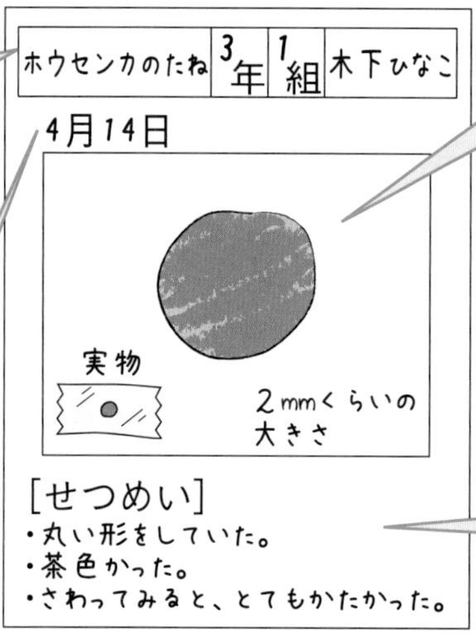

ホウセンカのたね
3年
1組
木下ひなこ
4月14日
実物
2mmくらいの大きさ
[せつめい]
・丸い形をしていた。
・茶色かった。
・さわってみると、とてもかたかった。

かんさつしたものを③[　　　]で表す。

言葉でせつめいを書く。

● かんさつカードをかくとき、①～③の[　　]にあてはまる言葉を書きましょう。

2 たねのかんさつ

①[　　　　　]のたね　②[　　　　　]のたね

あ

い

植物のしゅるいによって、たねの形、色、大きさは③（ 同じ　ちがう ）。

(1) あ、いは、ヒマワリとホウセンカのどちらのたねですか。①、②の[　　]に書きましょう。

(2) ③の（　）のうち、正しいほうを◯でかこみましょう。

まとめ 〔 カード　大きさ 〕からえらんで（　）に書きましょう。

● 見つけたことや、調《しら》べたことは、①（　　　　　）にきろくする。

● 植物のしゅるいによって、たねの形、色、②（　　　　　）はちがう。

わくわくたんてい団

たねは、植物がめを出すときのよう分をためているので、わたしたちはたねを食べてえいようをとることがあります。ダイズ・ゴマ・エンドウなどがそのれいです。

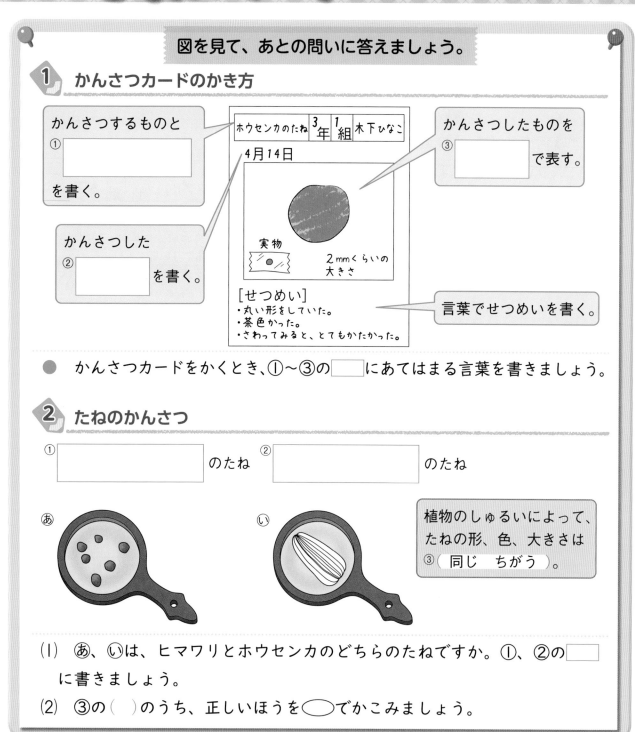

練習のワーク

教科書 20～24、178～179ページ　答え 1ページ

できた数　/8問中

おわったらシールをはろう

1 右のかんさつカードについて、次の問いに答えましょう。

ホトケノザ	3年	1組	小林たいせい

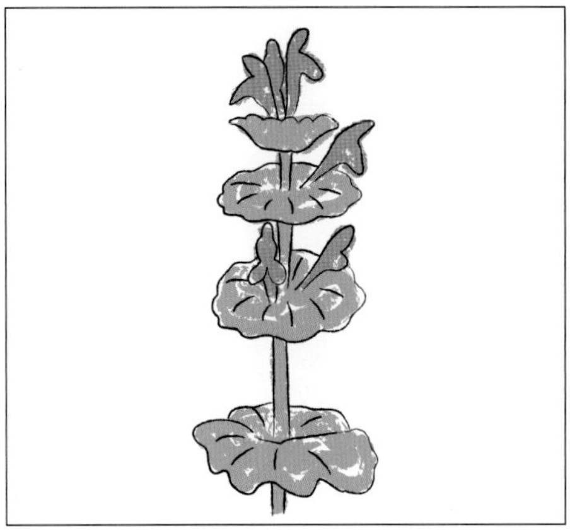

[気づいたこと]
①丸く、まわりがぎざぎざしている。
②ピンク色をしている。
③高さが12cm。

(1) 右の図の①～③の文は、それぞれ何について書いていますか。下の〔　〕からえらんで書きましょう。

①(　　　　)　②(　　　　)
③(　　　　)

〔 花　葉　全体《ぜんたい》 〕

(2) このカードには、きろくしておくべきことが書かれていません。次のうち、きろくしておくべきこととして正しいものに○をつけましょう。

①(　　)かんさつした日の気分
②(　　)かんさつした月日
③(　　)かんさつした日の服《ふく》そう

2 ホウセンカのたねと、たねのまき方について、次の問いに答えましょう。

(1) ホウセンカのたねは、どのような色をしていますか。次のうち、正しいものに○をつけましょう。

①(　　)白色　②(　　)緑《みどり》色　③(　　)茶《ちゃ》色

(2) ホウセンカのたねの大きさは、どれくらいですか。次のうち、正しいものに○をつけましょう。

①(　　)2mm　②(　　)5mm　③(　　)1cm

(3) ホウセンカのたねは、何をよくまぜた土にまきますか。下の〔　〕から正しいものをえらんで書きましょう。　(　　　　)

〔 たくさんの石　ひりょう　しお水 〕

(4) たねをまいたあと、どのようなことに注意《ちゅうい》しますか。次の文のうち、正しいものに○をつけましょう。

たねの大きさによって、まき方もちがうんだよ。

①(　　)たねの上にかけた土を、しっかりとふみかためる。
②(　　)土に水をかけて、かわかないようにする。
③(　　)めが出るまでは水をあたえない。

1 植物の育ち②

もくひょう
子葉や葉がどのように育っているかをかくにんしよう。

おわったらシールをはろう

きほんのワーク

教科書 25～28、178～179ページ　答え 1ページ

図を見て、あとの問いに答えましょう。

1 ホウセンカの子葉《しよう》の育《そだ》ち方

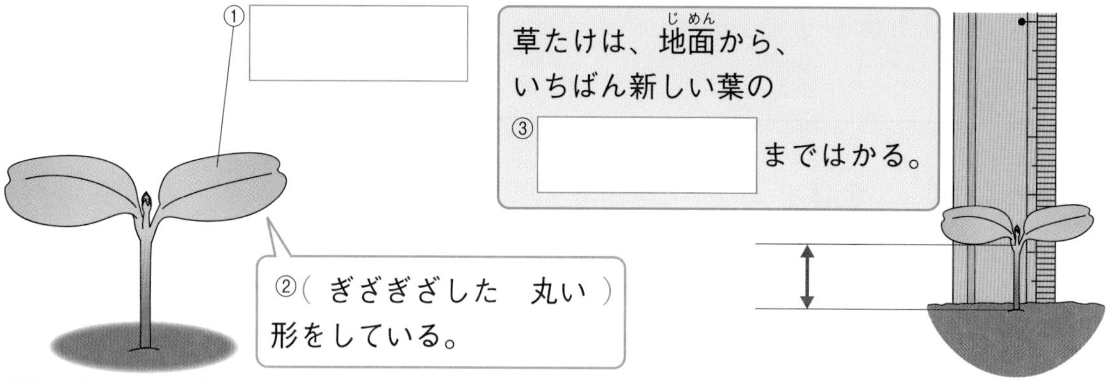
①
草たけは、地面《じめん》から、いちばん新しい葉の③　　まではかる。
②（ ぎざぎざした　丸い ）形をしている。

(1) ①の□にあてはまる名前を書きましょう。

(2) ②の（ ）のうち、正しいほうを⬭でかこみましょう。

(3) 草たけをはかるとき、どこまではかりますか。③の□に書きましょう。

2 ホウセンカの葉の育ち方

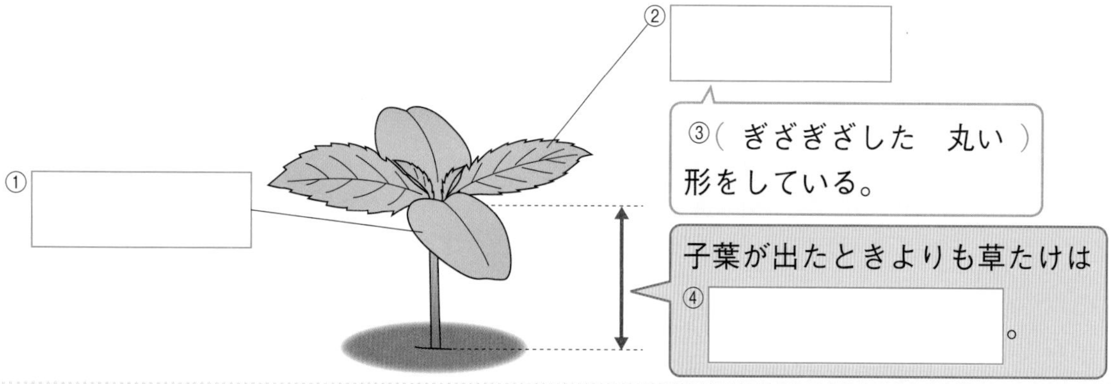
①
②
③（ ぎざぎざした　丸い ）形をしている。
子葉が出たときよりも草たけは④　　。

(1) ①、②の□にあてはまる名前を書きましょう。

(2) ③の（ ）のうち、正しいほうを⬭でかこみましょう。

(3) ④の□に、のびているかちぢんでいるかを書きましょう。

まとめ 〔 葉　子葉 〕からえらんで（ ）に書きましょう。

- たねをまいてからしばらくすると、ホウセンカは、①（　　　　）を出す。
- ホウセンカは子葉を出したあとに、子葉とはちがう形の②（　　　　）を出す。

わくわくたんてい団　子葉は、たねをまいたあとにさいしょに出てくる葉です。子葉は、植物のしゅるいによって1まいから数まいのものもあります。

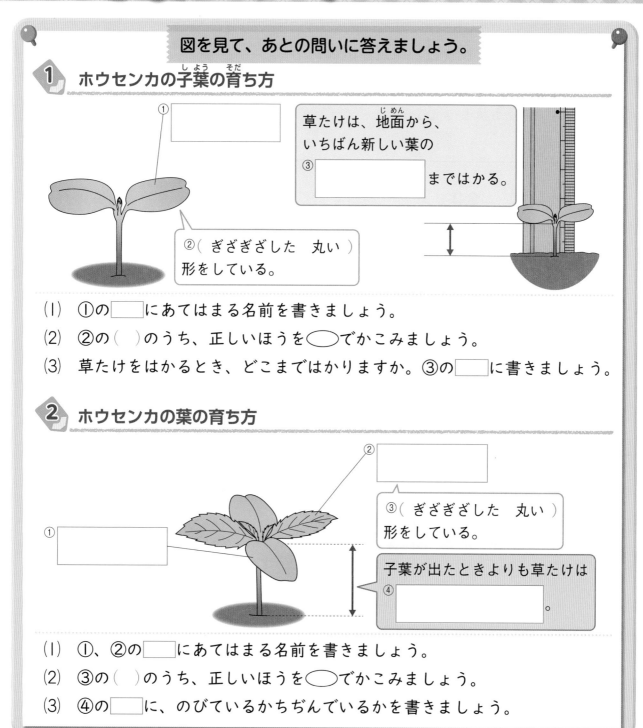

練習のワーク

教科書 25~28、178~179ページ　答え 2ページ

できた数　/8問中

おわったら
シールを
はろう

1 次の図は、ホウセンカのいろいろな時期《じき》の様子《ようす》です。あとの問いに答えましょう。

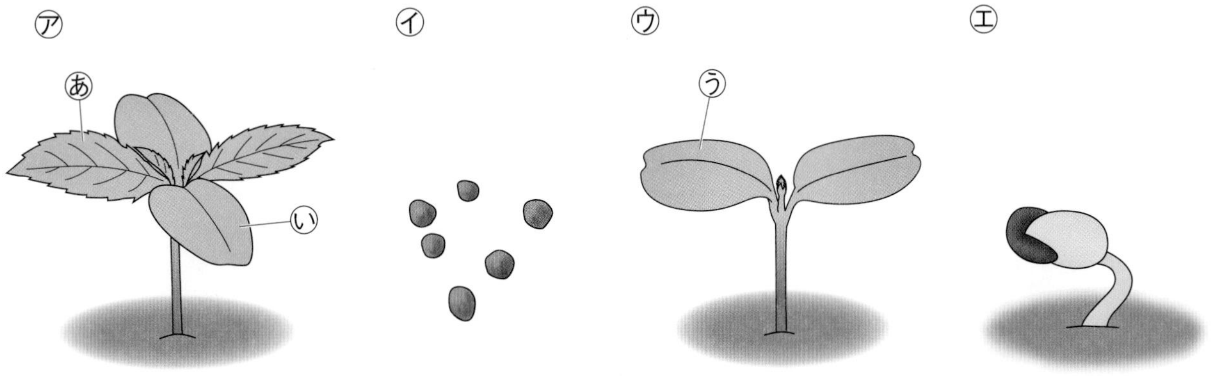

(1) 上の図の㋐～㋓を、㋑をはじめとしてホウセンカが育つじゅんにならべかえましょう。　(㋑ →　　→　　→　　)

(2) うを何といいますか。　(　　　)

(3) 図の㋐で、あとから出た葉は、あといのどちらですか。　(　　　)

2 次の図は、ヒマワリとホウセンカのめが出たあとの様子です。あとの問いに答えましょう。

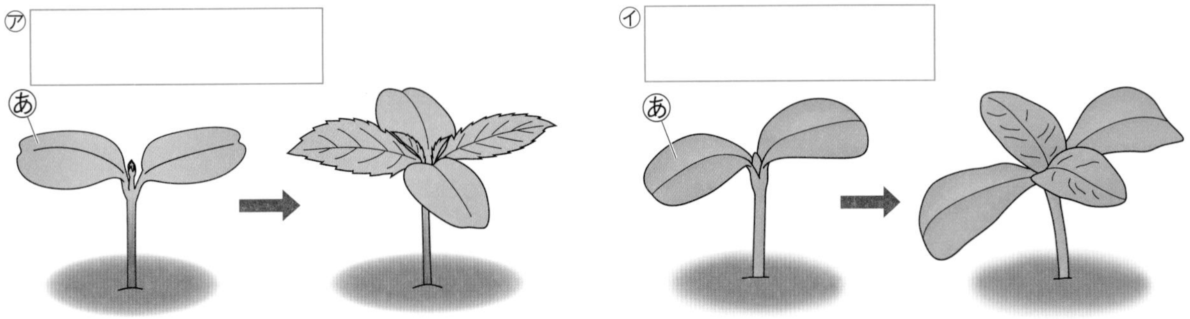

(1) ㋐、㋑の□に、それぞれの植物の名前を書きましょう。

(2) 図のあは、さいしょに出てくる葉です。何という葉ですか。　(　　　)

(3) あの次に出てくる葉の形は、あと同じですか、ちがいますか。
(　　　)

(4) あが出たあと、㋐、㋑の植物は同じように育っていきます。どのように育っていきますか。次の文のうち、正しいものに○をつけましょう。

①(　　)草たけが高くなり、葉の数がふえる。

②(　　)草たけは高くならず、葉の数だけがふえる。

③(　　)草たけは高くなり、葉の数はふえない。

勉強した日　　月　　日

2　植物の体のつくり

きほんのワーク

もくひょう
植物の体は根・くき・葉からできていることをかくにんしよう。

おわったらシールをはろう

教科書　29～33ページ　　答え　2ページ

図を見て、あとの問いに答えましょう。

1　ホウセンカの体のつくり

体のつくり

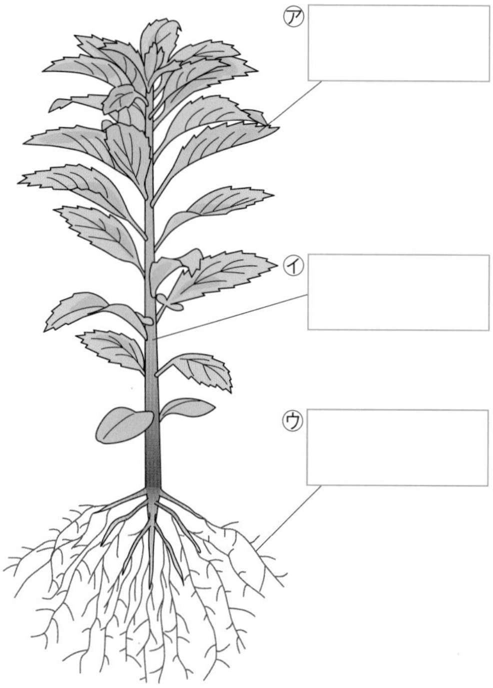

ポットから取り出した様子

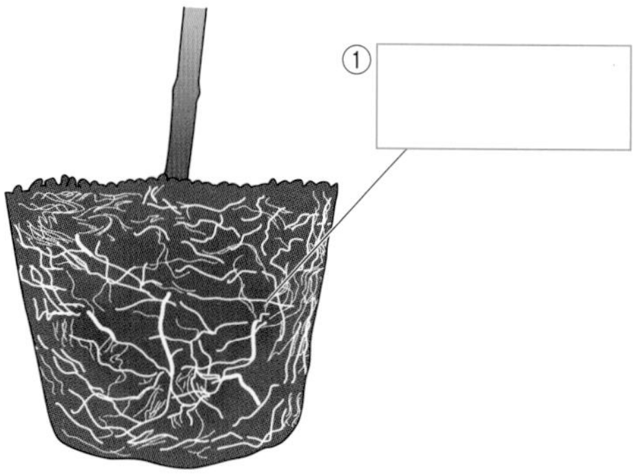

・どの植物の体も、㋐～㋒から、
②（ できている　できていない ）。
・ちがうしゅるいの植物には、㋐～㋒
の部分が③（ ある　ない ）。

⑴　㋐～㋒の□に、植物の体の部分の名前を書きましょう。

⑵　ホウセンカをポットから取《と》り出すと、白いひげのようなものがありました。これは何ですか。①の□に書きましょう。

⑶　どの植物も、㋐～㋒からできていますか、できていませんか。②の（　）のうち、正しいほうを◯でかこみましょう。

⑷　ちがうしゅるいの植物には、㋐～㋒の部分はありますか、ありませんか。③の（　）のうち、正しいほうを◯でかこみましょう。

まとめ　〔 葉　根《ね》 〕からえらんで（　）に書きましょう。

●植物の体は、どれも、①（　　　　）、くき、根からできている。
●葉は、くきについていて、くきの下に、②（　　　　）がある。

わくわくたんてい団　ジャガイモのいもは、植物の根・くき・葉のうちのどの部分なのでしょうか。実は、くきなのです。ジャガイモのいもはくきなので、日なたにおいておくと緑色になります。

勉強した日　月　日

練習のワーク

教科書　29～33ページ　答え　2ページ

できた数　/13問中

おわったら シールを はろう

1　ホウセンカを、ポットから花だんに植《う》えかえます。次の問いに答えましょう。

(1)　ホウセンカの葉が何まいくらいになったら、花だんなどに植えかえますか。ア～ウからえらびましょう。（　　）

ア　１まい　　イ　２、３まい　　ウ　６、７まい

(2)　ポットから取り出したあと、土はそのままにしますか、落《お》としますか。
（　　　　　）

(3)　植えかえたあとは、なえに何をやりますか。（　　　　）

2　ホウセンカとヒマワリの体のつくりをくらべました。あとの問いに答えましょう。

㋐

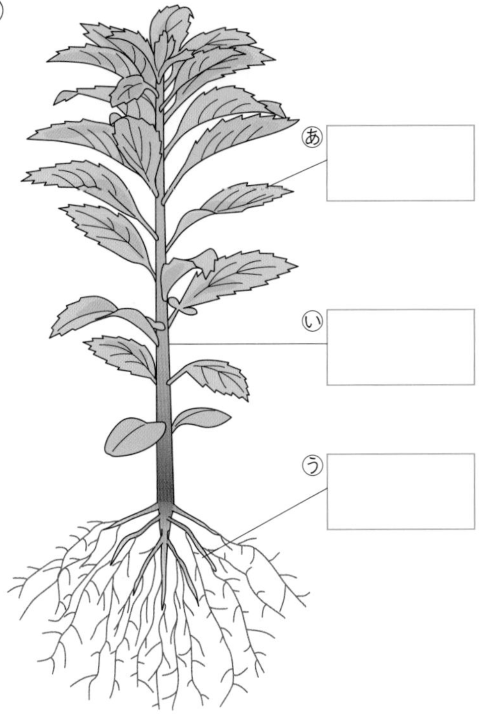

㋑

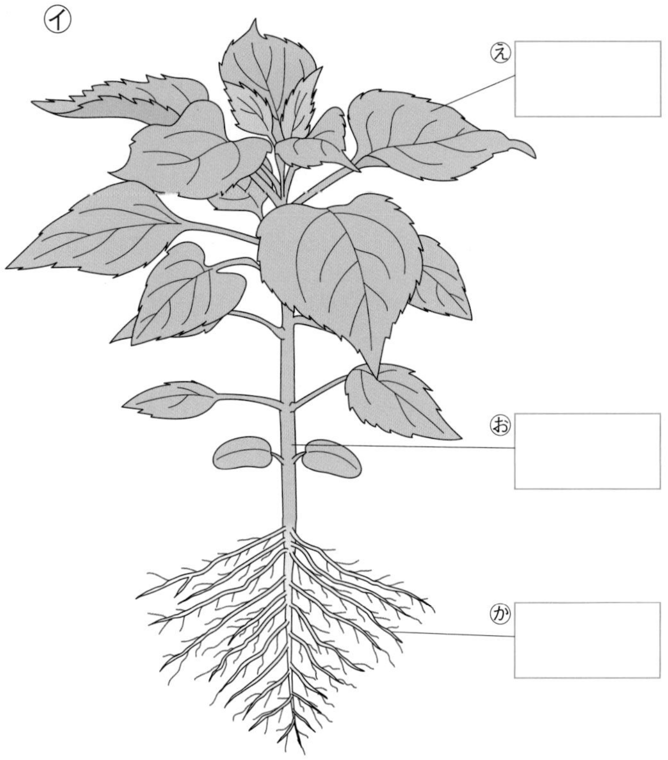

(1)　㋐、㋑の植物の名前をそれぞれ書きましょう。　㋐（　　　　）
㋑（　　　　）

(2)　あ～かの部分をそれぞれ何といいますか。図の□に書きましょう。

(3)　土の中にあるのは、あ～かのどこですか。すべてえらびましょう。
（　　　　）

(4)　ホウセンカ、ヒマワリいがいの植物には、あ～かの部分はありますか、ありませんか。（　　　　）

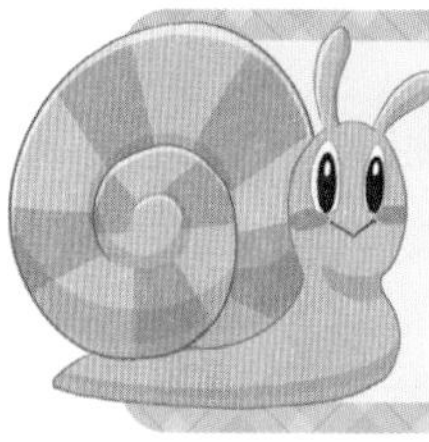

勉強した日　月　日

まとめのテスト

1　生き物を調べよう
2　植物を育てよう

とく点　/100点

おわったらシールをはろう

時間 20分

教科書 8～33、178～180ページ　答え 2ページ

1 しぜんのかんさつ　学校で、いろいろな植物についてかんさつをしました。次の図は、かんさつで見つけた植物です。あとの問いに答えましょう。　1つ3〔33点〕

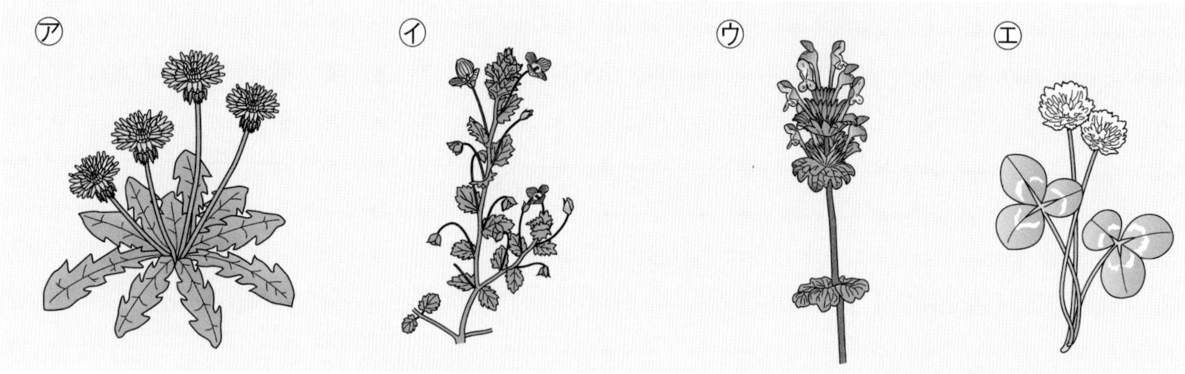

(1)　上の図の㋐～㋓の植物の名前を、下の〔　〕からえらんで書きましょう。

㋐(　　　　　　　　)　㋑(　　　　　　　　)

㋒(　　　　　　　　)　㋓(　　　　　　　　)

〔　シロツメクサ　　オオイヌノフグリ　　タンポポ　　ホトケノザ　〕

(2)　㋐の植物は、何色の花をさかせますか。

(　　　　　　)

(3)　㋐と㋓について、葉のまわりがぎざぎざしているものには○、ぎざぎざしていないものには×をつけましょう。

㋐(　　　)　㋓(　　　)

(4)　植物の高さを調べるには、何という道具を使えばよいですか。道具の名前を書きましょう。

(　　　　　　)

(5)　㋑の植物の高さは、どれくらいですか。正しいものに○をつけましょう。

①(　　　)1cm　②(　　　)10cm　③(　　　)50cm

(6)　かんさつするときに、右の図の㋔のような道具を使いました。㋔を何といいますか。

(　　　　　　)

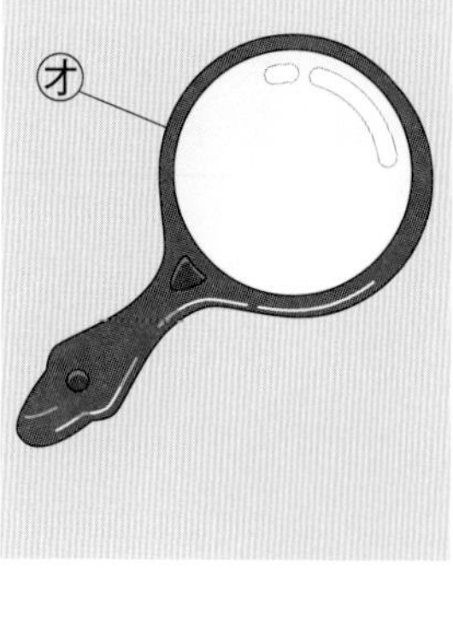

(7)　地面にはえた植物を、㋔の道具でかんさつします。㋔の使い方として正しいほうに○をつけましょう。

①(　　　)㋔を目に近づけて持ち、顔を前後に動かしてはっきり見えるようにする。

②(　　　)㋔を目に近づけて持ち、㋔を前後に動かしてはっきり見えるようにする。

2 **生き物のかんさつ** **次の図は、いろいろな生き物の様子です。あとの問いに答えましょう。**

1つ5〔30点〕

㋐

㋑

㋒

㋓

(1) ㋐～㋓の生き物を、それぞれ何といいますか。

㋐(　　　　　　　　)　㋑(　　　　　　　　)

㋒(　　　　　　　　)　㋓(　　　　　　　　)

(2) はねがあり、とぶことができる生き物はどれですか。㋐～㋓からすべてえらびましょう。

(　　　　　　)

(3) ㋐～㋓の生き物のあしの数はどれも同じですか、ちがいますか。

(　　　　　　)

3 **植物の体のつくり** **右の図は、ホウセンカの様子を表《あらわ》しています。次の問いに答えましょう。**

1つ3〔21点〕

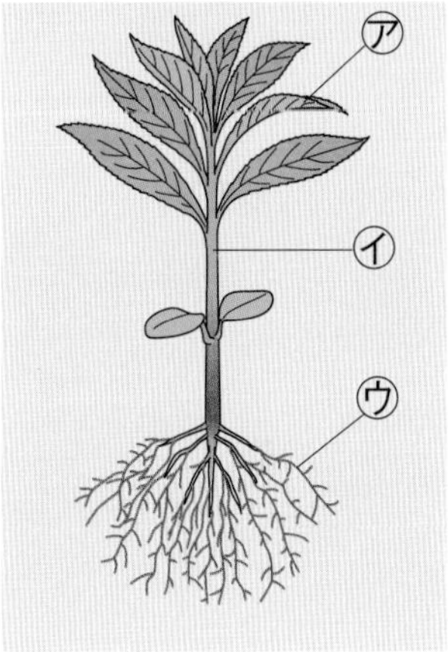

(1) 右の図の㋐～㋒の部分を、それぞれ何といいますか。

㋐(　　　　　　)　㋑(　　　　　　)

㋒(　　　　　　)

(2) 次の文のうち、正しいものには○、まちがっているものには×をつけましょう。

①(　　　)どの植物の体にも、㋐、㋑、㋒の部分がある。

②(　　　)ホウセンカの㋐は、ふちがぎざぎざしている。

③(　　　)㋑の部分は、どの植物も太くまっすぐのびている。

(3) ちがうしゅるいの植物には、㋐～㋒の部分はありますか、ありませんか。

(　　　　　　)

4 **植えかえの仕方** **次の文のうち、植えかえの仕方《しかた》として正しいものには○、まちがっているものには×をつけましょう。**

1つ4〔16点〕

①(　　　)ホウセンカの葉が、6、7まいになったら植えかえをする。

②(　　　)ポットから取り出したなえは、根についている土をよく落としてから植えかえる。

③(　　　)植えかえたあとは、土をしっかりとふみかためておく。

④(　　　)植えかえたあと、水をやってはいけない。

勉強した日 月 日

1 チョウの育ち方①

もくひょう
チョウのよう虫の育ち方と大きくなる様子をかくにんしよう。

おわったらシールをはろう

きほんのワーク

教科書 34~38、178ページ　答え 2ページ

図を見て、あとの問いに答えましょう。

1 モンシロチョウのよう虫《ちゅう》の育ち方

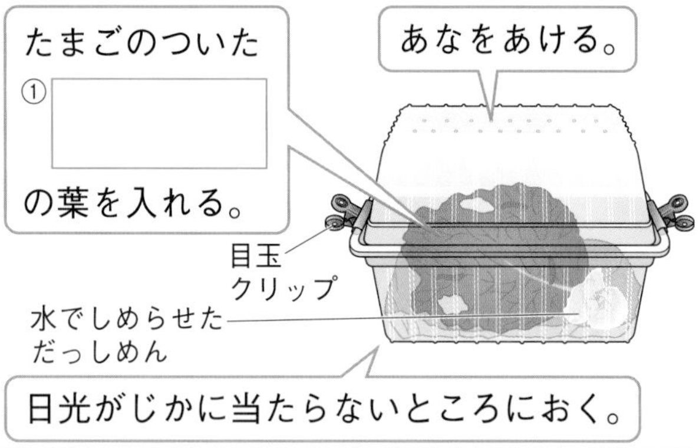
たまごのついた
①
の葉を入れる。
あなをあける。
目玉クリップ
水でしめらせただっしめん
日光がじかに当たらないところにおく。

・たまごやよう虫は、
②（ 葉についたまま　葉からとって ）入れ物に入れる。
・新しい葉に取りかえるときは、葉によう虫が
③（ のっている　のっていない ）部分を切り取って、新しい葉にのせる。

(1) ①の□にあてはまる植物の名前を書きましょう。

(2) たまごは、どのようにして入れ物に入れますか。②の（ ）のうち、正しいほうを⬭でかこみましょう。

(3) よう虫の世《せ》話《わ》はどのようにしますか。③の（ ）のうち、正しいほうを⬭でかこみましょう。

2 よう虫の育ち方

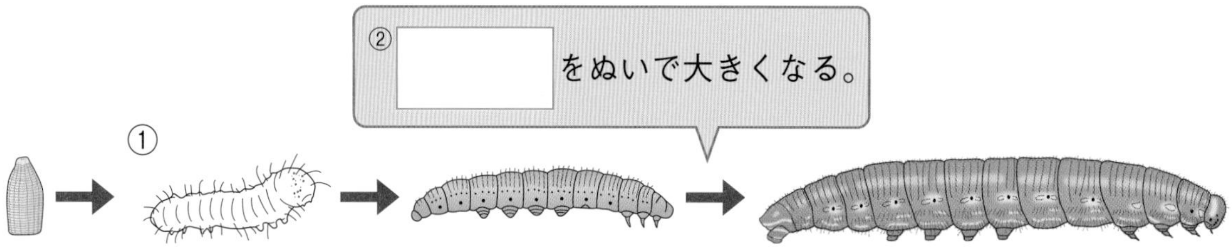
②
をぬいで大きくなる。
①

● たまごからかえったばかりのよう虫は、何色をしていますか。①を色えんぴつでぬりましょう。また、よう虫は、どのように育っていきますか。②の□にあてはまる言葉を書きましょう。

まとめ 〔 キャベツの葉　皮《かわ》をぬいで 〕からえらんで（ ）に書きましょう。

● モンシロチョウのよう虫は、①（　　　　　）などを食べて大きくなる。
● モンシロチョウのよう虫は、②（　　　　　）大きくなる。

わくわくたんてい団
チョウのよう虫は、まわりの葉の色と同じ緑色のことが多いですが、生まれたばかりのアゲハのよう虫は黒い体に白いもようがあります。実はこれは、鳥のふんににせているのです。

練習のワーク

教科書 34～38、178ページ　答え 3ページ

できた数　/8問中

おわったら シールを はろう

1 右の図の入れ物で、モンシロチョウを育てます。次の問いに答えましょう。

(1) ㋐には、たまごがついていました。㋐は、何の葉ですか。正しいものに○をつけましょう。

①(　　)キャベツ　②(　　)ミカン

③(　　)アサガオ　④(　　)カラタチ

(2) だっしめんには、何をしみこませますか。

(　　　　)

(3) ㋐についていたモンシロチョウのたまごのじっさいの大きさはどれくらいですか。次のうち、正しいものに○をつけましょう。

①(　　)1mm　②(　　)1cm　③(　　)2cm

(4) モンシロチョウのよう虫は、育つと何色になりますか。(　　　　)

2 モンシロチョウの育ち方について、あとの問いに答えましょう。

㋐

㋑

㋒

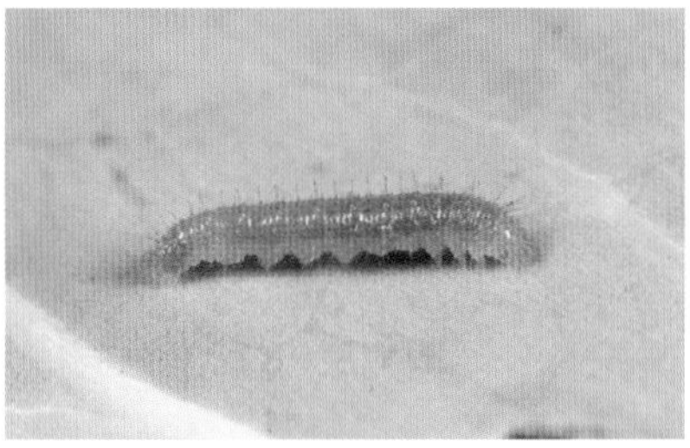

(1) たまごをはじめとして、モンシロチョウが育つじゅんに、㋐～㋒をならべましょう。(　　→　　→　　)

(2) 次の文のうち、モンシロチョウのよう虫の育ち方として正しいものに○をつけましょう。

①(　　)よう虫は、アサガオの葉を食べて育つ。

②(　　)よう虫は、サンショウの葉を食べて育つ。

③(　　)よう虫は、キャベツの葉を食べて育つ。

④(　　)よう虫は、ミカンの葉を食べて育つ。

(3) よう虫の育つ様子について、次の文の(　)にあてはまる言葉をそれぞれ書きましょう。

よう虫は、①(　　　)をぬいで育ち、体は黄色から②(　　　)色になる。

勉強した日　　月　　日

1　チョウの育ち方②

きほんのワーク

もくひょう
チョウのさなぎのすがたや生活をかくにんしよう。

おわったら シールを はろう

教科書 39〜40、178ページ　答え 3ページ

図を見て、あとの問いに答えましょう。

1 モンシロチョウの育ち方

㋐

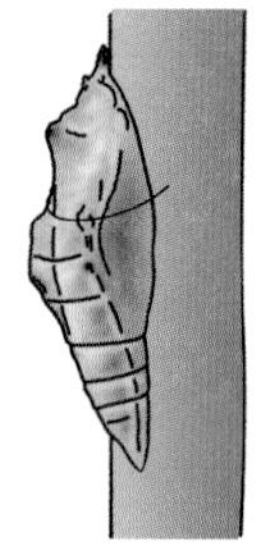

㋑

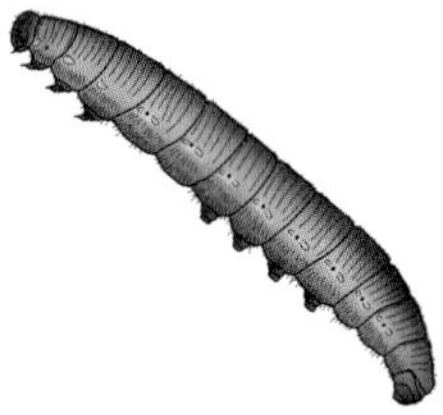

㋒せい虫

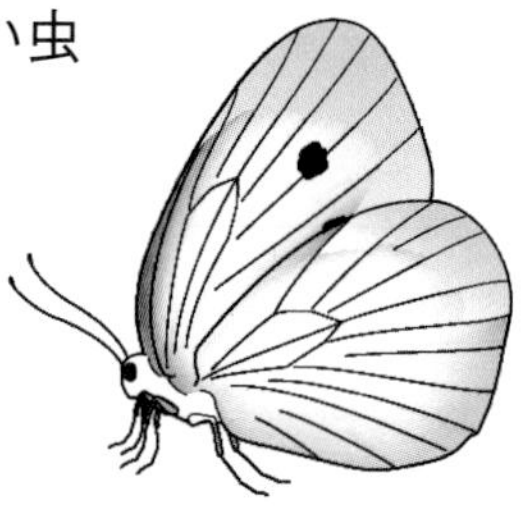

①

育つじゅん
→　→

(1)　㋐、㋑のすがたを何といいますか。□に書きましょう。

(2)　モンシロチョウが育つじゅんに、㋐〜㋒を①にならべましょう。

2 モンシロチョウのさなぎの様子

よう虫とさなぎの形は
①（ 同じ　ちがう ）。

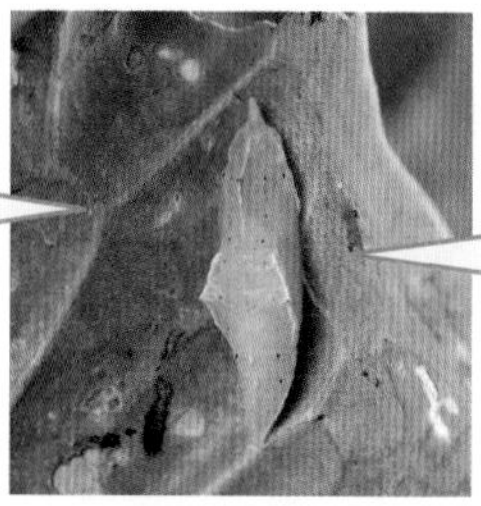

・さなぎはえさを
②（ 食べる　食べない ）。
・さなぎは
③（ 動き回る　動き回らない ）。

(1)　よう虫とさなぎの形は同じですか、ちがいますか。①の（　）のうち、正しいほうを◯でかこみましょう。

(2)　さなぎはえさを食べますか、食べませんか。②の（　）のうち、正しいほうを◯でかこみましょう。

(3)　さなぎは動き回りますか、動き回りませんか。③の（　）のうち、正しいほうを◯でかこみましょう。

まとめ　〔 さなぎ　食べず　動き回らない 〕からえらんで（　）に書きましょう。

- モンシロチョウのよう虫は、やがて①（　　　　）になる。
- さなぎはよう虫と形がちがい、何も②（　　　　）、③（　　　　）。

わくわくたんてい団　モンシロチョウやアゲハのさなぎは、まわりの色によって、緑色ではなく、茶色になることもあります。これは、まわりとにた色のほうが、てきに見つかりにくいからです。

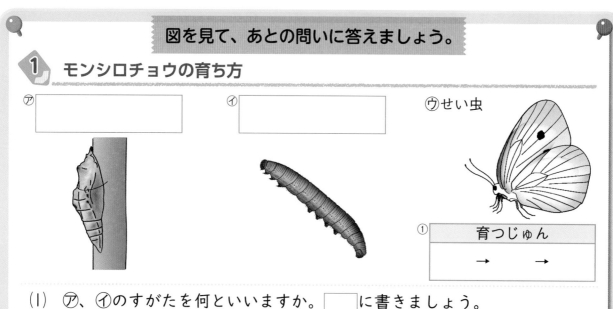

練習のワーク

できた数　　/7問中

おわったら
シールを
はろう

教科書　39～40、178ページ　　答え　3ページ

1 モンシロチョウの育ち方について、あとの問いに答えましょう。

㋐

㋑

㋒

(1) ㋐～㋒を、モンシロチョウが育つじゅんにならべかえましょう。

(　　　→　　　→　　　)

(2) ㋐と㋒のときのモンシロチョウのすがたを、それぞれ何といいますか。

㋐(　　　　　)

㋒(　　　　　)

(3) 次のうち、㋐のおよその大きさとして正しいものに○をつけましょう。

①(　　　)1mm

②(　　　)2cm

③(　　　)5cm

(4) ㋐と㋑について、正しいものに○をつけましょう。

①(　　　)㋐も㋑もよく動き回る。

②(　　　)㋐も㋑もあまり動き回らない。

③(　　　)㋐と㋑では、同じ形をしている。

④(　　　)㋐と㋑では、ちがう形をしている。

⑤(　　　)㋐も㋑もえさを食べる。

⑥(　　　)㋐も㋑もえさを食べない。

(5) ㋐は、キャベツの葉に体をⓐでとめていました。ⓐは何ですか。

(　　　　　)

(6) ㋐はこのあとどうなりますか。次の文のうち、正しいものに○をつけましょう。

①(　　　)はねのもようが見えてくるようになる。

②(　　　)たくさんのふんを出し、小さくなる。

③(　　　)キャベツの葉を食べて大きくなっていく。

④(　　　)色は、緑色のままでかわらない。

勉強した日　　月　　日

1　チョウの育ち方③

きほんのワーク

もくひょう
モンシロチョウのせい虫の体の様子をかくにんしよう。

おわったらシールをはろう

教科書 41～43、178ページ　答え 3ページ

図を見て、あとの問いに答えましょう。

1 モンシロチョウのせい虫の体と育ち方

モンシロチョウのせい虫

①
②
③
④

モンシロチョウの育ち方

たまご
↓
⑤
↓
⑥
↓
⑦

(1) ①～④の□に、モンシロチョウの体の部分の名前を書きましょう。
(2) モンシロチョウはどのように育ちますか。⑤～⑦の□に書きましょう。

2 こん虫の体

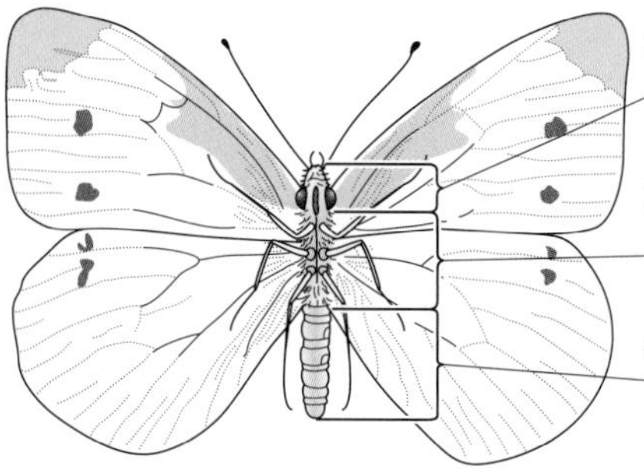

①
②
③

体が頭、むね、はらに分かれ、あしが④□本ある生き物のなかまを⑤□という。

(1) ①～③の□に、モンシロチョウの体の部分の名前を書きましょう。
(2) モンシロチョウのせい虫のあしの数を、④の□に書きましょう。
(3) ⑤の□にあてはまる言葉を書きましょう。

まとめ　〔 むね　さなぎ 〕からえらんで（　）に書きましょう。

- モンシロチョウのせい虫の体は、頭、①（　　　　）、はらの3つからできている。
- モンシロチョウは、たまご→よう虫→②（　　　　）→せい虫のじゅんに育つ。

わくわくたんてい団

チョウのせい虫の時期《じき》は、1～2週間です。チョウはその間に新しいたまごをうみ、子《し》そんをのこします。

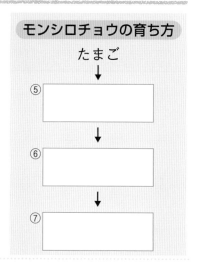

練習のワーク

教科書　41～43、178ページ　答え　3ページ

できた数　/16問中

おわったらシールをはろう

1　**右の図は、モンシロチョウがさなぎから出て、しばらくたったときの様子です。次の問いに答えましょう。**

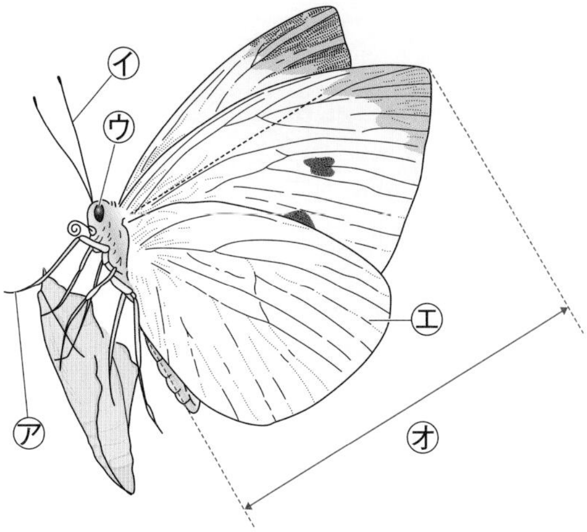

(1)　㋐～㋓をそれぞれ何といいますか。

㋐（　　　　）
㋑（　　　　）
㋒（　　　　）
㋓（　　　　）

(2)　モンシロチョウのせい虫には、㋐は何本ありますか。　（　　　　）

(3)　モンシロチョウのせい虫には、㋓は何まいありますか。

（　　　　）

(4)　次のうち、図の㋔にあてはまる大きさとして正しいものに○をつけましょう。

①（　　）1cmくらい　②（　　）3cmくらい　③（　　）10cmくらい

2　**アゲハを育てました。あとの問いに答えましょう。**

㋐
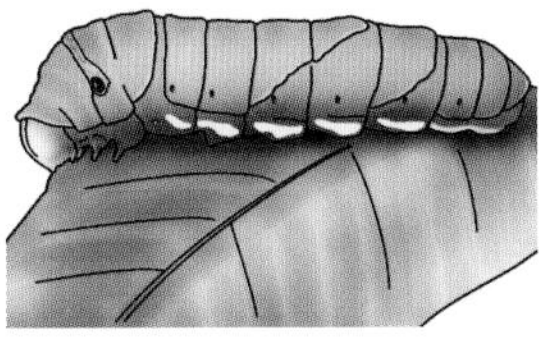

㋑

㋒

㋓
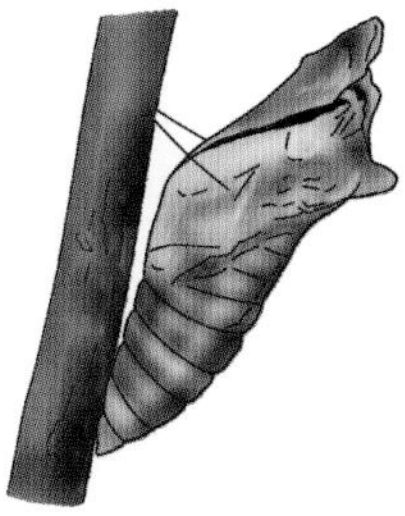

(1)　㋐～㋓のすがたを、それぞれ何といいますか。

㋐（　　　　）　㋑（　　　　）
㋒（　　　　）　㋓（　　　　）

(2)　㋐～㋓を、㋑をはじめとしてアゲハの育つじゅんにならべましょう。

（　㋑　→　　　→　　　→　　　）

(3)　㋒の体は、㋔～㋖の３つの部分に分かれています。㋔～㋖の部分を、それぞれ何といいますか。

㋔（　　　　）　㋕（　　　　）
㋖（　　　　）

(4)　体が３つの部分に分かれ、あしが６本ある生き物のなかまを何といいますか。

（　　　　）

まとめのテスト①

3　チョウを育てよう

とく点　/100点

おわったら シールを はろう

時間 20分

教科書 34〜43、178ページ　答え 4ページ

1 **チョウを育てよう** 右の図のような入れ物で、チョウのよう虫を育てます。次の問いに答えましょう。

1つ6〔36点〕

⑴　次のア〜エの植物の葉のうち、アゲハのたまごを見つけることができるものはどれですか。すべてえらびましょう。

（　　　　　）

ア　サンショウ　　イ　キャベツ

ウ　アサガオ　　エ　ミカン

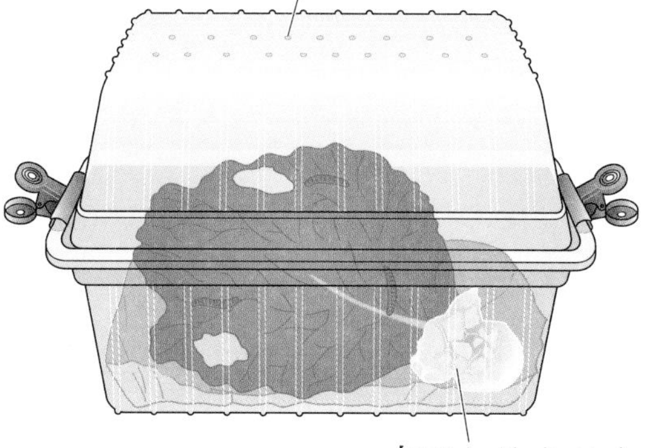

あなをあける。
水でしめらせただっしめん

⑵　モンシロチョウのたまごは、どのようにして入れ物に入れますか。次の文のうち、正しいほうに○をつけましょう。

①（　　　）たまごがついたまま、葉ごと入れ物に入れる。

②（　　　）たまごを1つずつ葉から取りはずして、入れ物に入れる。

⑶　モンシロチョウのたまごのじっさいの大きさはどれくらいですか。次のうち、正しいものに○をつけましょう。

①（　　　）1mmくらい

②（　　　）5mmくらい

③（　　　）1cmくらい

⑷　モンシロチョウとアゲハのたまごとよう虫は、それぞれどれですか。正しいものを線でむすびましょう。

モンシロチョウ ・　　・ ㋐ 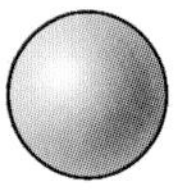 ・　　・ ㋔ 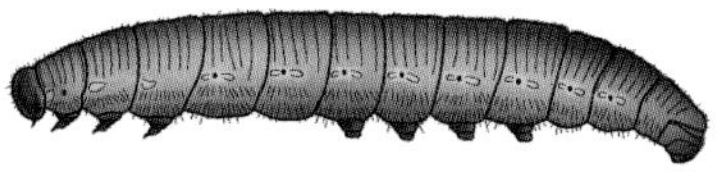

アゲハ ・　　・ ㋑  ・　　・ ㋑ 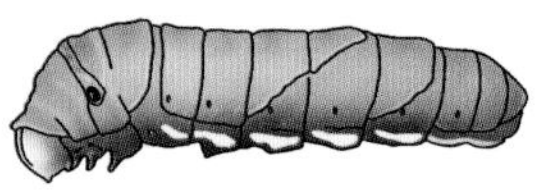

⑸　次の文のうち、よう虫の育て方として正しいものに○をつけましょう。

①（　　　）えさを取りかえるときは、よう虫を葉から取って新しい葉にのせる。

②（　　　）入れ物は、日光がじかに当たらないところにおく。

③（　　　）入れ物の中には、深《ふか》さ1cmくらいになるように水を入れておく。

よく出る **2 モンシロチョウの育ち方** 次の写真《しゃしん》は、モンシロチョウの４つのすがたです。あとの問いに答えましょう。

1つ4〔36点〕

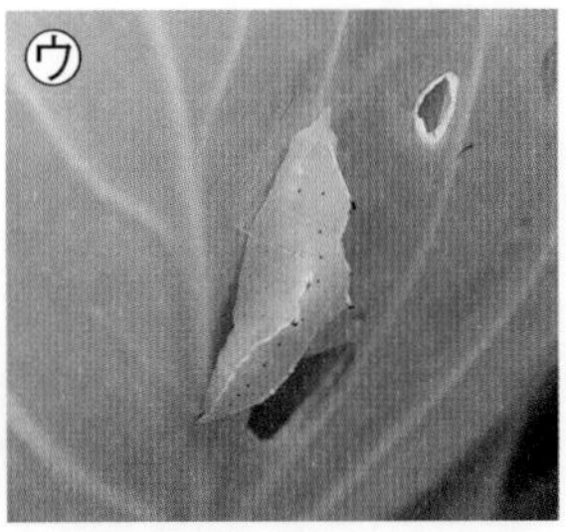

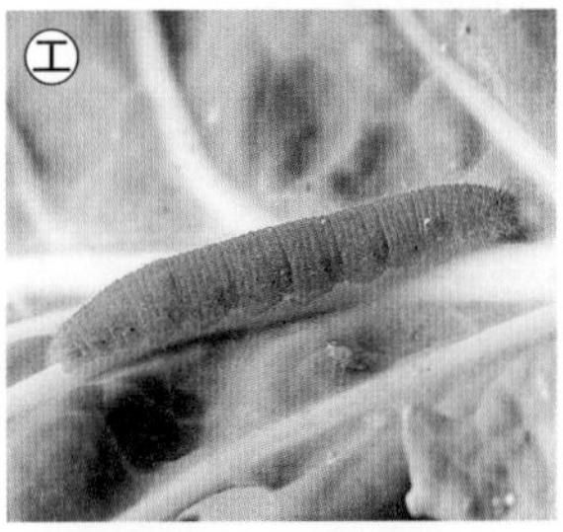

(1)　イ～エのすがたを、それぞれ何といいますか。

イ(　　　　　　　)　ウ(　　　　　　　)　エ(　　　　　　　)

(2)　アをはじめとして、イ～エを、モンシロチョウが育つじゅんにならべましょう。

(ア →　　　　→　　　　→　　　　)

(3)　次の①～④の文にあてはまるのは、イ～エのどのすがたのときですか。

①　花のみつをすう。　(　　　)

②　何も食べず、動き回らない。　(　　　)

③　何回か、皮をぬぎながら大きくなる。　(　　　)

④　空をとんでいる。　(　　　)

記述　(4)　モンシロチョウが、キャベツの葉にたまごをうむのはなぜですか。「食べ物」という言葉を使って書きましょう。

(　　　　　　　　　　　　　　　　　　　　　　　　　　　　)

3 せい虫の体のつくり 右の図は、モンシロチョウの体のつくりです。次の問いに答えましょう。

1つ4〔28点〕

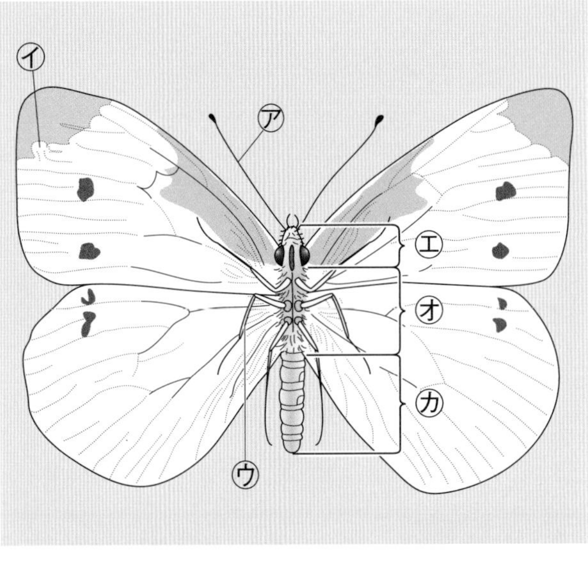

(1)　ア～ウを、それぞれ何といいますか。

ア(　　　　　　)

イ(　　　　　　)

ウ(　　　　　　)

(2)　モンシロチョウの体は、エ～カの３つの部分に分かれています。エ～カの部分を、それぞれ何といいますか。

エ(　　　　　　)

オ(　　　　　　)

カ(　　　　　　)

記述　(3)　モンシロチョウはこん虫のなかまです。こん虫の体のつくりとあしの数には、どのようなとくちょうがありますか。かんたんにせつめいしましょう。

(　　　　　　　　　　　　　　　　　　　　　　　　　　　　)

勉強した日　　月　　日

2　こん虫の育ち方

もくひょう
チョウいがいのこん虫の育ち方をかくにんしよう。

おわったらシールをはろう

きほんのワーク

教科書　44～49ページ　　答え　4ページ

図を見て、あとの問いに答えましょう。

1　バッタやトンボの育ち方

	①	②	皮をやぶって出てくる ③
バッタ			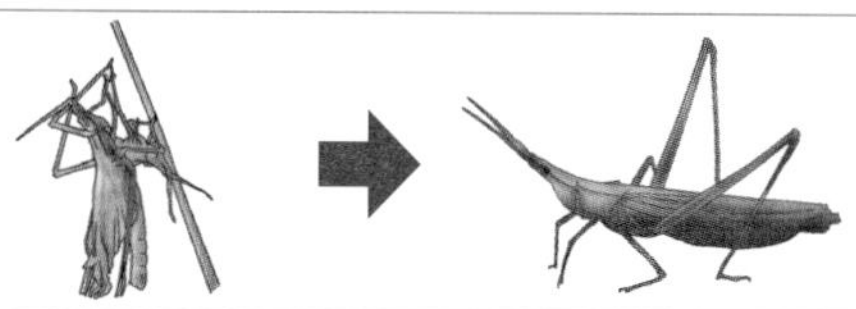
トンボ			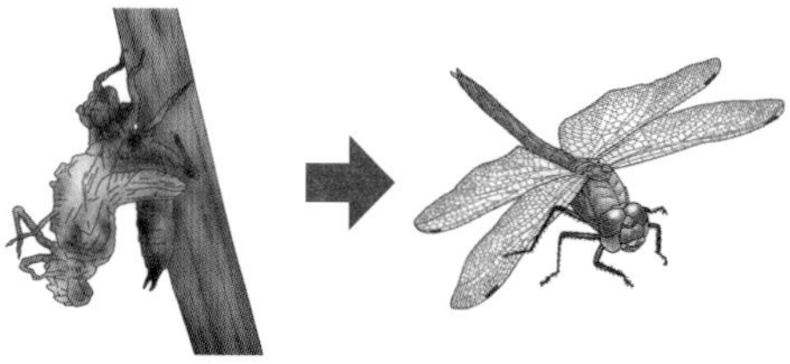

バッタやトンボはたまごからよう虫になり、さなぎに④（ なって　ならずに ）せい虫になる。

(1)　表の①～③に、それぞれのすがたの名前を書きましょう。

(2)　バッタやトンボはさなぎになりますか、なりませんか。④の（　）のうち、正しいほうを◯でかこみましょう。

2　カブトムシの育ち方

① [　　　]　② [　　　]　③ [　　　]　④ [　　　]

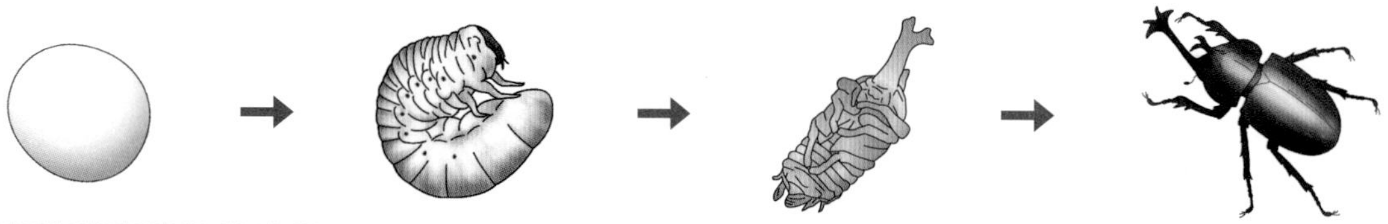

● ①～④の[　]に、カブトムシのすがたの名前を書きましょう。

まとめ　〔 さなぎ　よう虫 〕からえらんで（　）に書きましょう。

● バッタやトンボは、たまご→①（　　　　　）→せい虫のじゅんに育つ。
● カブトムシは、たまご→よう虫→②（　　　　　）→せい虫のじゅんに育つ。

わくわくたんてい団　ショウリョウバッタはおすとめすで体の大きさがちがいます。おすは全長《ぜんちょう》が5cmくらいですが、めすは18cmになることもあり、めすは日本でさい大のバッタです。

練習のワーク

教科書　44～49ページ　答え　4ページ

できた数　/10問中

おわったら シールを はろう

1　次の図は、トンボの育つ様子です。あとの問いに答えましょう。

㋐□

㋑□

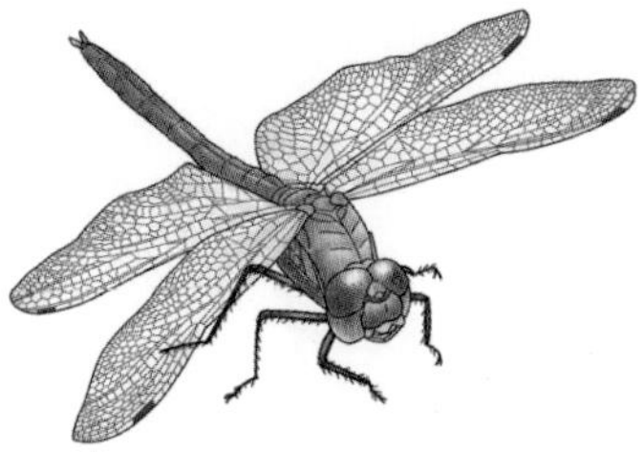

㋒□

(1)　トンボの育つじゅんになるように、㋐～㋒の□に1～3の番ごうを書きましょう。

(2)　トンボの育ち方は、チョウの育ち方と同じですか、ちがいますか。

（　　　　　）

2　右の図は、カブトムシとアゲハの育つ様子です。次の問いに答えましょう。

(1)　㋐～㋗について、カブトムシとアゲハの育つじゅんに、それぞれ線でむすびましょう。

(2)　㋔、㋕のようなすがたを、何といいますか。（　　　　　）

(3)　カブトムシやアゲハと育ち方がちがうものを、次から2つえらんで、○をつけましょう。

①（　　）バッタ
②（　　）モンシロチョウ
③（　　）トンボ
④（　　）カイコガ

(4)　カブトムシの育ち方は、(3)で答えたものにくらべるとどのようにちがいますか。次の文の（　）にあてはまる言葉を、下の〔　〕からえらんで書きましょう。

よう虫から（　　　　　）になる。

〔　たまご　　せい虫　　さなぎ　〕

㋐

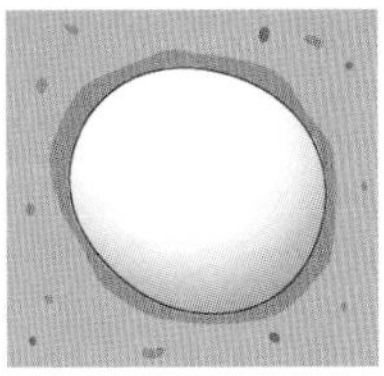

㋑

㋒

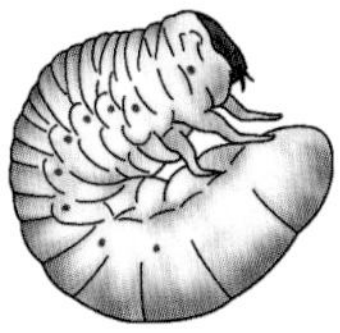

㋓

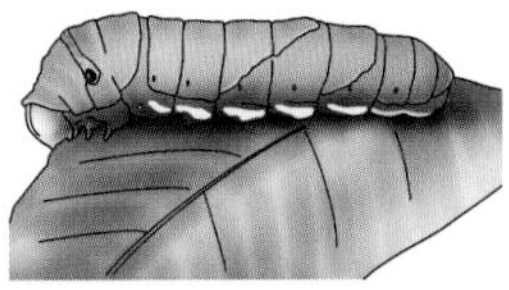

㋔

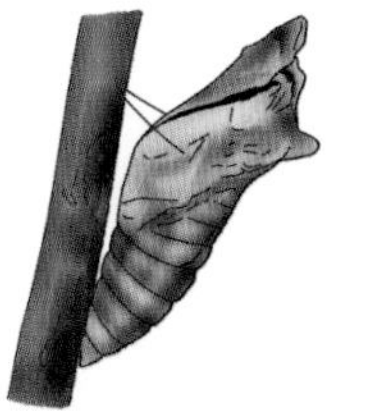

㋕

㋖

㋗

勉強した日　　月　　日

まとめのテスト②

3　チョウを育てよう

とく点

/100点

おわったら
シールを
はろう

時間 20分

教科書　44～49ページ　　答え　4ページ

1 こん虫の育ち方　次の図は、いろいろなこん虫のせい虫です。あとの問いに答えましょう。　1つ4〔60点〕

㋐
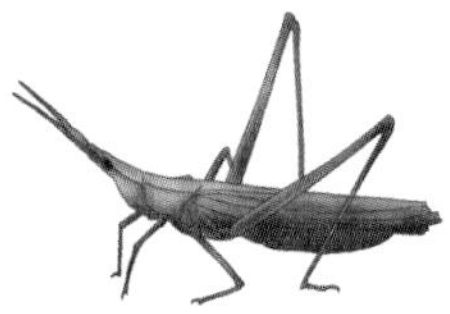
㋑

㋒
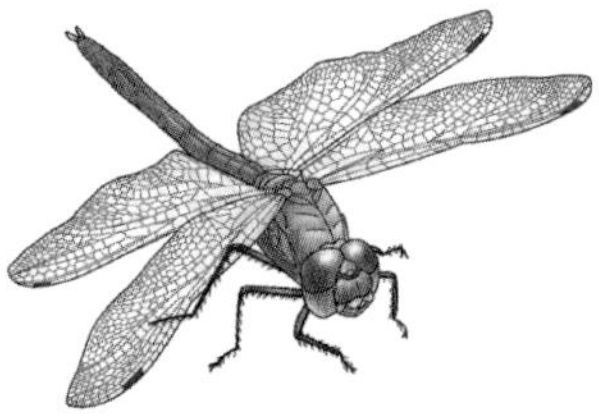
㋓

(1)　㋐～㋓を、それぞれ何といいますか。

㋐(　　　　　　)　㋑(　　　　　　)
㋒(　　　　　　)　㋓(　　　　　　)

(2)　次のうち、㋐の育ち方として正しいものに○をつけましょう。

①(　　　)たまご→よう虫→せい虫
②(　　　)たまご→よう虫→さなぎ→せい虫
③(　　　)たまご→さなぎ→よう虫→せい虫

(3)　次のあ～えは、上の図の㋐～㋓のよう虫です。それぞれどの虫のよう虫ですか。㋐～㋓の記ごうを書きましょう。

あ(　　　)　い(　　　)　う(　　　)　え(　　　)

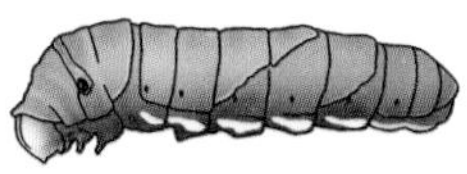
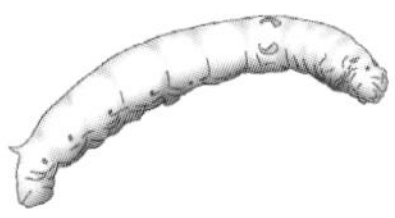
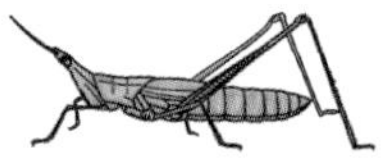

(4)　トンボのよう虫を、何といいますか。　(　　　　　)

(5)　次の文のうち、正しいものには○、まちがっているものには×をつけましょう。

①(　　　)モンシロチョウとカブトムシは、同じ育ち方をする。
②(　　　)ショウリョウバッタとアキアカネは、同じ育ち方をする。
③(　　　)カブトムシとショウリョウバッタは、同じ育ち方をする。
④(　　　)アゲハとショウリョウバッタは、育ち方がちがう。
⑤(　　　)モンシロチョウとアキアカネは、育ち方がちがう。

2 こん虫の育ち方とくらし 次の図は、いろいろなこん虫のせい虫とよう虫を表しています。あとの問いに答えましょう。

1つ4〔36点〕

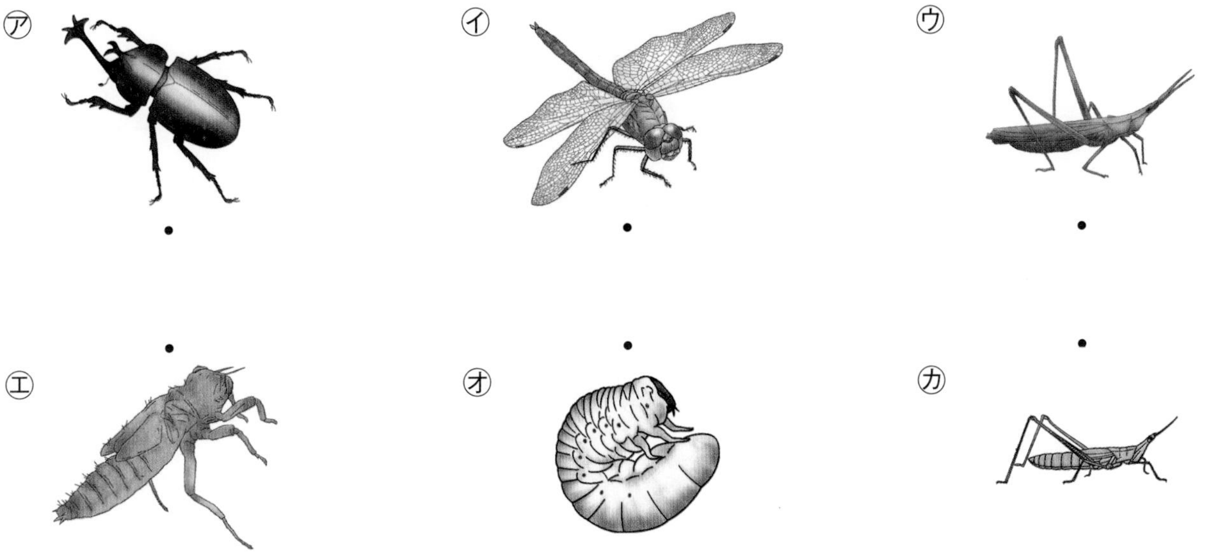

(1) ㋐〜㋒はせい虫、㋓〜㋕はよう虫です。せい虫とよう虫で、同じこん虫どうしを線でむすびましょう。

(2) ㋐、㋑のこん虫を何といいますか。

㋐(　　　　　　　　　　)

㋑(　　　　　　　　　　)

(3) ㋐は、せい虫になる前にさなぎになりますか、なりませんか。

(　　　　　　　　　　)

(4) 次のうち、㋑と同じじゅんに育つものに○をつけましょう。

①(　　　)カイコガ

②(　　　)モンシロチョウ

③(　　　)バッタ

(5) 次の①、②のものを食べてくらしているのは、㋓〜㋕のよう虫のうちどれですか。それぞれ記ごうで答えましょう。

① 水の中の生き物 (　　　)

② 草の葉 (　　　)

チャレンジ! 3 こん虫の育ち方 次の図は、トンボの育つ様子を表したものです。㋐〜㋓を、たまごから育つじゅんになるようにならべましょう。

〔4点〕

(　　　→　　　→　　　→　　　)

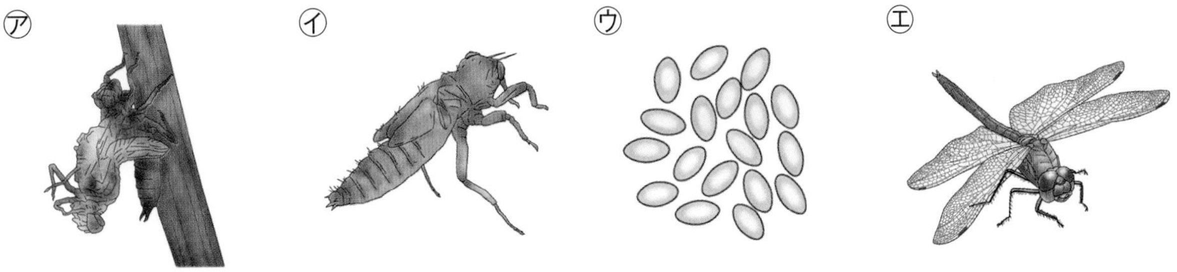

1 風の力
2 ゴムの力

きほんのワーク

教科書 50～61ページ　答え 5ページ

もくひょう
風やゴムには、ものを動かすはたらきがあることをかくにんしよう。

おわったらシールをはろう

図を見て、あとの問いに答えましょう。

1 風の強さとほかけ車が動くきょり

強い風を当てると、ほかけ車が動くきょりは③（ 短《みじか》く　長く ）なる。

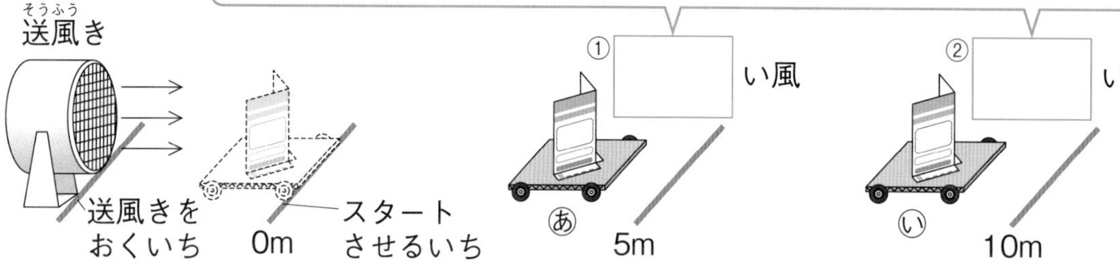
送風《そうふう》き
送風きをおくいち
0m
スタートさせるいち
①　い風
②　い風
あ
5m
い
10m

(1) ㋐、㋑は、強い風、弱い風のどちらで走らせたときに止まったところですか。①、②の□に書きましょう。

(2) 強い風を当てると、ほかけ車が動くきょりはどうなりますか。③の（　）のうち、正しいほうを⬭でかこみましょう。

2 ゴムをのばす長さとゴム車の動くきょり

ゴムを長くのばすと、ゴム車が動くきょりは③（ 短く　長く ）なる。

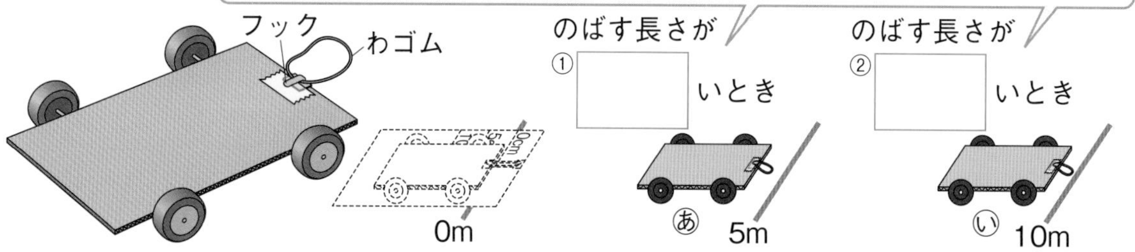
フック
わゴム
0m
のばす長さが①　いとき
のばす長さが②　いとき
あ
5m
い
10m

(1) ㋐、㋑は、ゴムをのばす長さが長いとき、短いときのどちらで走らせたときに止まったところですか。①、②の□に書きましょう。

(2) ゴムをのばす長さを長くすると、ゴム車が動くきょりはどうなりますか。③の（　）のうち、正しいほうを⬭でかこみましょう。

まとめ　〔 長く　強い 〕からえらんで（　）に書きましょう。

- ①（　　　　）風を当てると、ほかけ車が動くきょりは長くなる。
- ゴムを②（　　　　）のばすと、ゴム車が動くきょりは長くなる。

はってん　＜風力発電《はつでん》＞風の力で大きなプロペラを回し、その回転《かいてん》で発電きを動かして電気をつくり出す風力発電は、地球《ちきゅう》の気温《きおん》を上げる気体だと考えられている二さん化炭《かたん》そを出しません。

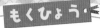

練習のワーク

教科書　50～61ページ　答え　5ページ

できた数　/8問中

おわったらシールをはろう

1　右の図のようなそうちを使って、風の強さをかえて、ほかけ車の動くきょりを調べました。次の問いに答えましょう。

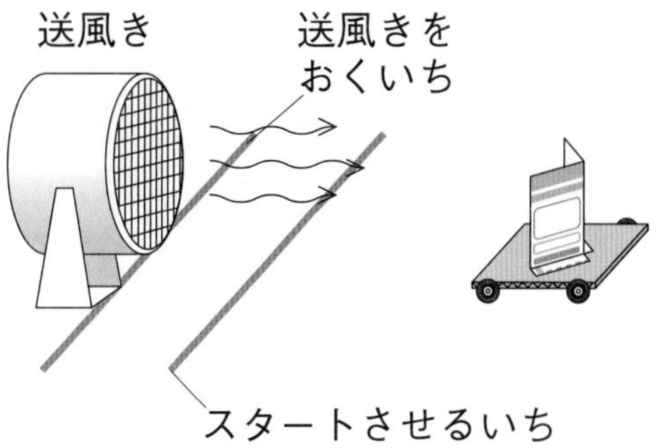

(1)　けっかを次の表《ひょう》のようにまとめました。㋐～㋒にあてはまる風の強さを、下のア～ウからえらんで表に書きましょう。

風の強さと車の動いたきょり

風の強さ	㋐	㋑	㋒
動いたきょり	2m30cm	2m60cm	2m80cm

ア　中　　イ　強　　ウ　弱

(2)　ほかけ車が動くきょりを長くするには、風の強さをどうすればよいですか。

(　　　　　　)

(3)　風の力でものを動かすことはできますか、できませんか。

(　　　　　　)

2　右の図のようなゴム車を作り、ゴムを㋐、㋑のようにのばしてから、ゴム車を動かしました。次の問いに答えましょう。

(1)　ゴムをのばすとき、短くのばした㋐と、長くのばした㋑では、どちらのほうがゴムの力を強く感じますか。

(　　　　)

(2)　ゴム車を動かしたとき、㋐と㋑ではどちらのほうが動くきょりが長いですか。

(　　　　)

(3)　ゴムがものを動かす力を大きくするには、どうすればよいですか。次のうち、正しいほうに○をつけましょう。

①(　　　)ゴムを短くのばす。

②(　　　)ゴムを長くのばす。

㋐　短くのばす

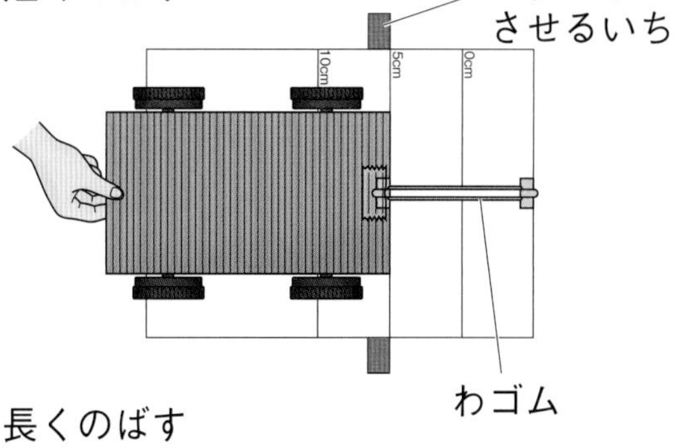

㋑　長くのばす

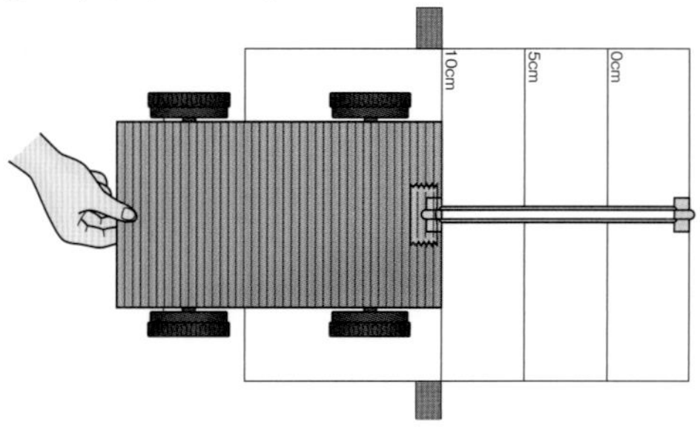

勉強した日　月　日

まとめのテスト

4　風やゴムの力

とく点　/100点

おわったら シールを はろう

時間 20分

教科書　50～61ページ　　答え　5ページ

よく出る **1** 風の力　下の図のような強い風、中くらいの風、弱い風を出すことのできる送風きとほかけ車を使って、ほかけ車を動かすじっけんを3回おこないました。次の図は、じっけんのけっかをまとめたものです。あとの問いに答えましょう。　1つ7〔49点〕

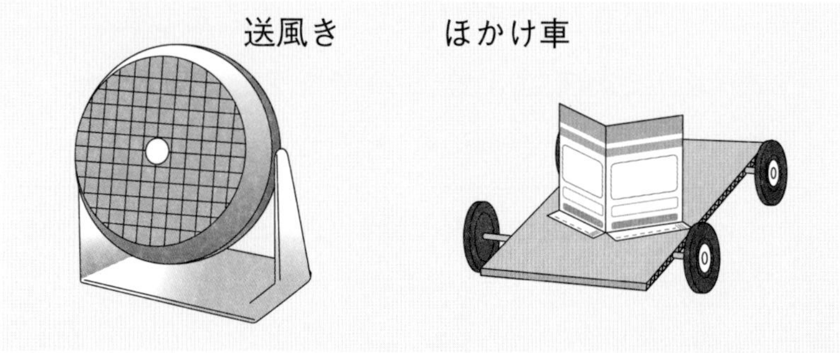

送風き
ほかけ車

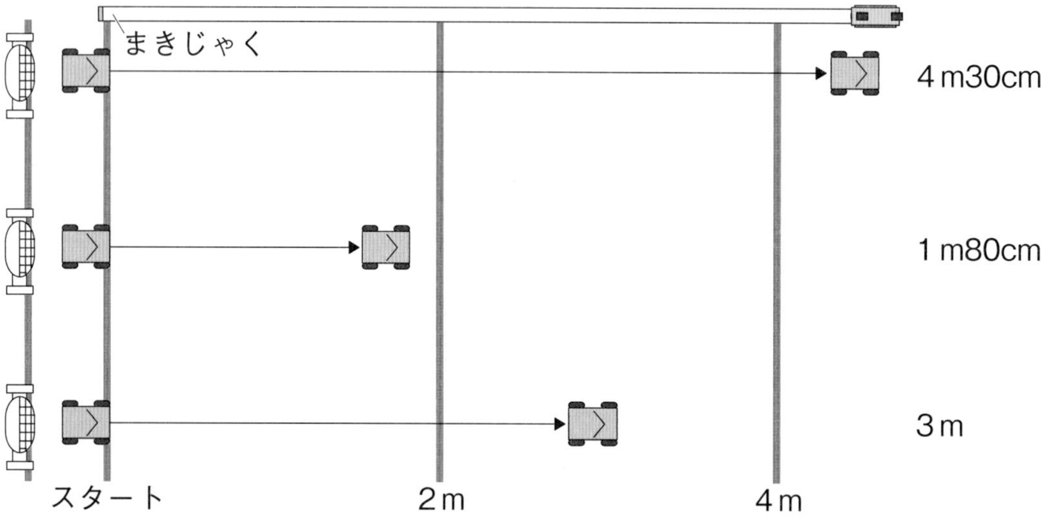

まきじゃく
1回目
4m30cm
2回目
1m80cm
3回目
3m
スタート
2m
4m

⑴　このじっけんをするとき、同じにしておかなければならないものを、次のうちから2つえらんで○をつけましょう。

①(　　)スタートさせるいち　②(　　)ほかけ車の色

③(　　)送風きをおくいち　④(　　)ビニルテープの色

⑵　1回目、2回目、3回目のけっかについて、ほかけ車が動いたきょりが長いじゅんにならべかえましょう。(　　→　　→　　)

⑶　風がいちばん強かったのは、何回目ですか。(　　)

⑷　風がいちばん弱かったのは、何回目ですか。(　　)

⑸　風には、どのようなはたらきがありますか。

(　　)

⑹　風の力を強くすると、⑸のはたらきは大きくなりますか、小さくなりますか、かわりませんか。(　　)

よく出る **2** **ゴムの力** **次の図のように、ゴムののばし方をかえて、ゴム車の動くきょりを調べました。あとの問いに答えましょう。** 1つ6〔30点〕

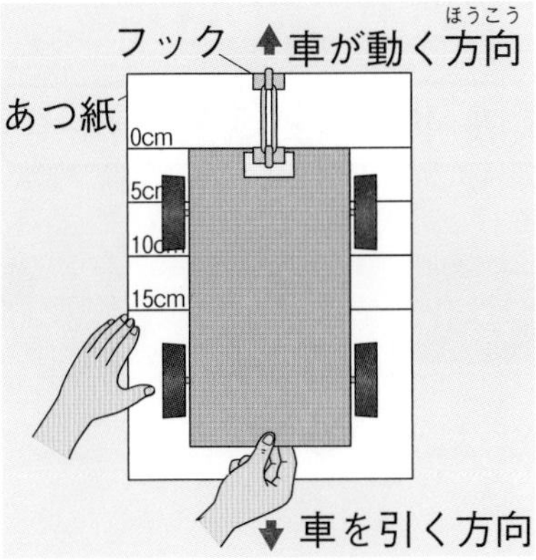

	㋐	㋑	㋒
ゴムをのばす長さ	5cm	10cm	15cm

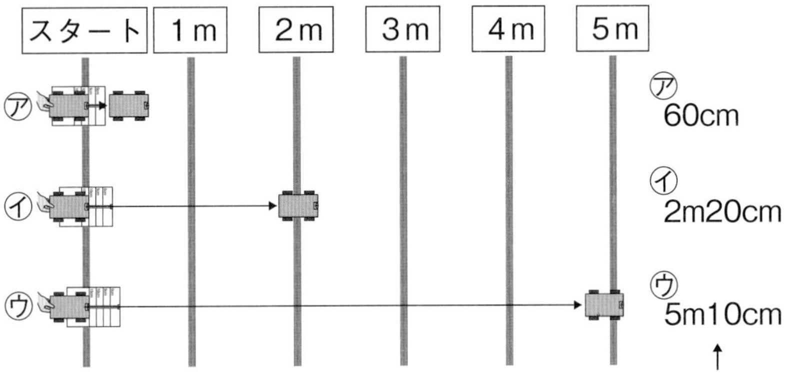

(1) 動いたきょりが長いじゅんに、㋐～㋒をならべましょう。

（　　→　　→　　）

(2) ゴムをのばす長さが短かったじゅんに、㋐～㋒をならべましょう。

（　　→　　→　　）

(3) ゴム車にはたらく力は、のばしたゴムがどうなろうとする力ですか。

（　　　　）

(4) ゴムを長くのばすほど、ゴムがものを動かす力の大きさはどうなりますか。

（　　　　）

(5) ゴム車を１m20cmくらい動かすには、ゴムをのばす長さをどのようにすればよいですか。次の文のうち、正しいものに○をつけましょう。

①（　　）5cmより短くする。
②（　　）5cmから１0cmの間にする。
③（　　）１0cmから１5cmの間にする。
④（　　）１5cmより長くする。

SDGs **3** **風の力とゴムの力** **次のものについて、風の力をりようしたものには○、ゴムの力をりようしたものには△をつけましょう。** 1つ7〔21点〕

①（　　）こいのぼり　②（　　）ゴム動力《どうりょく》ひこうき　③（　　）風力発電所《はつでんしょ》

勉強した日　月　日

1　大きく育つころ

もくひょう
植物の育ちを、葉の数や草たけの様子でかくにんしよう。

おわったらシールをはろう

きほんのワーク

教科書　62～65、178～180ページ　答え　5ページ

図を見て、あとの問いに答えましょう。

1　大きく育ってきたホウセンカの調べ方

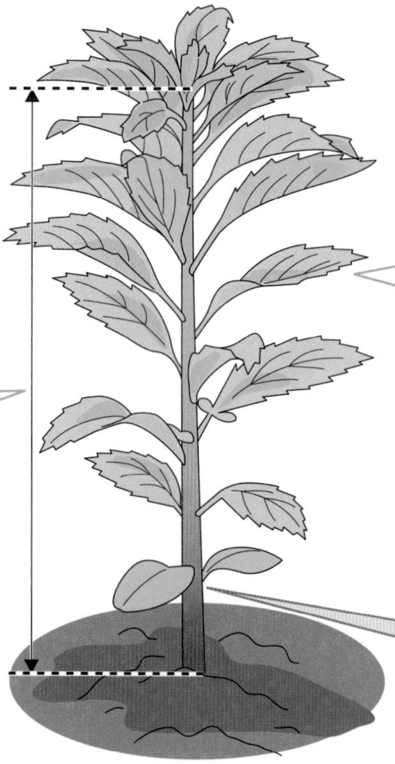

ものさしで ①［　　］を はかる。

↓

葉を出したころより ②（ ちぢんで　のびて ） いる。

葉の ③［　　］を 数える。

↓

葉を出したころより ④（ へって　ふえて ） いる。

くきはえんぴつよりも ⑤（ 細く　太く ） なっている。

(1)　ものさしを使って調べることを、①の［　］に書きましょう。

(2)　①は、葉を出したころにくらべてどうなっていますか。②の（　）のうち、正しいほうを◯でかこみましょう。

(3)　植物の育ちを調べるには、葉の何を数えますか。③の［　］に書きましょう。

(4)　③を数えると、葉を出したころにくらべてどうなっていますか。④の（　）のうち、正しいほうを◯でかこみましょう。

(5)　くきの太さは、えんぴつとくらべてどうなっていますか。⑤の（　）のうち、正しいほうを◯でかこみましょう。

まとめ　〔 ふえる　のびて 〕からえらんで（　）に書きましょう。

●植物は、育つと草たけが①（　　　　）、葉の数が②（　　　　）。

わくわくたんてい団

ヒトなどの動物《どうぶつ》は、せいちょうするときに体全体が大きくなります。一方、植物には、くきの先や根の先にぐんぐんのびていく部分があります。

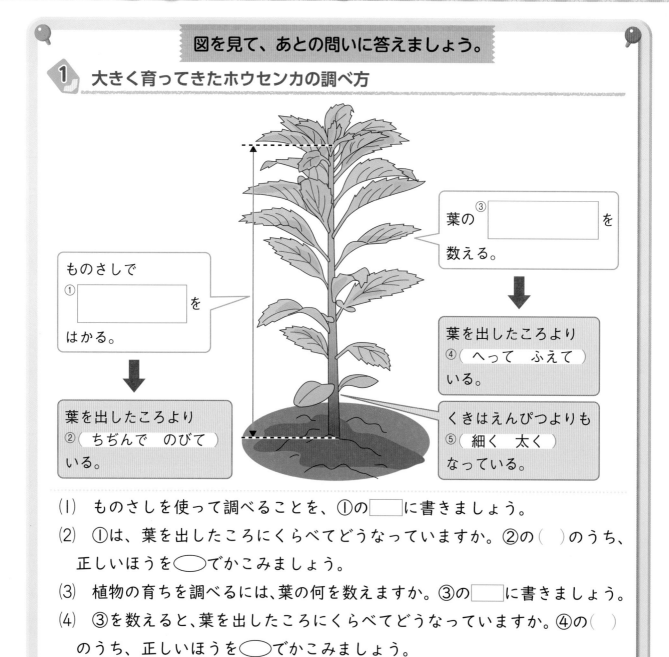

練習のワーク

教科書 62~65、178~180ページ　答え 5ページ

できた数 /8問中

おわったら シールを はろう

1 次の図は、植物がどのように育っているかをかんさつしたときの全体の様子と、かんさつカードのきろくです。あとの問いに答えましょう。

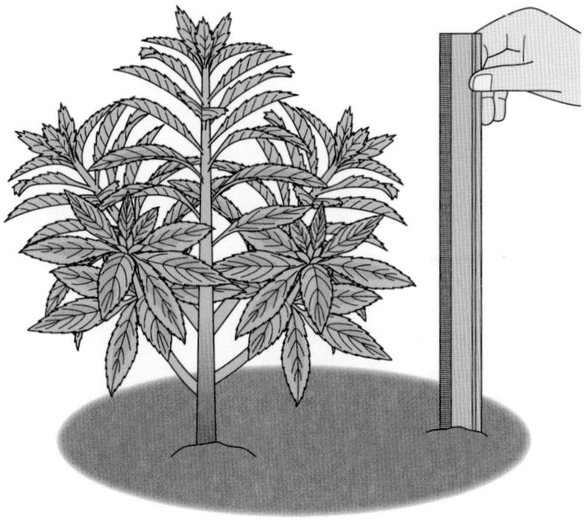
(全体の様子)

あ の育ち
3年 1組 高田けんた
6月26日
葉の形は ぎざぎざ。
細長い。
17cm
草たけ
27 い
大きい葉は 17cmもあった。
[せつめい]
・草たけがのびて、葉の数がふえている。
・大きい葉が多くなっている。
・くきの根もとが、えんぴつよりも太くなった。

(1) あにあてはまる植物の名前は何ですか。 (　　　　)

(2) 葉の数は、春のころとくらべてどうなりましたか。

(　　　　　　　　)

(3) かんさつカードのいにあてはまる長さのたんいはどれですか。次のうち、正しいものに○をつけましょう。

①(　　　)mm

②(　　　)cm

③(　　　)m

(4) 草たけがのびたことから、植物の体のつくりのうち、どの部分がのびたことがわかりますか。 (　　　　)

(5) 次の文のうち、正しいものには○、まちがっているものには×をつけましょう。

①(　　　)育つ様子を調べるには、前のかんさつカードのきろくとくらべてみると、何がちがうかわかりやすい。

②(　　　)草たけは、ものさしのかわりに紙テープを使ってはかってもよい。

③(　　　)ホウセンカが育ってきたら、かならずぼうを立ててくきをささえる。

④(　　　)デジタルカメラなどで、全体のすがたの写真をとるとよい。

勉強した日　　月　　日

2　花をさかせるころ

もくひょう

植物の育ちの調べ方や、花をさかせる様子をかくにんしよう。

おわったら シールを はろう

きほんのワーク

教科書 66~69、178~180ページ　答え 6ページ

図を見て、あとの問いに答えましょう。

1　花がさくころ

ホウセンカの育ち	3年	1年	高田けんた

7月18日

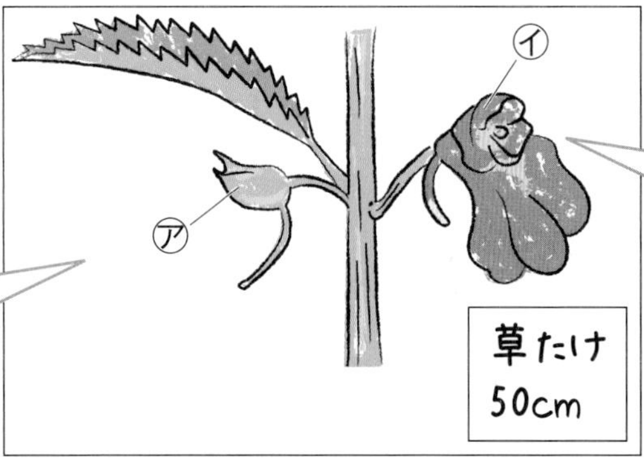

㋐は
①

㋑は
②

［せつめい］
- 花がさいた。
- 花は、③（ 赤い　白い ）。
- 草たけは、さらに④（ ちぢんで　のびて ）いた。
- 葉の数は、⑤（ ふえた　へった ）。

(1)　㋐がふくらんだあと㋑がさきます。㋐、㋑の名前を、①、②の□に書きましょう。

(2)　㋑は何色ですか。③の（　）のうち、正しいほうを◯でかこみましょう。

(3)　前とくらべて草たけはどうなっていますか。④の（　）のうち、正しいほうを◯でかこみましょう。

(4)　前とくらべて葉の数はどうなっていますか。⑤の（　）のうち、正しいほうを◯でかこみましょう。

まとめ　〔 花　草たけ 〕からえらんで（　）に書きましょう。

●植物は、前とくらべると、さらに①（　　　　）がのびて、②（　　　　）がさいている。

わくわくたんてい団　ヒマワリは草たけがとても高くなる植物として知られていますが、世界《せかい》一高いヒマワリの草たけは9mをこえるそうです。

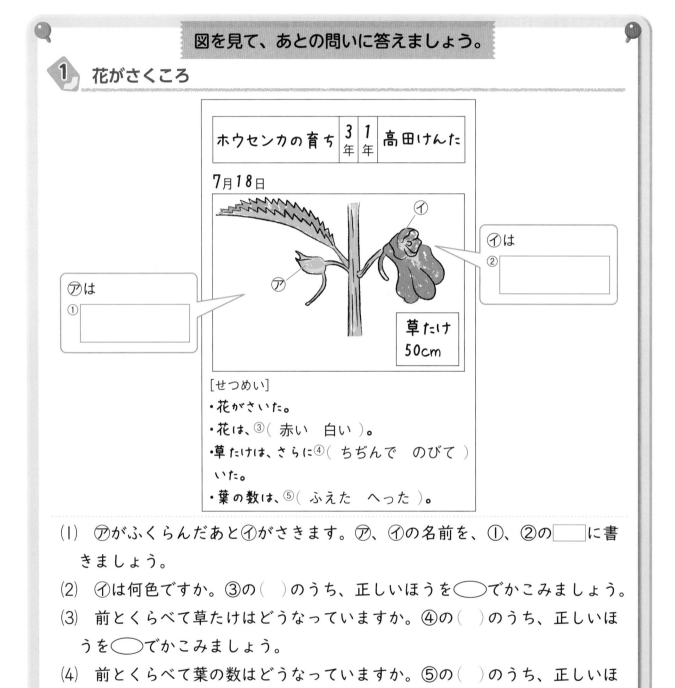

練習のワーク

教科書 66～69、178～180ページ　答え 6ページ

できた数　/8問中

おわったら シールを はろう

1 **次の写真は、ホウセンカとヒマワリの花の様子を表したものです。あとの問いに答えましょう。**

㋐

㋑

ヒマワリの花は大きいね。

㋒

㋓

ホウセンカの花には、赤や白、むらさきなど、たくさんの色があるよ。

(1)　㋐、㋑の植物を何といいますか。□に書きましょう。

(2)　㋒、㋓はそれぞれの植物の何ですか。　(　　　　)

(3)　㋐、㋑と㋒、㋓のそれぞれについて、同じ植物どうしを線でむすびましょう。

(4)　次の文は、㋐、㋑のどちらの花がさいたときの様子について書かれたものですか。

①　くきのてっぺんに大きな花がさいた。　(　　)

②　ひらひらした、きれいな花がさいた。　(　　)

(5)　花がさくころのホウセンカの葉の数と草たけは、どうなっていますか。次の文のうち、正しいものに○をつけましょう。

①(　　)春のころとくらべて、葉の数はふえ、草たけものびていた。

②(　　)春のころとくらべて、葉の数も草たけもかわらなかった。

③(　　)春のころとくらべて、葉の数はふえたが、草たけはかわらなかった。

勉強した日　　月　　日

まとめのテスト

葉を出したあと

とく点　　/100点

おわったらシールをはろう

時間 20分

教科書 62～69、178～180ページ　答え 6ページ

1 **植物の育ち** **植物について調べます。次の問いに答えましょう。** 1つ7〔14点〕

(1)　次の文のうち、植物をかんさつするときにすることとして、正しいほうに○をつけましょう。

①(　　　　)いつも横から見た様子だけかんさつする。

②(　　　　)葉の形や大きさなどがわかるように、上からもかんさつする。

(2)　植物の育つ様子を調べるために何とくらべたらよいですか。次の文のうち、正しいほうに○をつけましょう。

①(　　　　)前のかんさつカードのきろくとくらべる。

②(　　　　)友だちのかんさつカードのきろくとくらべる。

よく出る **2** **ホウセンカの体と育ち方** **右の図は、6月ごろのホウセンカの様子です。次の問いに答えましょう。** 1つ5〔30点〕

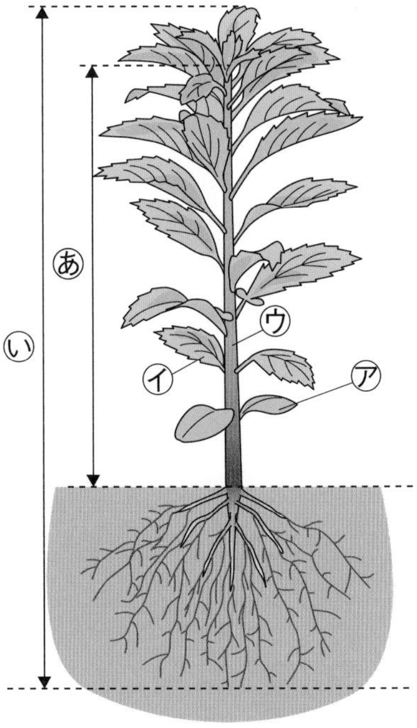

(1)　たねをまいたあと、さいしょに出たのは、㋐、㋑のどちらの葉ですか。　(　　　　)

(2)　育っていくにつれて、同じ形の葉がふえてくるのは、㋐、㋑のどちらの葉ですか。　(　　　　)

(3)　㋒を何といいますか。　(　　　　)

(4)　㋒は、ホウセンカが育つとともに、太くなりますか、細くなりますか。　(　　　　)

(5)　育つとともに長くなるのは、㋐と㋒のどちらですか。　(　　　　)

(6)　植物の草たけをはかるとき、図のㄐとⓘのどちらをはかればよいですか。　(　　　　)

3 **植物の育ち** **次の文のうち、正しいものには○、まちがっているものには×をつけましょう。** 1つ8〔24点〕

①(　　　　)植物は、育つにしたがってくきが太くなる。

②(　　　　)植物が育つとき、同じ形をした子葉の数がふえていく。

③(　　　　)子葉のあとに出た葉は育つとともにふえ、すべて同じ形をしている。

4 ホウセンカの育ち 次の図は、５月と７月のホウセンカの様子です。あとの問いに答えましょう。

1つ4〔32点〕

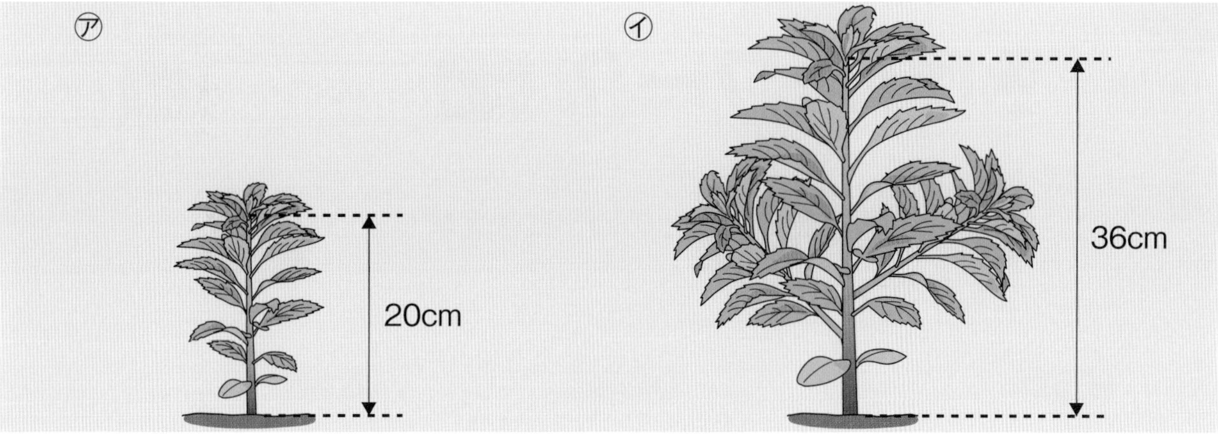

(1) ㋐と㋑のうち、7月のホウセンカはどちらですか。（　　　）

記述 (2) (1)のように考えたのはなぜですか。

（　　　　　　　　　　　　　　　　　　　　　　　　）

(3) ホウセンカの育ちを調べるときについて、次の文の（　）にあてはまる言葉を書きましょう。

育ちを調べるときは、①（　　　　）の数を数える。また、ものさしを使って②（　　　　　　）をはかる。

(4) ㋑のホウセンカには、右の図のようなものがついていました。この部分の名前を書きましょう。

（　　　　　　）

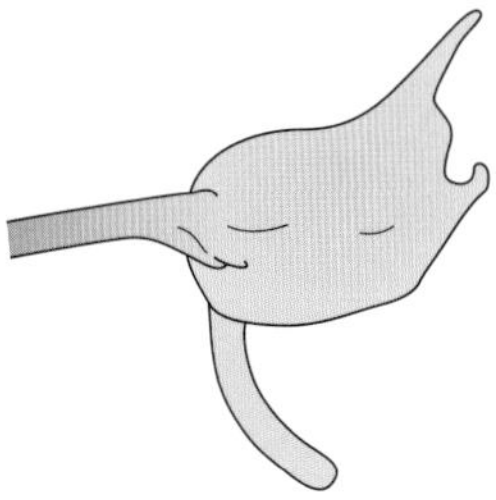

(5) まもなく花がさくホウセンカは、㋐、㋑のどちらですか。（　　　）

(6) 次のうち、花がさいたホウセンカのきろくとして、正しいものに○をつけましょう。

①（　　　）草たけは50cmくらいにのび、葉は春のころよりかなり数がふえている。

②（　　　）くきの太さは春のころと同じくらいである。

③（　　　）葉の大きさは春のころより小さいが、葉の数はふえている。

(7) ホウセンカは、どのような花をさかせますか。次のうち、正しいものの□に○をつけましょう。

① □

② □

③ □

勉強した日　月　日

1　こん虫の体のつくり

きほんのワーク

もくひょう
こん虫の体のつくりととくちょうについてかくにんしよう。

おわったらシールをはろう

教科書 72～76、178ページ　答え 6ページ

図を見て、あとの問いに答えましょう。

1 こん虫の体のつくり

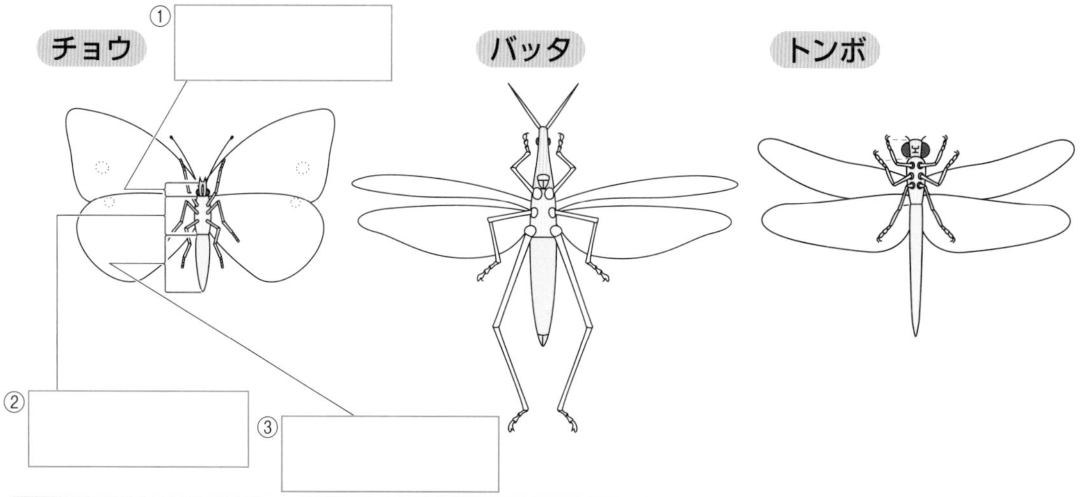

④［　　］は、体が①、②、③の３つの部分からできていて、⑤［　　］にあしが⑥［　　］本ある。また、頭に目や口、しょっかくがあり、⑦［　　］にはいくつかのふしがある。

(1)　①～③の［　］に、体の部分の名前を書きましょう。

(2)　バッタやトンボの体は、チョウの体のつくりとよくにており、①、②、③の部分からできています。このような体のつくりの生き物のなかまを何といいますか。④の［　］に書きましょう。

(3)　チョウ・バッタ・トンボのあしは、どこに何本ありますか。⑤の［　］には言葉を、⑥の［　］には数字を書きましょう。

(4)　チョウ・バッタ・トンボの体で、ふしがある部分の名前を、⑦の［　］に書きましょう。

形はちがうけど、つくりは同じだね。

まとめ　〔　頭　あし　ふし　〕からえらんで（　）に書きましょう。

●こん虫の体は、①（　　　）、むね、はらの３つの部分からできていて、むねに６本の②（　　　）があり、はらにいくつかの③（　　　）がある。

わくわくたんてい団　こん虫には、体の色やもよう、形がこん虫のすみかににているものや、スズメバチににたすがたのトラフカミキリのように、べつの生き物ににているものもいます。

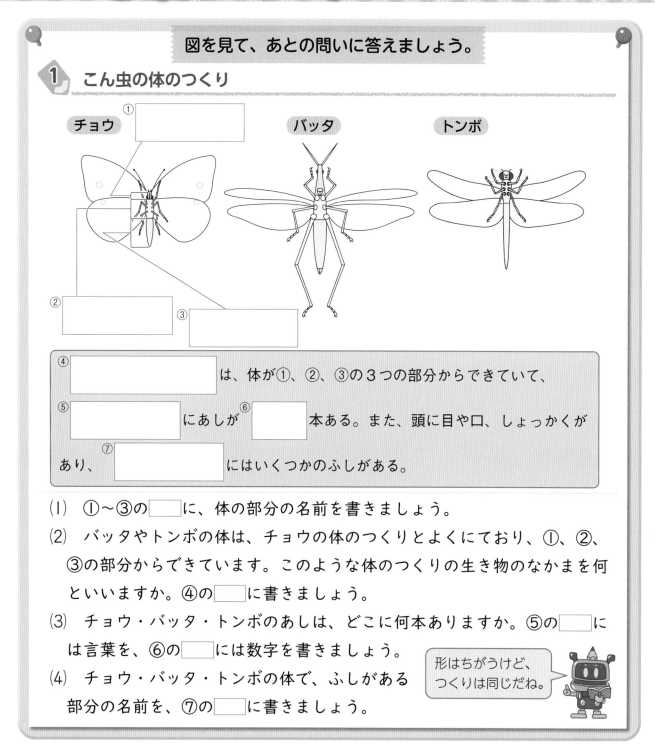

練習のワーク

教科書 72～76、178ページ　答え 6ページ

できた数　/14問中

おわったら シールを はろう

1　バッタとクモの体のつくりについて調べました。次の問いに答えましょう。

(1)　バッタの体は、右の図の㋐～㋒の3つの部分に分けられます。㋐～㋒の部分を、それぞれ何といいますか。

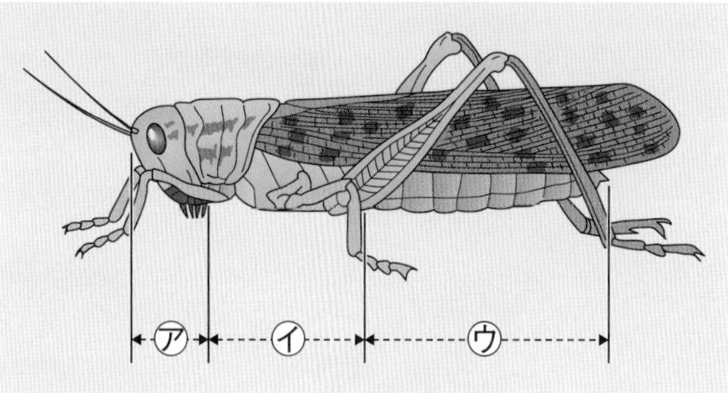

㋐（　　　　）
㋑（　　　　）
㋒（　　　　）

(2)　バッタのあしは何本で、どこにありますか。それぞれ書きましょう。

あしの数（　　　　）　あしがある部分（　　　　）

(3)　クモにはあしが何本ありますか。右の図を見て答えましょう。（　　　　）

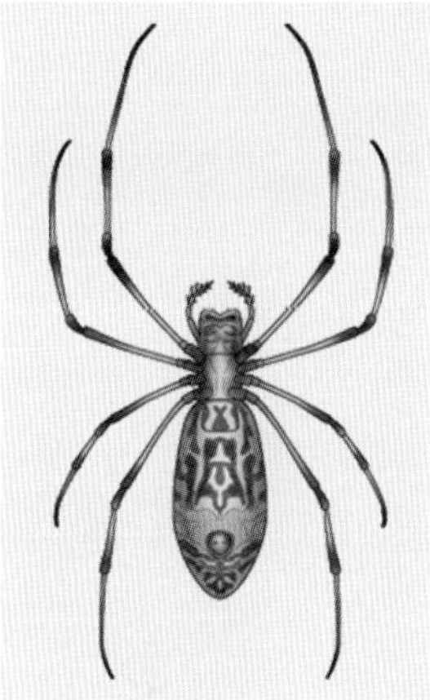

(4)　クモの体は、バッタのように頭、むね、はらの3つの部分に分かれていますか、分かれていませんか。

（　　　　）

(5)　次の文のうち、正しいものには○、まちがっているものには×をつけましょう。

①（　　）バッタやクモは、こん虫のなかまである。
②（　　）バッタやクモは、こん虫のなかまではない。
③（　　）バッタはこん虫のなかまだが、クモはこん虫のなかまではない。

2　右の図は、バッタとチョウの頭をかんさつした様子です。次の問いに答えましょう。

(1)　バッタの㋐～㋒の部分を、それぞれ何といいますか。

㋐（　　　　）
㋑（　　　　）
㋒（　　　　）

バッタ

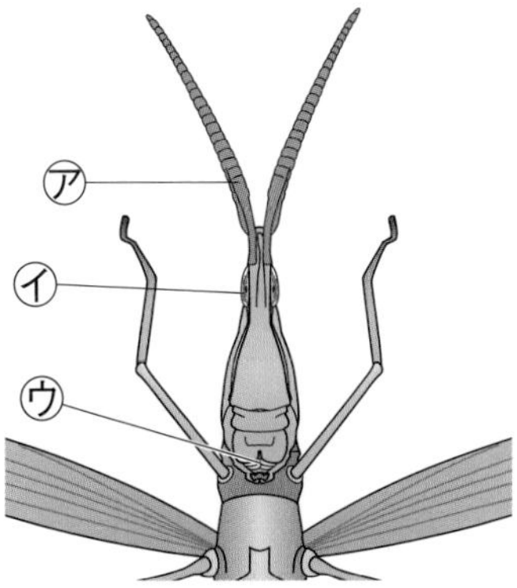

チョウ

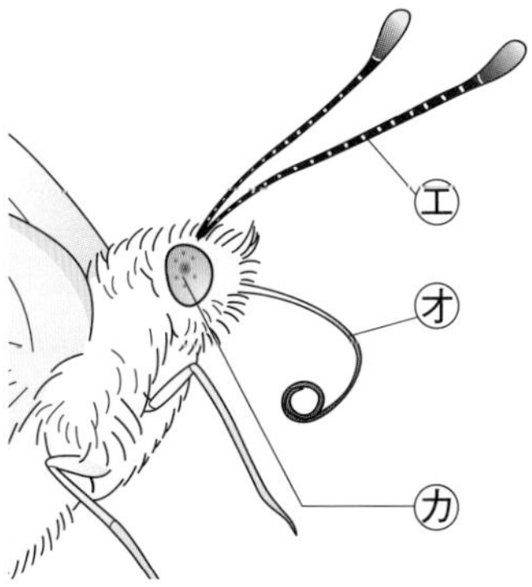

(2)　バッタの㋐の部分と同じはたらきをするのは、チョウの㋓～㋕のうちどの部分ですか。

（　　　　）

勉強した日　　月　　日

2　こん虫のいる場所や食べ物

もくひょう
こん虫のしゅるいによりすみかや食べ物がちがうことをおぼえよう。

おわったらシールをはろう

きほんのワーク

教科書　77～83ページ　答え　7ページ

図を見て、あとの問いに答えましょう。

1　こん虫と食べ物

虫のすがた	㋐ 	㋑ 	㋒ 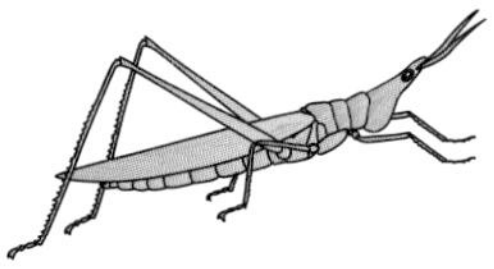	㋓ 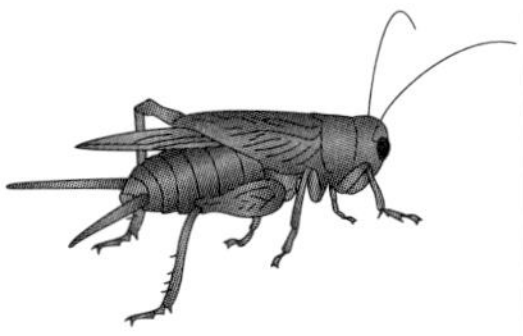
名前	①	②	③	④
食べ物	⑤	⑥	⑦	⑧
いる場所	林の木	⑨	⑩	⑪

こん虫などの生き物は、植物を食べたり、植物のある場所《ばしょ》をすみかにしたりして、⑫［　　　　］とかかわり合って生きている。

(1)　表の①～④に㋐～㋓のこん虫の名前を書きましょう。

(2)　㋐～㋓のこん虫の食べ物を、下の〔　〕からえらんで表の⑤～⑧に書きましょう。

〔　植物の葉　　ほかのこん虫　　花のみつ　　木のしる　〕

(3)　㋑～㋓のこん虫のいる場所を、下の〔　〕からえらんで表の⑨～⑪に書きましょう。

〔　野原の花　　野原の葉　　草かげ　〕

(4)　⑫の［　　］にあてはまる言葉を書きましょう。

まとめ　〔　植物　こん虫　〕からえらんで（　）に書きましょう。

●こん虫などの生き物は、野原や林などにいて①（　　　　）を食べたり、植物を食べるほかの②（　　　　）などを食べたりして、植物とかかわり合って生きている。

わくわくたんてい団
進《すす》む地球温《おん》だん化《か》で、生き物のすむ地いきがかわりつつあります。近ごろでは、今までは日本にすんでいなかった南国の生き物が、九州《きゅうしゅう》・おきなわ地方で発見《はっけん》されています。

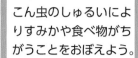

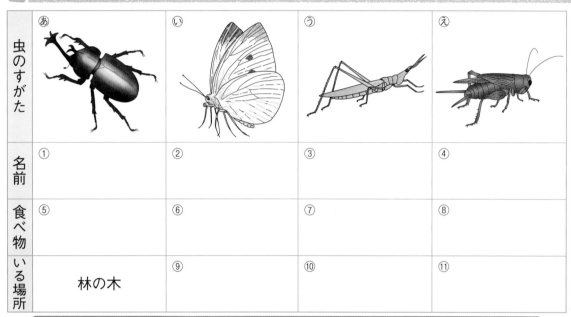

練習のワーク

できた数 /10問中

おわったら シールを はろう

教科書 77～83ページ　答え 7ページ

1 こん虫などの生き物が、なぜ、見つけた場所にいたのか考えてみます。あとの問いに答えましょう。

㋐

㋑

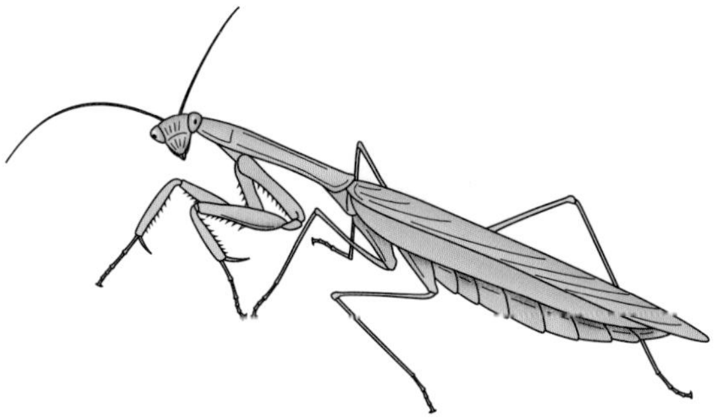

㋒

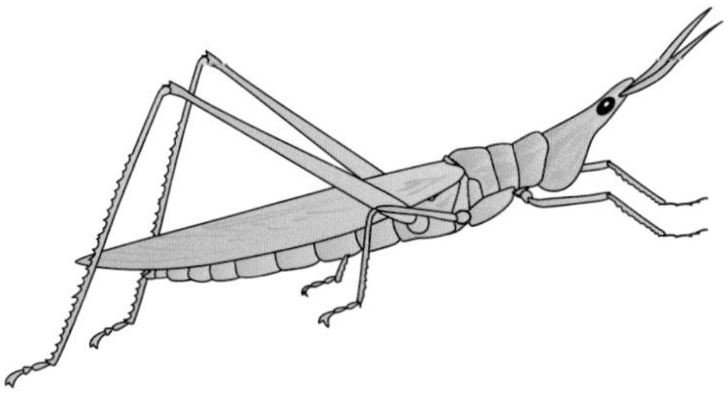

㋓

(1) 上の図の㋐～㋓のこん虫の名前を、下の〔　〕からえらんで□に書きましょう。

〔 カブトムシ　モンシロチョウ　オオカマキリ
アブラゼミ　ショウリョウバッタ　トノサマバッタ 〕

(2) 次の文は、㋐～㋓のどのこん虫について書かれたものですか。

① 植物の葉を食べるので、野原や草むらをすみかにしている。（　　）

② 食べ物となる虫がいそうな植物の花や葉のかげにかくれている。（　　）

③ 木のしるをすうので、木がたくさんある林の中などをすみかにしている。（　　）

④ 花のみつをすうので、花の多い花畑《はなばたけ》などにいる。（　　）

(3) こん虫などの生き物のすみかをさがすときは、その生き物の何について調べておくとよいですか。（　　）

(4) オカダンゴムシをくさった木の近くで見つけました。オカダンゴムシの食べ物は何だと考えられますか。次のア～ウからえらびましょう。

ア 木のしる　**イ** 落《お》ち葉　**ウ** 花のみつ（　　）

まとめのテスト

5　こん虫の世界

勉強した日　月　日

とく点　/100点

おわったら シールを はろう

時間 20分

教科書 72~83、178ページ　答え 7ページ

よく出る **1** **トンボとバッタの体** 次の図は、トンボとバッタの体のつくりを表したものです。あとの問いに答えましょう。　1つ5〔55点〕

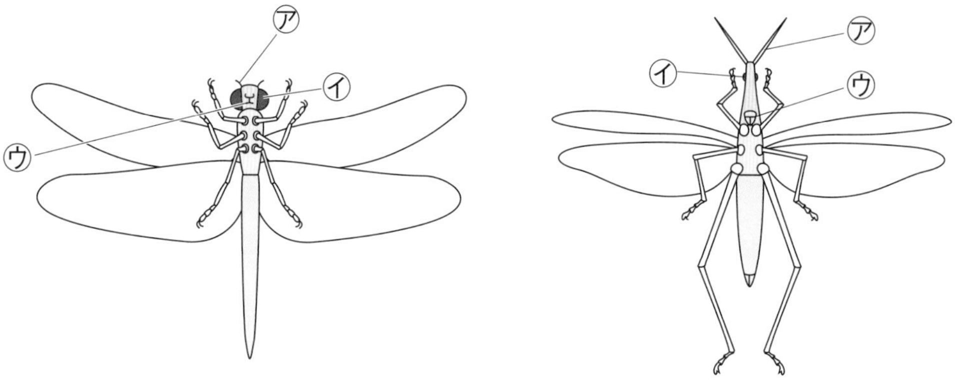

(1) トンボとバッタの体にある㋐~㋒の部分を、それぞれ何といいますか。

㋐(　　　　)　㋑(　　　　)　㋒(　　　　)

(2) トンボやバッタの体は、いくつの部分に分かれていますか。　(　　　　)

(3) トンボやバッタには、あしは何本ありますか。　(　　　　)

(4) 次の部分は、トンボやバッタのどこの部分にありますか。

① あし　(　　　　)

② はね　(　　　　)

③ 図の㋐~㋒の部分　(　　　　)

(5) 次の文のうち、正しいものには○、まちがっているものには×をつけましょう。

①(　　　)トンボやバッタの体のつくりは、モンシロチョウやアゲハとよくにている。

②(　　　)モンシロチョウはこん虫で、トンボとバッタはこん虫ではない。

③(　　　)トンボやバッタのはらは、いくつかのふしでできている。

2 **こん虫ではない生き物** クモやダンゴムシについて書かれた次の文のうち、正しいものに○をつけましょう。　〔5点〕

①(　　　)クモやダンゴムシは、こん虫のなかまである。

②(　　　)クモやダンゴムシは、こん虫のなかまではない。

③(　　　)クモはこん虫のなかまだが、ダンゴムシはこん虫のなかまではない。

④(　　　)ダンゴムシはこん虫のなかまだが、クモはこん虫のなかまではない。

よく出る **3** **いろいろな生き物とくらし** **次の図は、学校の外で見つけた生き物を表したものです。あとの問いに答えましょう。**

1つ2〔40点〕

㋐

㋑

㋒

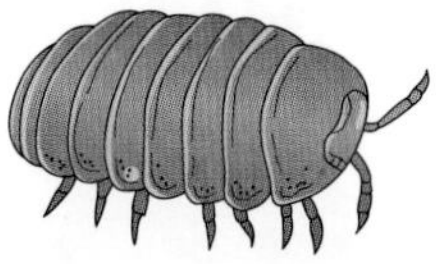

㋓

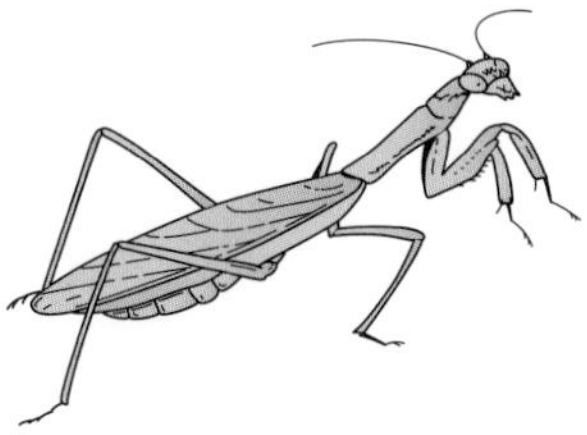

(1) ㋐～㋓の生き物を、それぞれ何といいますか。

㋐(　　　　　　　)　㋑(　　　　　　　)

㋒(　　　　　　　)　㋓(　　　　　　　)

(2) ㋐～㋓の生き物は、それぞれ何を食べていますか。下の〔　〕からえらんで書きましょう。

㋐(　　　　　　　)　㋑(　　　　　　　)

㋒(　　　　　　　)　㋓(　　　　　　　)

〔　草の葉　　ほかのこん虫　　落《お》ち葉《ば》　　木のしる　　花のみつ　〕

(3) ㋐～㋓の生き物をさがします。それぞれどのような場所に行けば見つけることができますか。下の〔　〕からえらんで書きましょう。

㋐(　　　　　　　)　㋑(　　　　　　　)

㋒(　　　　　　　)　㋓(　　　　　　　)

〔　くさった木　　草むら　　花だん　　林の木　　池の中　〕

記述 (4) (3)の場所をえらんだのはなぜですか。

(　　　　　　　　　　　　　　　　　　　　　　　　　　)

(5) 右の図は、コアオハナムグリというこん虫です。このこん虫について書いた次の文の(　)にあてはまる言葉を書きましょう。

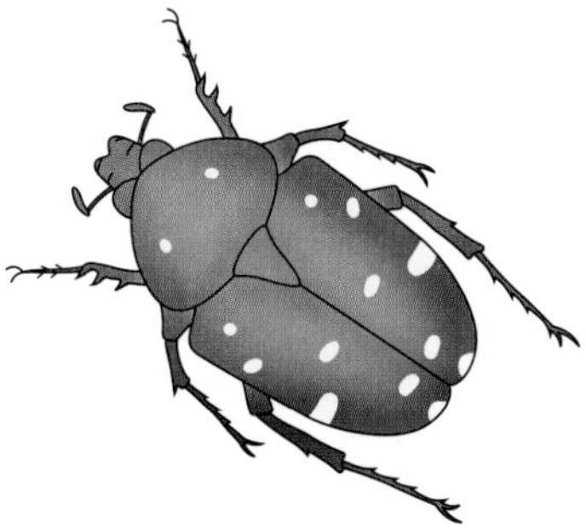

コアオハナムグリは、花の①(　　　　)やかふんなどが食べ物であるため、②(　　　　)がさいているところにいる。

(6) 次の文のうち、正しいものには○、まちがっているものには×をつけましょう。

①(　　)生き物は、土の少ない道路《どうろ》の上や、かくれがの多い人の家などにいることが多い。

②(　　)生き物は、しゅるいによらず同じ場所にすんでいる。

③(　　)生き物は、そのしゅるいによって食べ物がちがう。

④(　　)生き物は、植物とはかかわり合わずに生きていくことができる。

⑤(　　)生き物は、食べ物のないところにすんでいる。

勉強した日 月 日

花をさかせたあと 植物の育ち

きほんのワーク

もくひょう・
植物の一生を、たねのころからじゅんにかくにんしよう。

おわったらシールをはろう

教科書 84~91、178~180ページ 答え 8ページ

図を見て、あとの問いに答えましょう。

1 ホウセンカの実ができるころ

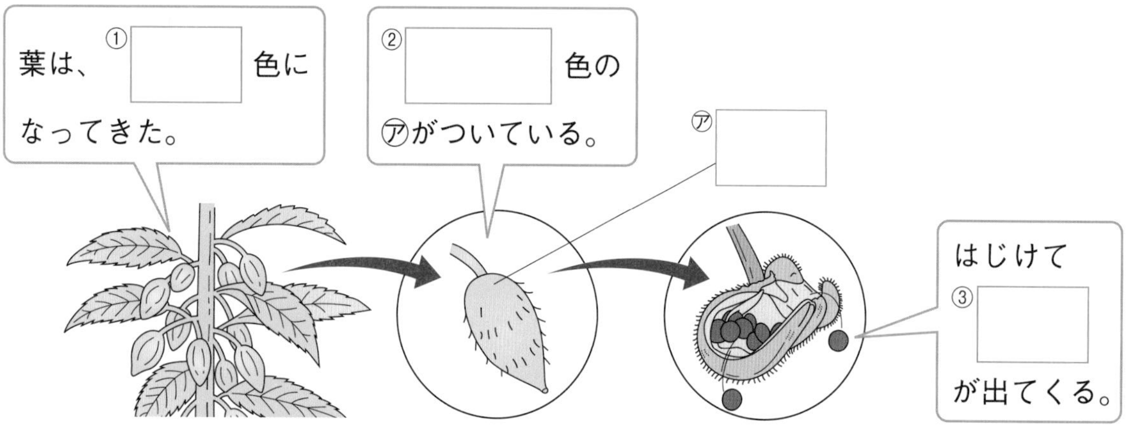
葉は、① 色になってきた。
② 色の㋐がついている。
㋐
はじけて ③ が出てくる。

(1) ㋐の□に、あてはまる名前を書きましょう。
(2) ㋐ができるころのホウセンカの葉の色を、①の□に書きましょう。
(3) できた㋐の色を、②の□に書きましょう。
(4) ㋐をさわると中から出てくるものは何ですか。③の□に書きましょう。

2 ホウセンカの育ち

たね→①□を出す。→②□を出ししげらせる。→③□をさかせる。→④□をつける。→かれる。

● ①~④の□にあてはまる言葉を、下の〔 〕からえらんで書きましょう。

〔 実《み》　葉　子葉　花 〕

まとめ 〔 実　たね 〕からえらんで(　)に書きましょう。

● 植物は、花がさいたあとに①(　　)ができ、②(　　)をのこして、かれていく。

わくわくたんてい団

バナナも、本当は実の中にたねがつまっています。わたしたちが食べているバナナは、たねなしとしてつくられた品《ひん》しゅなので、たねをまいて育てることはできません。

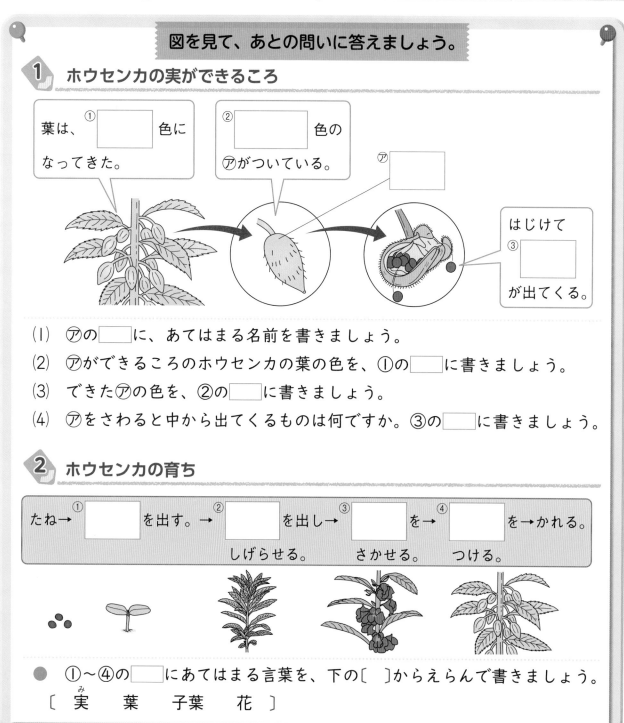

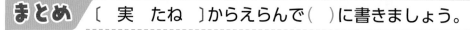

練習のワーク

教科書 84~91、178~180ページ　答え 8ページ

できた数 /15問中

おわったら シールを はろう

1 次の図は、ホウセンカとヒマワリの実を表したものです。あとの問いに答えましょう。

㋐ □

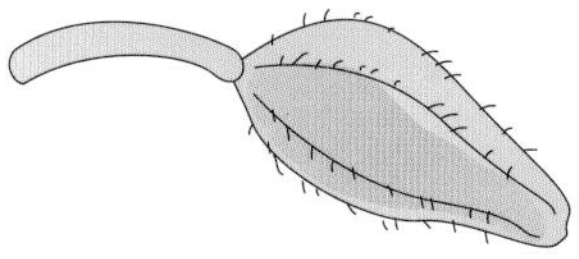

㋑ □

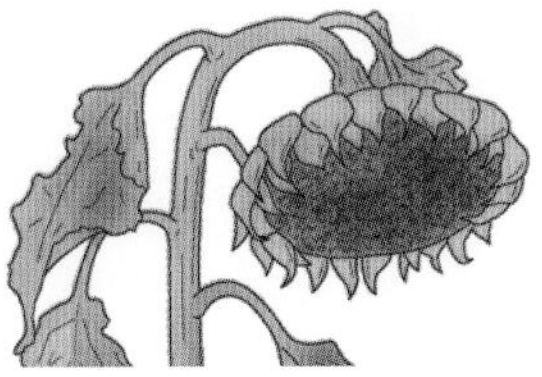

㋒

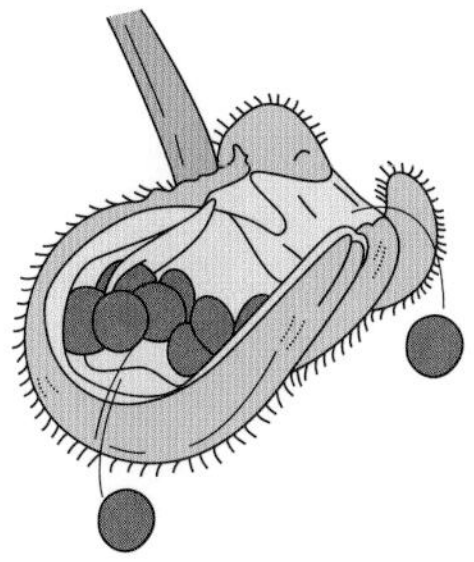

(1) ㋐、㋑は、それぞれどちらの花の実ですか。□に書きましょう。

(2) ㋐の実をさわると、㋒のように実がはじけて中からつぶが出てきました。このつぶは何ですか。つぶの名前を書きましょう。（　　　）

(3) ㋒は、わかい実ですか、じゅくした実ですか。（　　　）

2 次の図は、ホウセンカのたねまきから実ができるまでをかんたんにかいたものです。あとの問いに答えましょう。

㋐　㋑　㋒　㋓　㋔　㋕

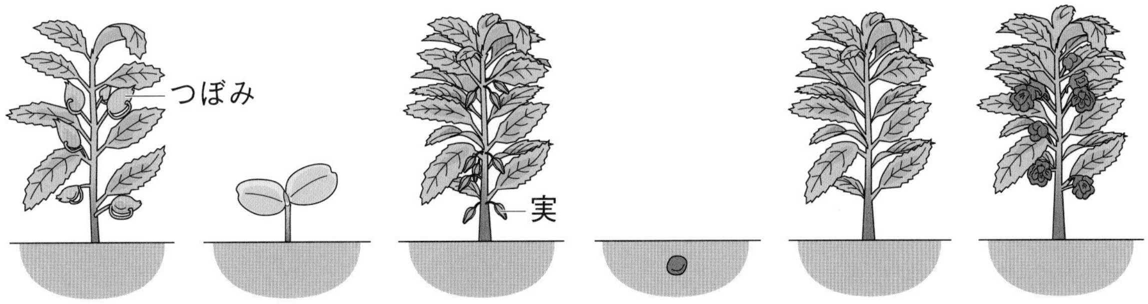

□　□　□　□　□　□

(1) 上の図の□に、たねから育つじゅんに1～6の番ごうを書きましょう。

(2) ホウセンカの育ち方について、次の文の（　）にあてはまる言葉を、下の〔　〕のア～オからえらんで記ごうを書きましょう。

たねをまく→①（　　）が出る→②（　　）が出る→くきがのび、葉がしげる→③（　　）ができる→花がさく→④（　　）をつける→⑤（　　）ができる→かれる

〔 ア たね　イ 実　ウ 葉　エ 子葉　オ つぼみ 〕

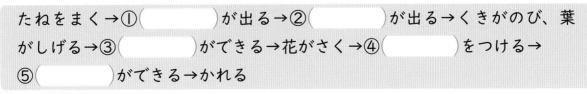

勉強した日　月　日

まとめのテスト

花をさかせたあと

とく点　/100点

おわったら シールを はろう

時間 20分

教科書 84~91、178~180ページ　答え 8ページ

1 [植物の育ち] 次の写真は、2しゅるいの植物のつぼみ、花、実、たねをばらばらにならべたものです。あとの問いに答えましょう。　1つ5〔45点〕

①
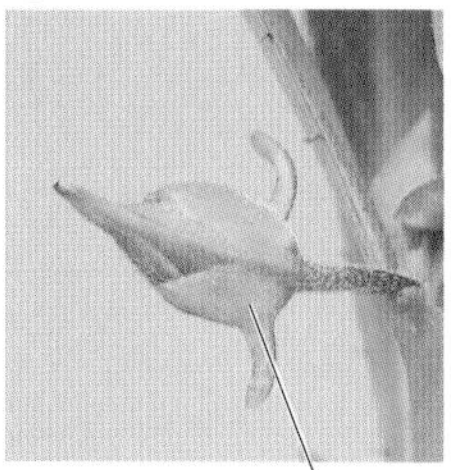
[あ]

㋐

㋒

㋔
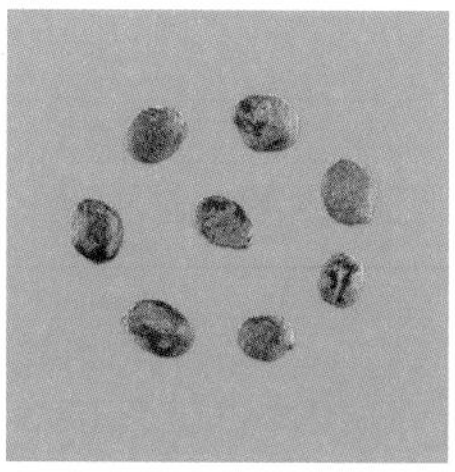

②

㋑

㋓

㋕
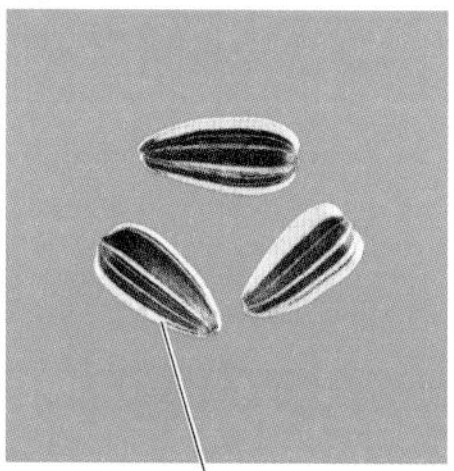
[い]

(1) 上の①、②は、それぞれ何という植物ですか。

①(　　　　　)　②(　　　　　)

(2) 上の①の[あ]、㋕の[い]はそれぞれ、植物の何ですか。

[あ](　　　　　)　[い](　　　　　)

(3) ㋐~㋕で、①、②と同じ植物どうしを線でむすびましょう。

(4) じゅくした実にさわると、丸いたねがはじける植物は①、②のどちらですか。植物の名前を書きましょう。　(　　　　　)

(5) 実ができるのはどこですか。次のうち、正しいほうに○をつけましょう。

①(　　)葉の先
②(　　)花がさいたところ

(6) 植物は、実ができたあとどうなりますか。次のうち、正しいものに○をつけましょう。

①(　　)実からつぼみができ、もう一度花がさく。
②(　　)葉やくきが黄色くなり、かれる。
③(　　)草たけがのび、大きく育っていく。
④(　　)くきがえだ分かれし、新しい葉が出る。

よく出る

2 ホウセンカの育ち 次の図は、ホウセンカの育ち方を表したものです。あとの問いに答えましょう。

1つ5〔30点〕

チャレンジ!

(1) 上の図の㋐～㋕を、たねからホウセンカの育つじゅんにならべましょう。

（　　→　　→　　→　　→　　→　　）

(2) 次の文にあてはまるものを、上の㋐～㋕からえらんで、記ごうを書きましょう。

① たねをまいて2週間くらいしたら、子葉が出た。（　　）

② 葉の数がふえ、くきものびて太くなった。（　　）

③ 花がさいたあと、緑色の実ができた。（　　）

(3) ㋐と㋒のホウセンカの草たけをくらべると、どのようになっていますか。次の文のうち、正しいものに○をつけましょう。

①（　　）㋐のほうがずっと大きい。

②（　　）㋒のほうがずっと大きい。

③（　　）㋐と㋒はあまりかわらない。

(4) ホウセンカの1つの実の中には、たねがどれだけ入っていますか。次の文のうち、正しいものに○をつけましょう。

①（　　）1つの実の中には1つのたねが入っている。

②（　　）1つの実の中には3つのたねが入っている。

③（　　）1つの実の中にはたくさんのたねが入っている。

3 植物の育ち 植物の育ちについて書かれた次の文のうち、正しいものには○、まちがっているものには×をつけましょう。

1つ5〔25点〕

①（　　）子葉のあとに出てくる葉は、子葉とはちがう形をしている。

②（　　）植物が育ってくると、葉の数はふえるが、葉の大きさは大きくならない。

③（　　）つぼみや花の形や色は、植物のしゅるいによってちがう。

④（　　）実ができるのは、花がさいたところとはかぎらない。

⑤（　　）花がさいたあとにできたたねは、春にまいたたねと色や形がよくにている。

勉強した日　　月　　日

1　かげと太陽①

もくひょう

かげと太陽がどのようなかんけいにあるかをかくにんしよう。

おわったらシールをはろう

きほんのワーク

教科書 92〜96、180ページ　答え 8ページ

図を見て、あとの問いに答えましょう。

1 かげができる場所

晴れた日には、もののかげが地面に①（ できる　できない ）。

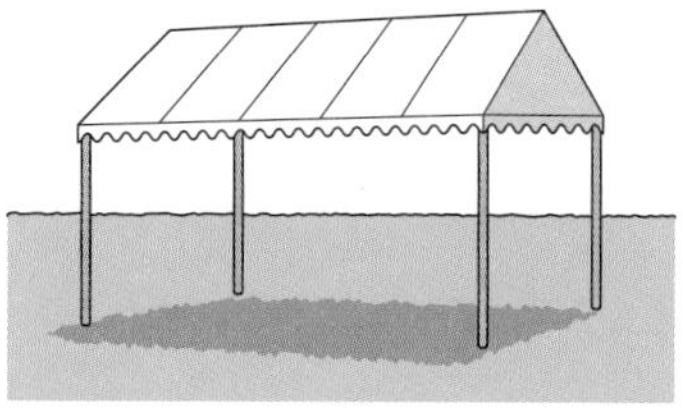

かげは②［　　　　］をさえぎるとできる。

(1)　晴れた日には、もののかげが地面にできますか、できませんか。①の（　）のうち、正しいほうを◯でかこみましょう。

(2)　かげは、何をさえぎるとできますか。②の［　］に書きましょう。

2 かげの向きと太陽《たいよう》の向《む》き

かげは、どれも①（ 同じ　ちがう ）向きにできる。

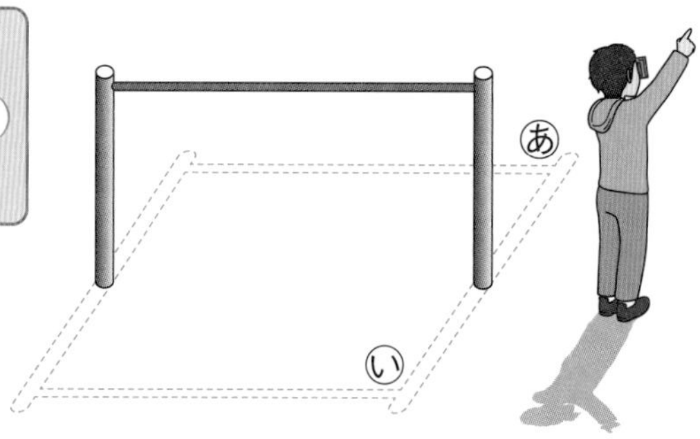

鉄《てつ》ぼうのかげは②［　　　　］の向きにできる。

(1)　かげができる向きは、同じですか、ちがいますか。①の（　）のうち、正しいほうを◯でかこみましょう。

(2)　鉄ぼうのかげは、あといのどちらの向きにできますか。②の［　］に書きましょう。

まとめ　〔 反対《はんたい》　光 〕からえらんで（　）に書きましょう。

● もので太陽の①（　　　　　）がさえぎられると、かげは、太陽の②（　　　　　）がわにできる。

わくわくたんてい団　太陽はきそく正しく動くので、かげの向きもきそく正しくかわります。これをりようしたのが日時計で、おおよその時こくがわかります。

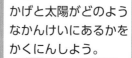

練習のワーク

教科書 92~96、180ページ　答え 8ページ

できた数 /5問中

おわったら シールを はろう

1 下じきを地面において、ぼうでなぞって目じるしをつけました。次に、下じきを持ち上げて、目じるしのところにかげをつくりました。次の問いに答えましょう。

(1) 下じきをかざすと、地面の目じるしのところにより大きなかげをつくることができたのは、㋐、㋑のどちらですか。 (　　　)

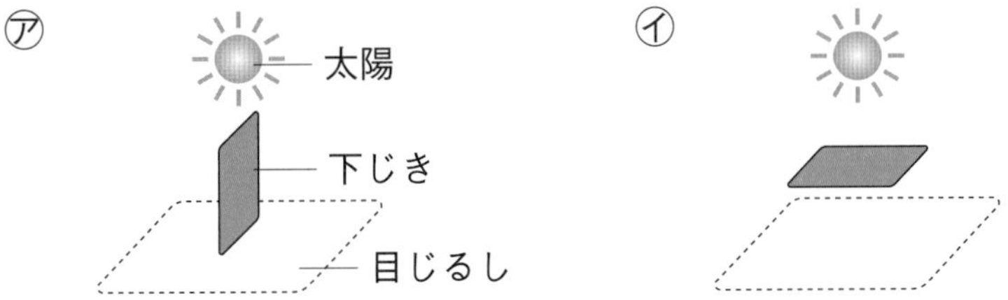

(2) このかんさつのけっかから、かげはどのようなときにできることがわかりますか。次の文のうち、正しいものに○をつけましょう。

①(　　　)太陽の光をさえぎるものがないとき。

②(　　　)太陽の光をさえぎったとき。

③(　　　)かげができるときは、決《き》まっていない。

2 右の図は、かげふみ遊《あそ》びの様子を表しています。次の問いに答えましょう。

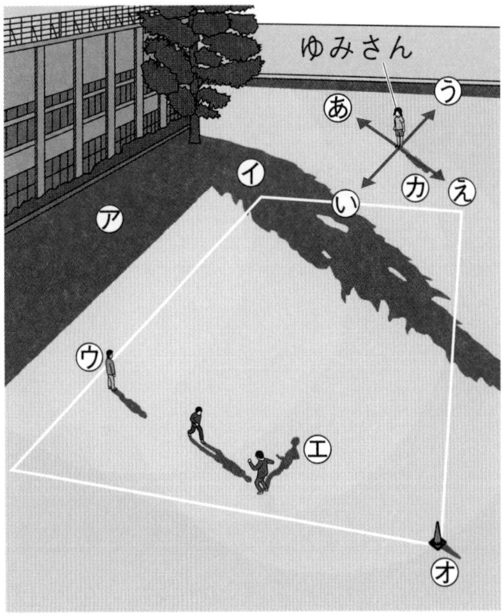

(1) 右の図の中で、向きが正しくないかげを、㋐~㋔からえらびましょう。 (　　　)

(2) ㋕のいちにいるゆみさんから見て、太陽はあ~えのどの向きにありますか。 (　　　)

(3) 次のうち、かげのできる向きと太陽の向きとして正しいものに○をつけましょう。

①(　　　)かげは、太陽の向きと同じ向きにできる。

②(　　　)かげは、太陽の向きとは反対《はんたい》の向きにできる。

③(　　　)ものがちがうとかげの向きがちがうので、かげは太陽の向きにかんけいなく、ばらばらの向きにできる。

勉強した日　　月　　日

1　かげと太陽②

きほんのワーク

もくひょう
かげの向きと太陽の向きのかんけいをかくにんしよう。

おわったらシールをはろう

教科書 96～99、180、182ページ　答え 9ページ

図を見て、あとの問いに答えましょう。

1 かげと太陽の動き

太陽は、①□から②□を通り、③□にしずむ。

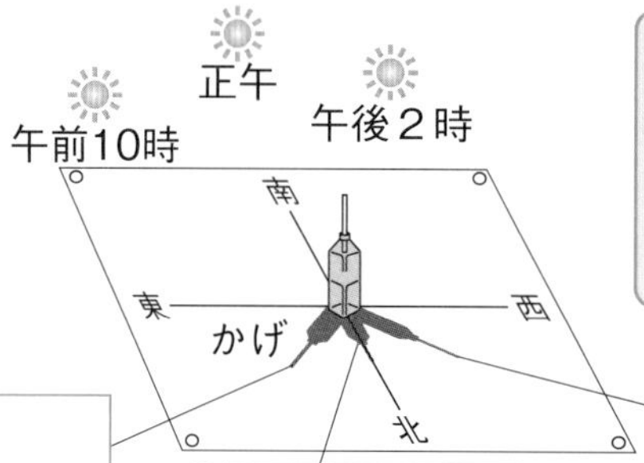

④□　⑤□　⑥□

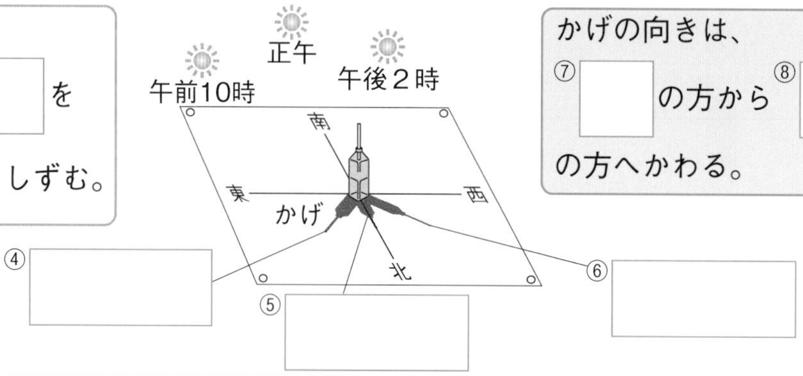

かげの向きは、⑦□の方から⑧□の方へかわる。

太陽の向きがかわるため、かげの向きもかわる。

(1)　太陽の向きのかわり方について、①～③の□に方位（ほうい）を書きましょう。

(2)　④～⑥は、それぞれ午前10時、正午、午後２時のいつのかげですか。□に書きましょう。

(3)　かげの向きのかわり方について、⑦、⑧の□に方位を書きましょう。

2 方位の調べ方

①の道具の北をさすはり（色をぬってあるほう）に、文字ばんの③□を合わせる。

①□

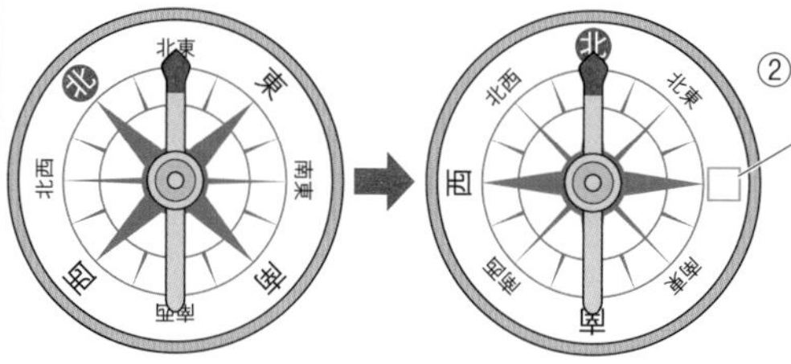

②□

(1)　①の□に道具の名前を、②の□に方位を書きましょう。

(2)　北をさすはりは、文字ばんの何の文字に合わせますか。③の□に書きましょう。

まとめ　〔　太陽　かわる　〕からえらんで（　）に書きましょう。

●時間がたつと、かげの向きがかわるのは、①（　　　　）の向きが②（　　　　）からである。

わくわくたんてい団　地球では、太陽は１日に１回のぼったりしずんだりしますが、月では太陽がのぼったりしずんだりするのは、およそ１か月に１回だけです。

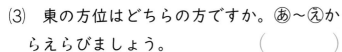

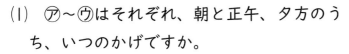

練習のワーク

教科書 96～99、180、182ページ　答え 9ページ

できた数　/14問中

おわったらシールをはろう

1 朝と正午、夕方に同じ場所に立つと、下の図のようなかげができました。次の問いに答えましょう。

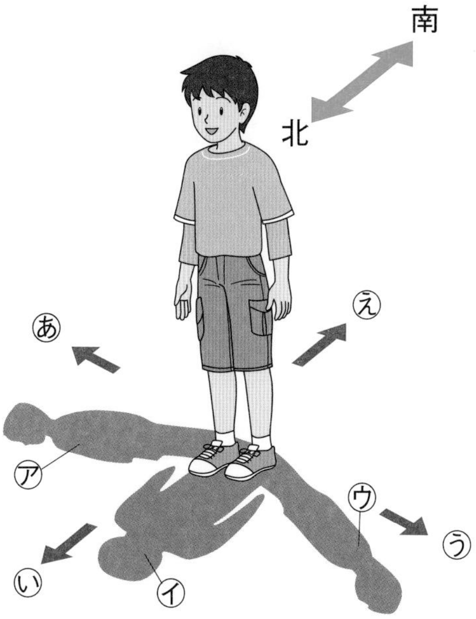

(1) ㋐～㋒はそれぞれ、朝と正午、夕方のうち、いつのかげですか。

㋐（　　　　）
㋑（　　　　）
㋒（　　　　）

(2) ㋐～㋒のかげができるとき、太陽はそれぞれ[あ]～[え]のどの方向にありますか。

㋐（　　　）　㋑（　　　）
㋒（　　　）

(3) 東の方位はどちらの方ですか。[あ]～[え]からえらびましょう。（　　　）

(4) 太陽の向きは、どのようにかわりますか。太陽の向きのかわり方について、次の文の（　）にあてはまる方位を、北、南、東、西からえらんで書きましょう。

太陽は①（　　　）の方からのぼり、②（　　　）の高いところを通り、③（　　　）の方へしずむ。

(5) 時間がたつとかげの向きがかわるのは、何がかわるからですか。（　　　　）

2 右の図のような道具を使って方位を調べました。次の問いに答えましょう。

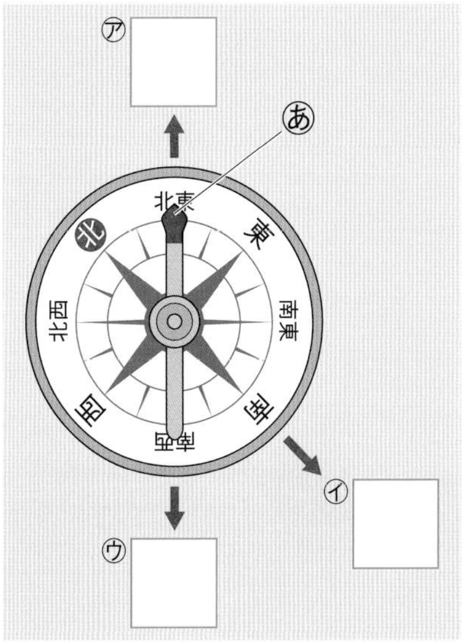

(1) 右の図のような道具を何といいますか。

（　　　　　）

(2) この道具を使うとき、[あ]に文字ばんの何を合わせますか。次のうち、正しいものに○をつけましょう。

①（　　）北の文字　②（　　）南の文字
③（　　）東の文字　④（　　）西の文字

(3) 図のようにはりが止まったとき、南の方位はどれですか。図の㋐～㋒のうち、正しいものをえらんで、□に○をつけましょう。

勉強した日　　月　　日

2　日なたと日かげ

きほんのワーク

もくひょう

日なたと日かげのちがいと太陽のかんけいをかくにんしよう。

おわったら シールを はろう

教科書 100~105、181、185ページ　答え 9ページ

図を見て、あとの問いに答えましょう。

1 日なたと日かげの地面

地面のようす

①[　　　　]のほうがかわいている。日なたのほうが温度《おんど》が②[　　　　]。

朝と昼の地面の温度をくらべると、③（ 日なた　日かげ ）のほうが、温度の上がり方が大きい。

地面の温度

④[　　　　]ではかったもの。

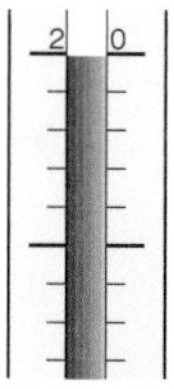

昼にはかった温度

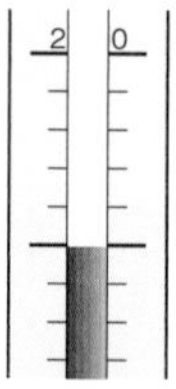

⑤[　　　　]ではかったもの。

(1)　①の[　　]に、日なた、日かげのどちらかを書きましょう。

(2)　②の[　　]に、高い、ひくいのどちらかを書きましょう。

(3)　③の（　）のうち、正しいほうを◯でかこみましょう。

(4)　④、⑤の[　　]に、日なたか、日かげかを書きましょう。

2 温度計《おんどけい》の目もりの読み方

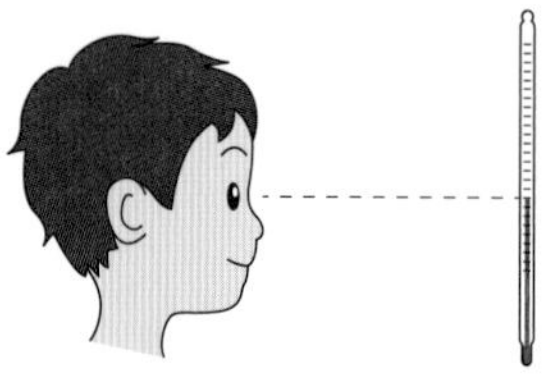

えきの先の高さと①（ 目　はな ）の高さを合わせる。

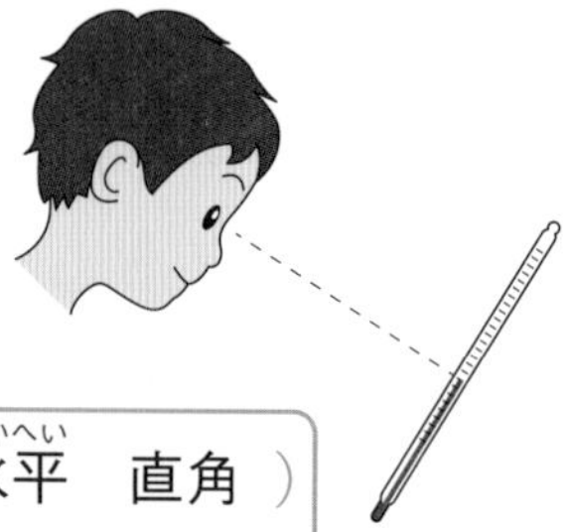

温度計と目線が②（ 水平《すいへい》　直角 ）になるようにする。

● ①、②の（　）のうち、正しいほうを◯でかこみましょう。

まとめ　〔 日かげ　日なた　太陽の光 〕からえらんで（　）に書きましょう。

●①（　　　　）によって地面があたためられているため、②（　　　　）の地面のほうが③（　　　　）の地面よりあたたかい。

わくわくたんてい団　地面に当たる光のりょうのちがいは、植物のせいちょうにもかかわってきます。日かげの植物は日なたの植物より、葉の色はうすくなります。

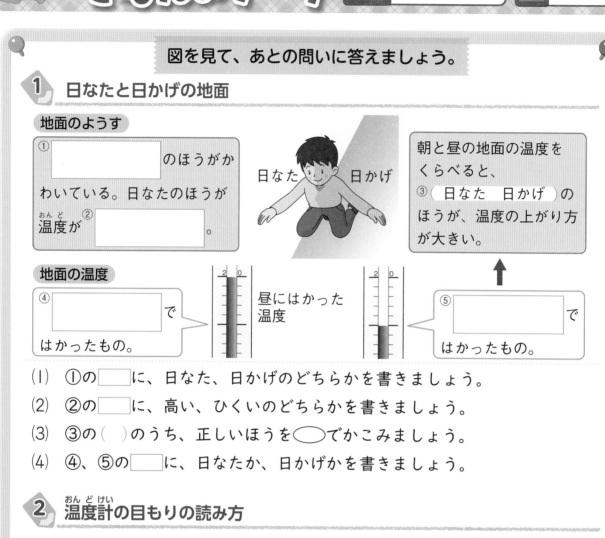

練習のワーク

教科書 100~105、181、185ページ　答え 9ページ

できた数　/8問中

おわったら シールを はろう

1 **午前10時と正午の日なたと日かげの地面の温度を調べて、下の図のようにきろくしました。次の問いに答えましょう。**

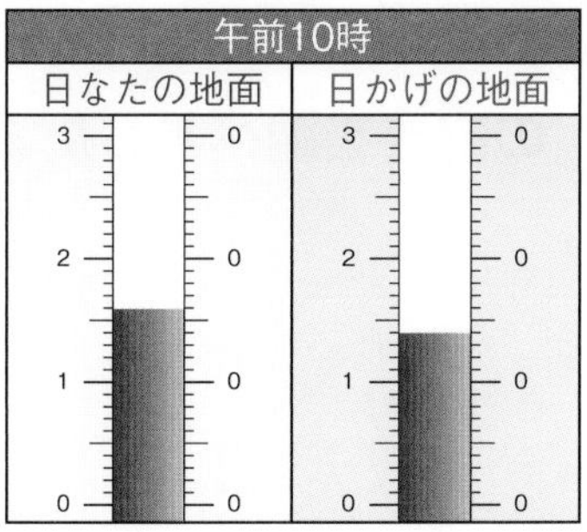

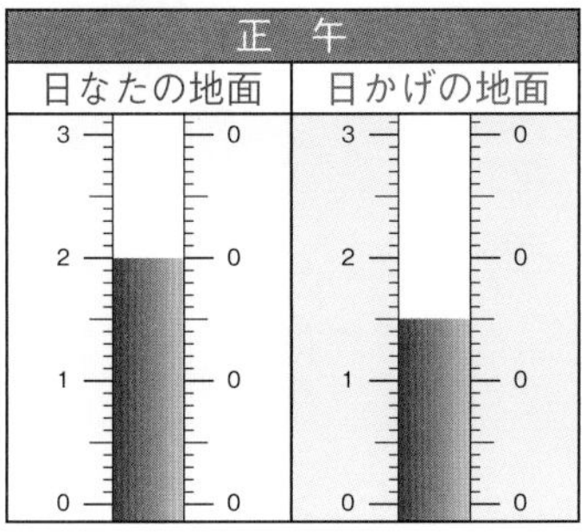

(1) 温度計の目もりは、温度計の上、下、真横《まよこ》のうち、どこから見て読みますか。（　　　　）

(2) 午前10時の日なたの地面の温度は何℃ですか。（　　　　）

(3) 地面の温度が高いのは、日なたと日かげのどちらですか。（　　　　）

(4) 日かげより日なたの地面の温度が高くなるのは、何が地面をあたためているからですか。（　　　　）

(5) 午前10時から正午の間の、地面の温度の上がり方が小さいのは、日なたと日かげのどちらですか。（　　　　）

(6) ㋐の図は、日なたの地面の温度をはかったときの様子をかいたものですが、まだでき上がっていません。どのようにすれば、正しい図になりますか。次の文のうち、正しいものに○をつけましょう。

㋐
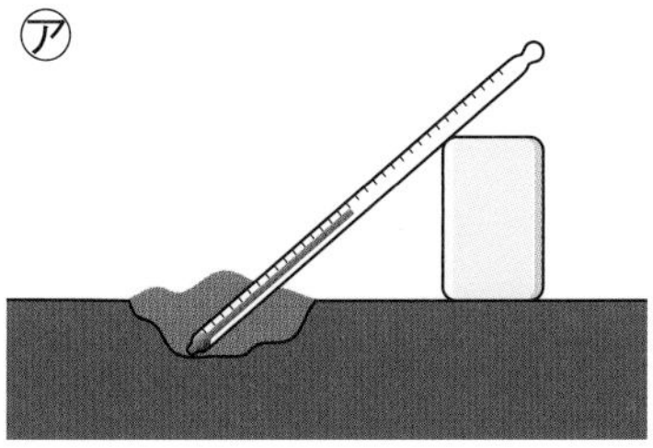

①（　　）温度計全体を土にうめる。

②（　　）温度計にちょくせつ太陽の光が当たらないようにおおいをする。

③（　　）えきだめの上に土をもっとかぶせる。

2 **温度計の使い方について、次の問いに答えましょう。**

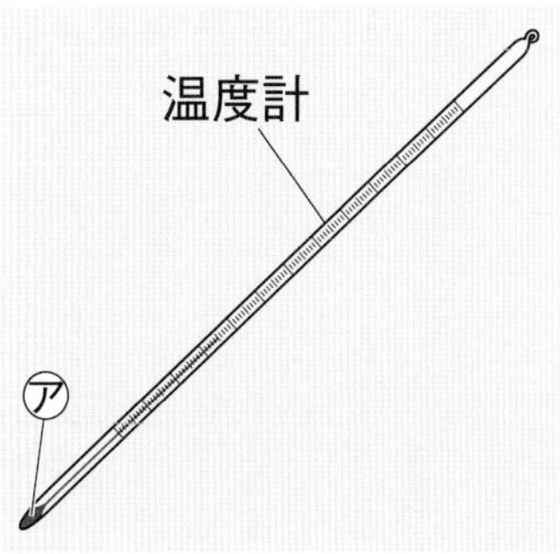

(1) 温度計の㋐の部分を、何といいますか。（　　　　）

(2) 次の文のうち、正しいものに○をつけましょう。

①（　　）地面の温度をはかるときは、温度計の先を地面にさして、10びょういないに目もりを読む。

②（　　）地面の温度をはかるときは、地面に深いあなをほって温度計をうめる。

③（　　）目もりを読むときは、えきの先が動かなくなってから読む。

勉強した日　月　日

まとめのテスト

6　太陽と地面

とく点　/100点

おわったら シールを はろう

時間 20分

教科書 92~105、180~182、185ページ　答え 9ページ

よく出る **1** かげのでき方　**次の図のように、ぼうを立てて、そのぼうのかげの向きと太陽の向きを調べました。あとの問いに答えましょう。**　1つ4〔20点〕

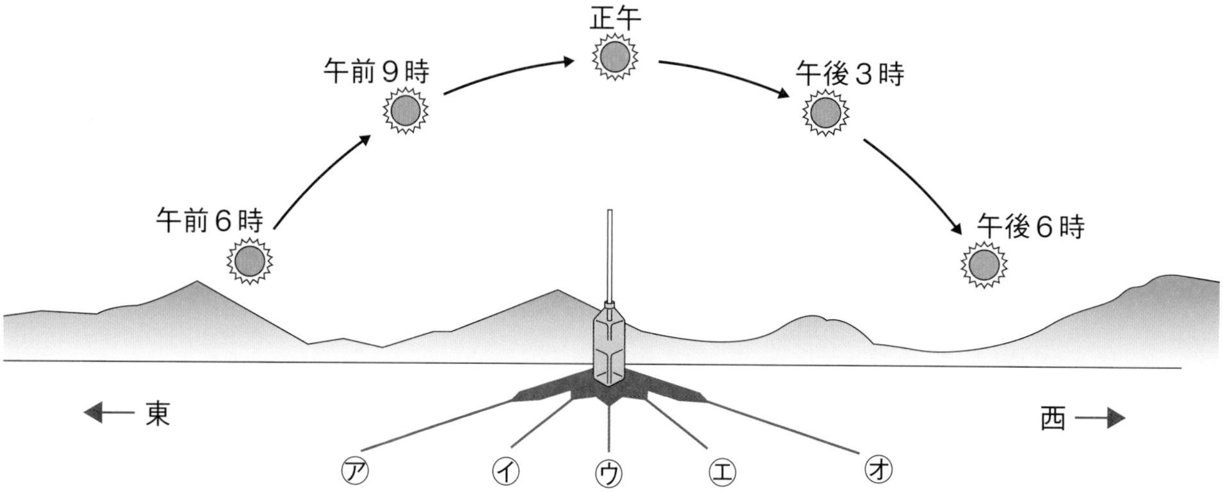

(1)　上の図で、午前6時のときのかげは、㋐～㋔のどれですか。（　　）

(2)　㋑のかげは、何時の太陽によってできたものですか。図の中の時こくで答えましょう。（　　）

(3)　午前6時から午後6時にかけて、太陽とかげの向きは、それぞれ、どちらからどちらにかわりましたか。東、西、南、北で答えましょう。

太陽（　　→　　→　　）　かげ（　　→　　→　　）

(4)　太陽をかんさつするときに使う道具を何といいますか。（　　）

2 方位の調べ方　**方位の調べ方について、次の問いに答えましょう。**　1つ4〔12点〕

(1)　方位を調べるのに使う、右の図の道具を何といいますか。（　　）

(2)　右の図の㋐の方位を書きましょう。（　　）

(3)　次の文のうち、(1)の道具の使い方として正しいものに○をつけましょう。

①（　　）はりの色をぬってあるほうと、文字ばんの「南」を合わせる。

②（　　）はりの色をぬってあるほうと、文字ばんの「北」を合わせる。

③（　　）はりの色をぬってあるほうと、文字ばんの「東」を合わせる。

④（　　）はりの色をぬってあるほうは、どこに合わせてもよい。

3 **日なたと日かげの温度** **日なたと日かげの地面の温度をくらべました。次の問いに答えましょう。**

1つ4〔60点〕

(1)　次の文のうち、日なたの様子には○、日かげの様子には×をつけましょう。

①（　　　）まぶしくて明るい。

②（　　　）地面をさわると、しめっている。

③（　　　）地面に自分のかげがうつる。

④（　　　）地面をさわると、あたたかい。

⑤（　　　）雨がふったあと、水たまりがなかなかかわかない。

㋐

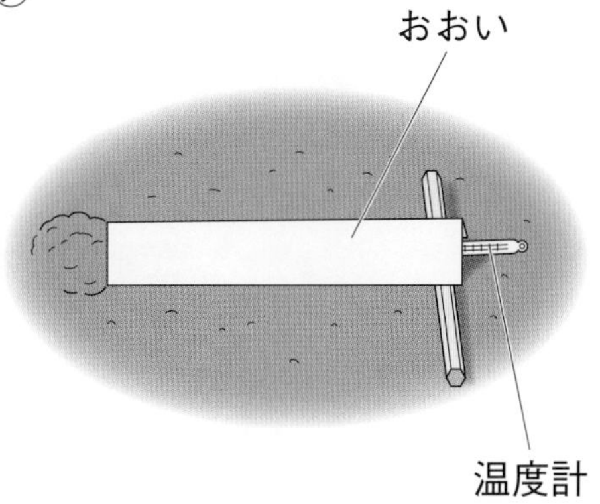

記述　(2)　右の図の㋐のように、温度計におおいをして地面の温度をはかるのはなぜですか。

（　　　　　　　　　　　　　　　　　　）

(3)　㋑のあ～えは、午前10時と正午にはかった、日なたと日かげの地面の温度です。次の①、②の温度と合うものを、あ～えからえらびましょう。

①　午前10時の日かげ　（　　　）

②　正午の日なた　（　　　）

㋑

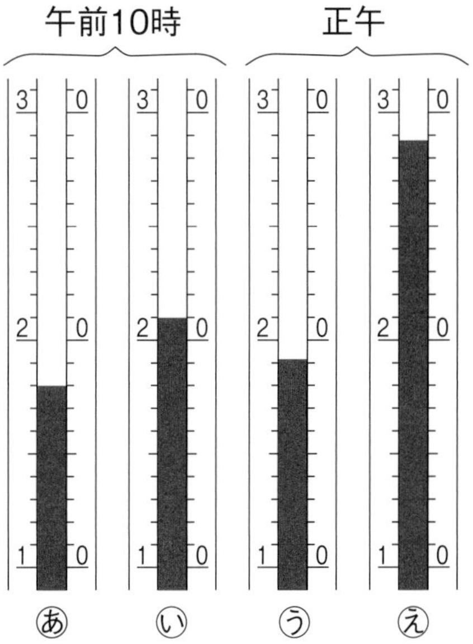

(4)　㋑のあ～えの温度は、それぞれ何℃ですか。

あ（　　　　　）　い（　　　　　）

う（　　　　　）　え（　　　　　）

(5)　温度が高いのは、日なたと日かげのどちらの地面ですか。（　　　　　）

(6)　温度のかわり方が大きいのは、日なたと日かげのどちらの地面ですか。

（　　　　　）

(7)　(6)のようになるのは、地面に何が当たるからですか。（　　　　　）

4 **かげのでき方** **かげのでき方について、次の文のうち、正しいものに2つ○をつけましょう。**

1つ4〔8点〕

①（　　　）かげは、太陽の反対がわにできる。

②（　　　）午前9時に、自分のかげの向きと友だちのかげの向きを調べたら、向きがちがっていた。

③（　　　）正午ごろになると、太陽は南の方位にくるので、かげは北向きになる。

④（　　　）自分のかげを見ているときは、太陽も自分の前のほうにある。

勉強した日 月 日

もくひょう

光の進み方について、かくにんしよう。

おわったら シールを はろう

1 光の進み方

きほんのワーク

教科書 106～110ページ　答え 10ページ

図を見て、あとの問いに答えましょう。

1 光の進み方

黒い紙を使う

かがみからまとまで、光は ①(まっすぐ 曲《ま》がって) 進《すす》む。

光を地面にはわせる

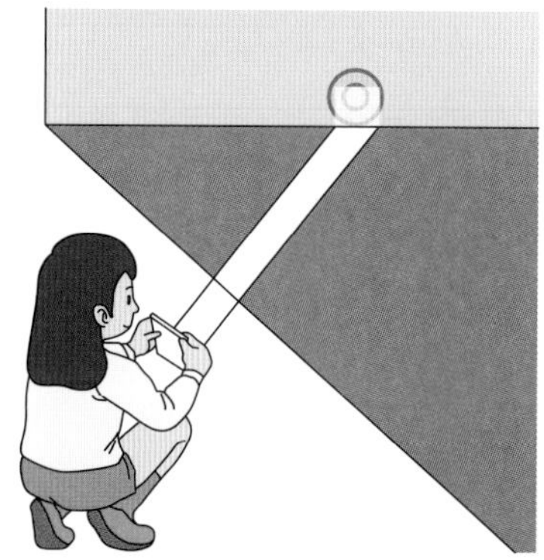

かがみからまとまで、光は ②(まっすぐ 曲がって) 進む。

かがみではね返《かえ》した光を、人の ③□ に当ててはいけない。

(1) かがみとまとの間に黒い紙を入れて、光が紙に当たるように動かしました。光はどのように進むことがわかりますか。①の( )のうち、正しいほうを◯でかこみましょう。

(2) かがみではね返した光を地面にはわせてまとに当てました。かがみではね返した光はどのように進みますか。②の( )のうち、正しいほうを◯でかこみましょう。

(3) かがみではね返した光でやってはいけないことを表すように、③の□に言葉を書きましょう。

まとめ 〔 まっすぐ 光 〕からえらんで( )に書きましょう。

● かがみではね返した①(　　　)は、②(　　　)に進む。

わくわくたんてい団

車のヘッドライトは、電球《でんきゅう》のまわりがすべてかがみになっています。これは、電球から出た光が、すべてはね返って、車の前を照《て》らすようにするためです。

勉強した日　　月　　日

練習のワーク

教科書　106～110ページ　　答え　10ページ

できた数　　/4問中

おわったら シールを はろう

1　次の図の㋐のように、かがみでかべに光をはね返して、その様子をかんさつします。あとの問いに答えましょう。

(1)　上の図の㋑のように、かべにできた明るいところとかがみの間に黒い紙を入れます。このとき、黒い紙には光が当たりますか、当たりませんか。

（　　　　　　　　　）

(2)　(1)のとき、黒い紙はどのようになっていますか。右の図のあ～うのうち、正しいものをえらびましょう。

（　　　　）

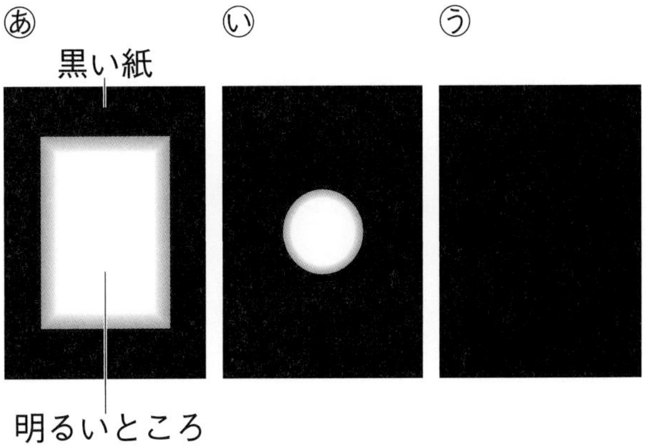

(3)　上の図の㋒のように、かがみではね返した光を地面にはわせてかべに当てました。光は地面をどのように進みましたか。右の図のえ～かのうち、正しいものをえらびましょう。

（　　　　）

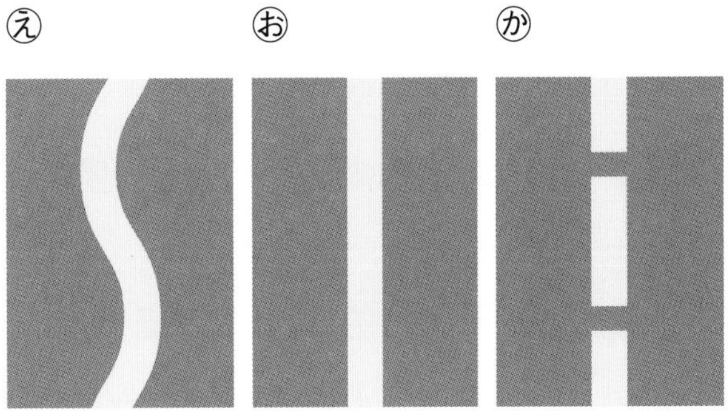

(4)　(1)～(3)から、光はどのように進むといえますか。次のうち、正しいものに○をつけましょう。

①（　　　　）曲がって進む。

②（　　　　）まっすぐに進む。

③（　　　　）とびとびに進む。

黒い紙の様子や地面に光をはわせたときの様子から、かがみではね返した光がどのように進むかがわかるよ。

勉強した日　月　日

2　光を重ねる・集める

もくひょう
光を重ねたり、集めたりしたときのちがいをかくにんしよう。

おわったら シールを はろう

きほんのワーク

教科書　111～119ページ　答え　10ページ

図を見て、あとの問いに答えましょう。

1　光の重《かさ》なりと明るさや温度

かがみ１まい　かがみ２まい　かがみ３まい

温度が高いのは、かがみが①（　１　２　３　）まいのとき。

光を②［　　］ときのほうが、明るく、あたたかくなる。

(1)　まとの温度がいちばん高くなるのは、かがみを何まい使って光を当てたときですか。①の（　）のうち、正しいものを◯でかこみましょう。

(2)　光を当てたとき、より明るくあたたかくなるのは、光を重ねたときですか、重ねないときですか。②の［　］に書きましょう。

2　虫めがね

㋐と㋑の明るさをくらべると、①［　］のほうが明るい。

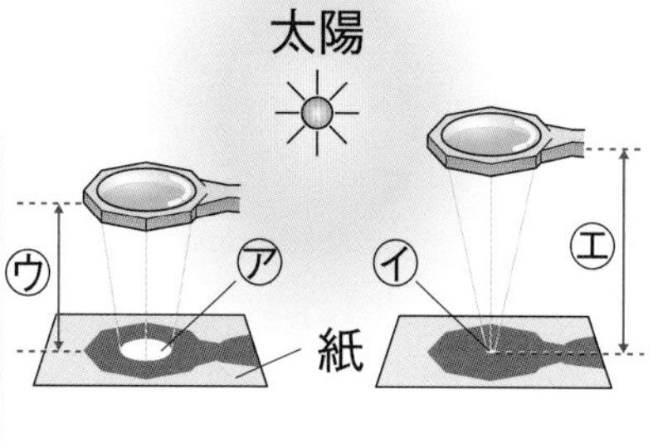

㋐と㋑の温度をくらべると、②［　］のほうが高い。

きょりが短いのは③［　］。

(1)　㋐と㋑のうち、明るいほうを、①の［　］に書きましょう。

(2)　㋐と㋑のうち、温度が高いほうを、②の［　］に書きましょう。

(3)　㋒と㋓のうち、きょりの短いほうを、③の［　］に書きましょう。

まとめ　〔　あたたかく　明るく　〕からえらんで（　）に書きましょう。

- かがみではね返した光を重ねるほど、明るく、より①（　　　　）なる。
- 虫めがねで、光が集《あつ》まる部分を小さくすると、②（　　　　）、あたたかくなる。

わくわくたんてい団　大きな虫めがねと小さな虫めがねで光を集めるとき、大きな虫めがねのほうが多くの光を集めることができるので、はやくあたためることができます。

練習のワーク

教科書　111～119ページ　答え　10ページ

できた数　／7問中

おわったら シールを はろう

1　次の図の㋐のようにして、だんボール紙に温度計をさしたものに光を当てました。㋑と㋒は、だんボール紙の様子を表しています。あとの問いに答えましょう。

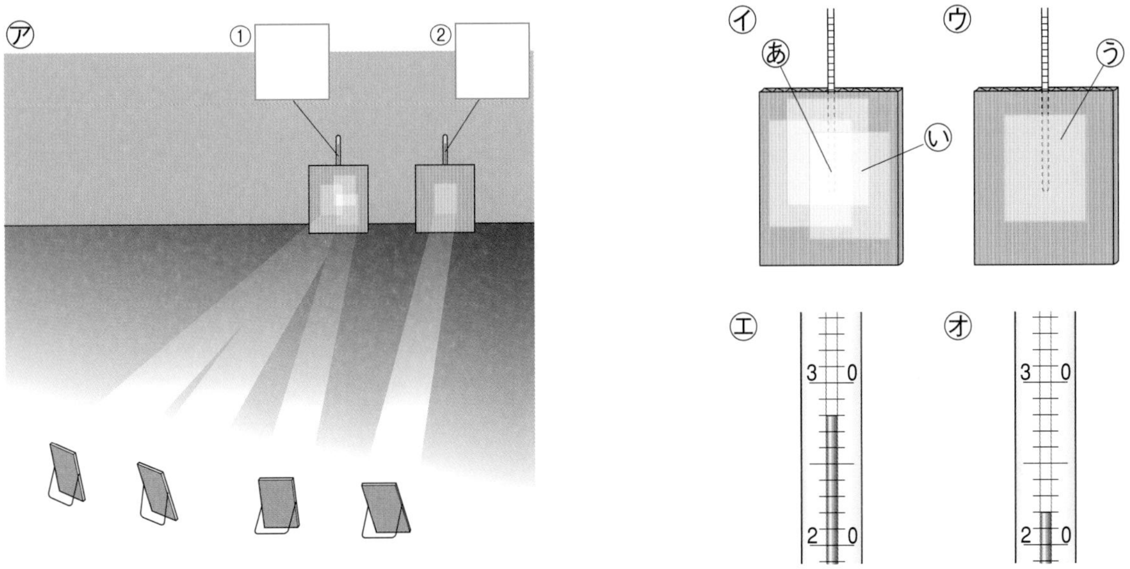

(1)　㋑、㋒の図のあ～うのうち、いちばん明るくなるのはどこですか。
（　　　）

(2)　㋐で、しばらくして温度計を見ると、目もりは㋓と㋔のようになっていました。㋐の図の①、②の温度計は、それぞれ㋓と㋔のどちらになるか、①、②の□に書きましょう。

(3)　光を重ねたときと重ねなかったときでは、あたたかくなるのはどちらですか。
（　　　）

(4)　㋑、㋒の図のあ～うのうち、いちばんあたたかくなるのはどこですか。
（　　　）

2　右の図のようにして、虫めがねで光を集めました。次の問いに答えましょう。

(1)　光を当てたところがより明るいのは、①、②のどちらですか。明るいほうの□に○をつけましょう。

(2)　光が集まっている部分をよりあたたかくするには、光が集まっている部分を大きくしますか、小さくしますか。（　　　）

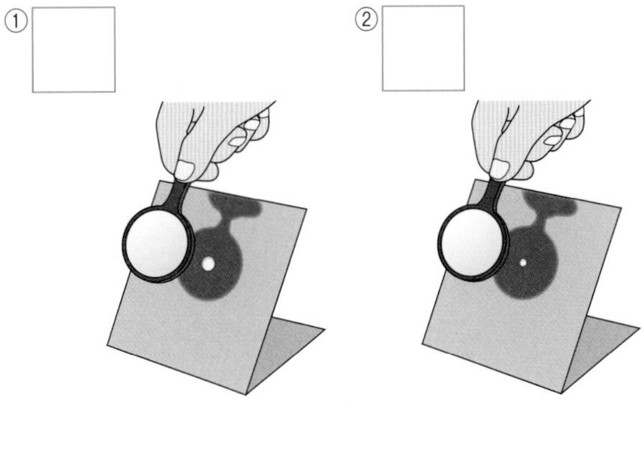

勉強した日　　月　　日

まとめのテスト

7 光

とく点　/100点

おわったら シールを はろう

時間 20分

教科書 106～119ページ　答え 11ページ

1 光の進み方　右の図のように、かがみではね返した日光をかべに当てました。次の問いに答えましょう。　1つ5〔20点〕

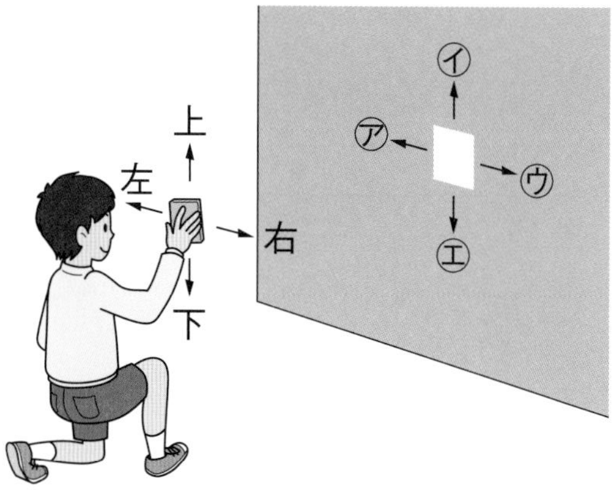

(1)　かがみを右のほうに向けると、かべに当てた光は、㋐～㋓のどちらのほうに動きますか。　(　　　)

(2)　かべに当てた光を㋓のほうへ動かすには、かがみを上、下、左、右のどちらに向ければよいですか。　(　　　)

(3)　かがみではね返した光とかべの間に、右の図のように、黒い紙を入れて、動かしていきました。黒い紙の様子はどうなりますか。次の文のうち、正しいものに○をつけましょう。

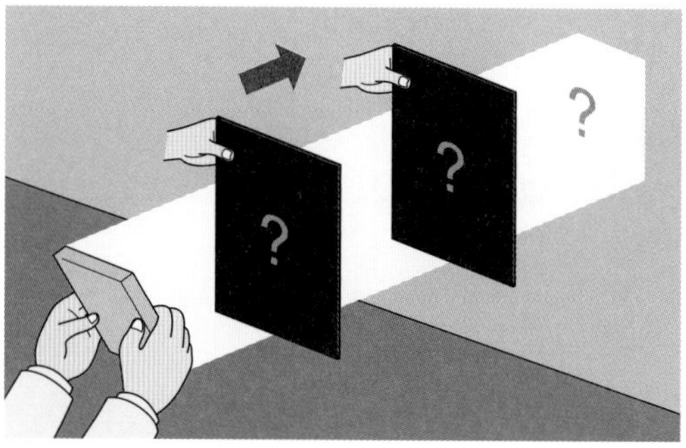

①(　　　)丸い形の明るいところができる。

②(　　　)黒い紙は明るくならない。

③(　　　)かがみと同じ形の明るいところができる。

記述　(4)　(3)のようになるのは、かがみではね返した光がどのように進むからですか。

(　　　　　　　　　　　　　　　　　　　　　　)

2 光のとくちょう　次の文は、光について書かれたものです。正しいものには○、まちがっているものには×をつけましょう。　1つ5〔30点〕

①(　　　)日光は、風がふいているところでは、曲がって進む。

②(　　　)日光は、かがみに当たっても、はね返らずにかがみを通りぬける。

③(　　　)日かげにかがみではね返した光を当てると、明るくなる。

④(　　　)日かげにかがみではね返した光を当てても、あたたかくはならない。

⑤(　　　)かがみ1まいではね返した光を当てたところと、かがみ3まいではね返した光を重ねて当てたところでは、明るさはかわらない。

⑥(　　　)かがみ1まいではね返した光を当てたところより、かがみ3まいではね返した光を重ねて当てたところのほうが、あたたかい。

よく出る 3 明るさと温度　次の図のように、同じかがみ３まいを使って、日光をかべに当てて重ねました。あとの問いに答えましょう。

1つ5〔30点〕

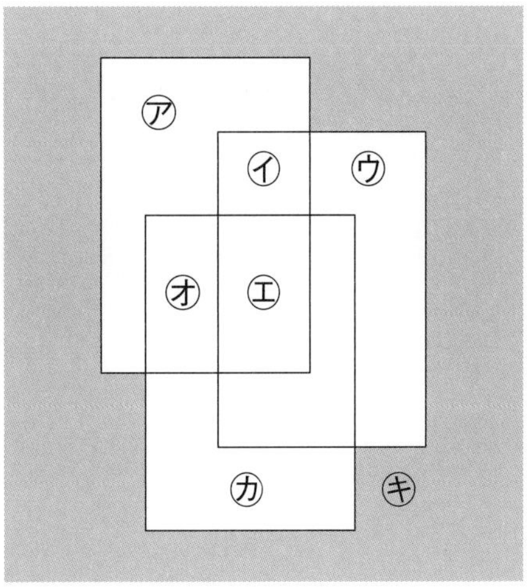

(1)　いちばん明るいところは、㋐～㋖のどこですか。　（　　　）

(2)　いちばん暗いところは、㋐～㋖のどこですか。　（　　　）

(3)　いちばんあたたかくなるところは、㋐～㋖のどこですか。　（　　　）

(4)　まったくあたたかくならないのは、㋐～㋖のどこですか。　（　　　）

記述　(5)　日光を重ねる数が多くなるほど、明るさやあたたかさはどうなりますか。

（　　　　　　　　　　　　　　　　　　　　）

(6)　次の文のうち、このけっかからわかることに○をつけましょう。

①（　　　）かがみを使うと、日かげでも明るくすることができる。

②（　　　）かがみを使うと、日かげを暗くすることができる。

よく出る 4 虫めがね　次の図のように、虫めがねを使って、黒い紙に日光を集めました。あとの問いに答えましょう。

1つ5〔20点〕

(1)　日光が集まった部分がいちばん明るくなるのは、図の㋐～㋒のどのときですか。

（　　　）

(2)　(1)で答えたじょうたいにしてしばらくすると、黒い紙はどうなりますか。

（　　　　　　）

(3)　(2)で答えたようになったのはなぜですか。次の文の（　）にあてはまる言葉を書きましょう。

虫めがねで①（　　　　）が集められ、紙が②（　　　　）なったから。

勉強した日　　月　　日

1　音が出ているとき

きほんのワーク

もくひょう
音が出ているときのものの様子をかくにんしよう。

おわったら シールを はろう

教科書　120～125ページ　　答え　11ページ

図を見て、あとの問いに答えましょう。

1 音が出ているもの

たたく

かんは①［　　　　］。

強くたたく

ふるえが②［　　　　］なる。

● 木のぼうでかんをたたいて音を出し、かんをそっとさわりました。①、②の［　］にあてはまる言葉を、下の〔　〕からえらんで書きましょう。

〔　ふるえている　　ふるえていない　　大きく　　小さく　〕

2 音の大きさとものののふるえ方

小さい音を出したとき

弱くたたく

木のぼう

ビーズの動きは
①［　　　　］。

大きい音を出したとき

強くたたく

ビーズの動きは
②［　　　　］。

大きい音を出したとき、音を出しているもののふるえは
③（ 大きい　小さい ）。

(1) かんの上のビーズはどうなりますか。①、②の［　］にあてはまる言葉を、〔　〕からえらんで書きましょう。　〔　大きい　　小さい　〕

(2) ③の（　）のうち、正しいほうを◯でかこみましょう。

まとめ　〔　ふるえている　大きい　〕からえらんで（　）に書きましょう。

●音が出ているものは、①（　　　　　　）。

●大きい音を出したとき、音が出ているもののふるえは②（　　　　　　）。

わくわくたんてい団

音はいろいろなものがふるえて出ています。音が出ているスピーカーに手を近づけると、スピーカーがふるえていることがわかります。

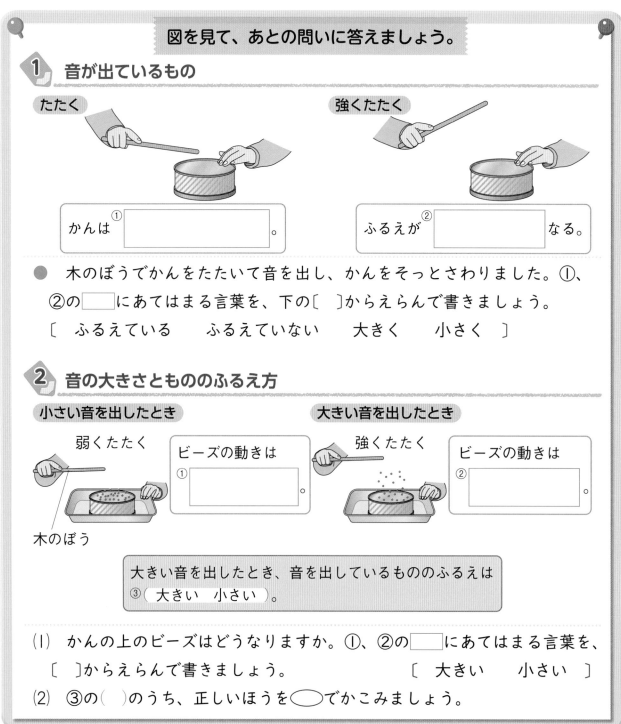

練習のワーク

教科書　120～125ページ　　答え　11ページ

できた数　　/9問中

おわったら
シールを
はろう

1　かんを使って、音が出ているものの様子を調べました。次の問いに答えましょう。

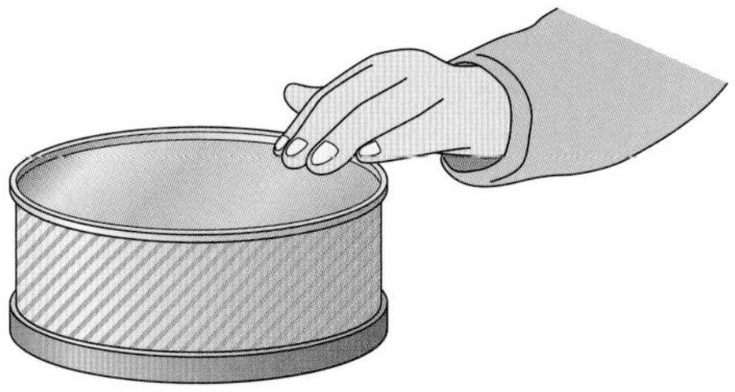

(1)　音が出ているかんを、右の図のように手でそっとさわると、かんはどうなっていますか。正しいほうに○をつけましょう。

①（　　　）ふるえている。

②（　　　）止まっている。

(2)　音が出ているかんを、手でしっかりとさわると、かんはどうなりますか。正しいほうに○をつけましょう。

①（　　　）ふるえたままである。

②（　　　）ふるえが止まる。

2　右の図のように、かんの上にビーズをのせ、木のぼうでかんをたたきました。次の問いに答えましょう。

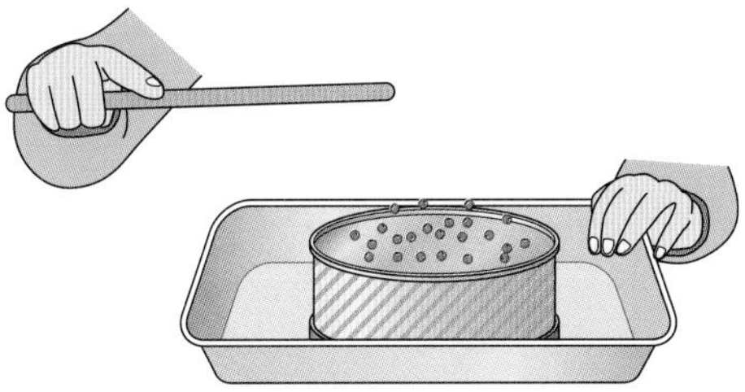

(1)　木のぼうでかんを弱くたたくと、出る音は大きくなりますか、小さくなりますか。

（　　　　　　　　）

(2)　(1)のとき、ビーズの動きはどうなりますか。（　　　　　　　　）

(3)　木のぼうでかんを(1)よりも強くたたくと、出る音はどうなりますか。

（　　　　　　　　）

(4)　(3)のとき、ビーズの動きはどうなりますか。（　　　　　　　　）

(5)　(1)～(4)のけっかについて、次の文の（　）にあてはまる言葉を、下の〔　〕からえらんで書きましょう。

　小さい音が出ているときは、音の出ているもののふるえが①（　　　　）。
大きい音が出ているときは、音が出ているもののふるえが②（　　　　）。

〔　大きい　　小さい　〕

(6)　このじっけんをおこなうとき、ビーズのかわりにならないものは何ですか。正しいものに○をつけましょう。

①（　　　）おがくず　②（　　　）小さく切った紙

③（　　　）鉄の球《たま》　④（　　　）はっぽうポリスチレンの小さい球

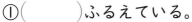

勉強した日　　月　　日

2　音がつたわるとき

もくひょう

音のつたわり方について、かくにんしよう。

おわったら シールを はろう

きほんのワーク

教科書　126～131ページ　　答え　12ページ

図を見て、あとの問いに答えましょう。

1　糸電話で話をする

糸をぴんとはって話をすると、
①（声が聞こえる／声は聞こえない）。

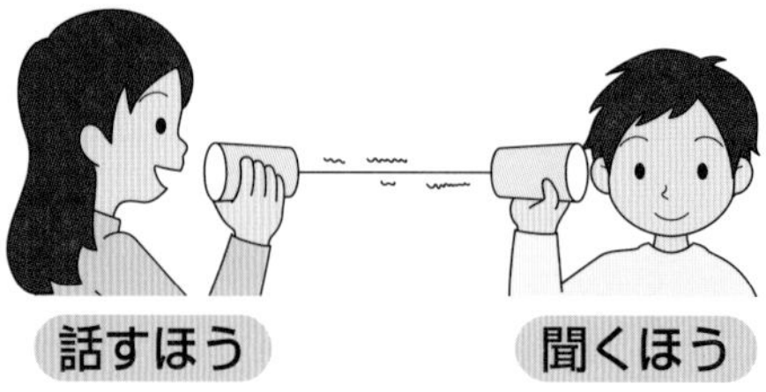

①のことから、糸電話は、
②（音をつたえる／音をつたえない）
ことがわかる。

● 糸電話を使って、糸をぴんとはって話をしました。①、②の（　）のうち、正しいほうを◯でかこみましょう。

2　音をつたえるもの

声が聞こえているとき、糸にふれると、糸は
①（ふるえている／ふるえていない）。

声が聞こえているとき、糸をつまむと、声は
②［　　　　］。

音がつたわるとき、音をつたえるものは③［　　　　］。

(1) 糸電話で話をしているとき、糸にふれると、糸はどのようになっていますか。①の（　）のうち、正しいほうを◯でかこみましょう。

(2) 糸電話で声が聞こえているとき、糸をつまむと、聞こえている声はどうなりますか。②の［　］にあてはまる言葉を書きましょう。

(3) ③の［　］にあてはまる言葉を書きましょう。

まとめ　〔　ふるえている　つたわらない　〕からえらんで（　）に書きましょう。

●音をつたえるものは①（　　　　　）。音をつたえるものがふるえないようにすると、音は②（　　　　　）。

わくわくたんてい団　糸電話の音は、糸のしゅるいによって聞こえ方がかわります。糸の一部《いちぶ》をばねにかえると、エコーがかかります。また、紙コップの材質《ざいしつ》をかえても音はかわります。

練習のワーク

教科書 126～131ページ　答え 12ページ

できた数　/7問中

おわったら シールを はろう

1 糸電話を使って話をしました。次の問いに答えましょう。

(1) 糸電話を使うとき、どのようにして使いますか。正しいほうに○をつけましょう。

①(　　　)糸をぴんとはる。

②(　　　)糸をたるませる。

(2) 声を出したとき、紙コップのそこをさわると紙コップのそこはどうなっていますか。

(　　　　　　　　　　)

2 糸をぴんとはった糸電話で話をすると、声が聞こえました。次の問いに答えましょう。

(1) 音が聞こえているとき、糸にそっとふれると、糸はどうなっていますか。正しいほうに○をつけましょう。

①(　　　)糸はふるえている。

②(　　　)糸はふるえていない。

(2) 音が聞こえているとき、糸のとちゅうを指《ゆび》でつまむと、糸のふるえはどうなりますか。

(　　　　　　　　　　)

(3) 音が聞こえているとき、糸をゆるめると、糸のふるえはどうなりますか。

(　　　　　　　　　　)

(4) 糸を指でつまんだり、糸をゆるめたりすると、声の聞こえ方はどうなりますか。正しいほうに○をつけましょう。

①(　　　)糸をつまんだり、ゆるめたりする前と同じように、声は聞こえる。

②(　　　)声は聞こえなくなる。

(5) 次の文は、音がつたわる様子について書かれたものです。正しいほうに○をつけましょう。

①(　　　)音がつたわるとき、音をつたえるものはふるえている。

②(　　　)音をつたえるものがふるえないようにしても、音はつたわる。

勉強した日　月　日

まとめのテスト

8　音

とく点　/100点

おわったらシールをはろう

時間 20分

教科書 120～131ページ　答え 12ページ

よく出る

1 音が出ているもの　右の図のような、大だいこ、小だいこ、シンバルなどのがっきを使うときについて、次の問いに答えましょう。　1つ5〔20点〕

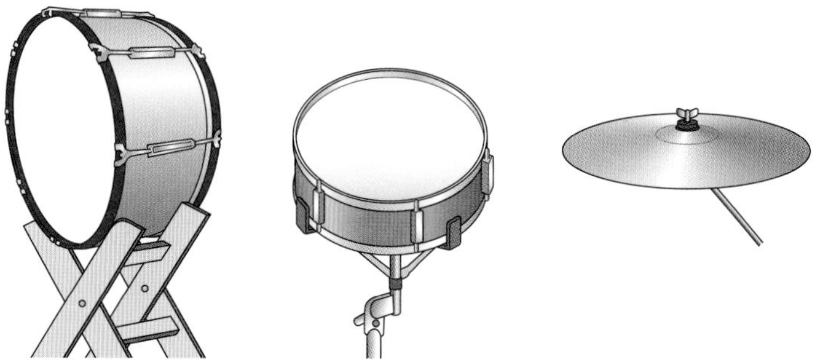

⑴　これらのがっきはぼうでうって音を出しますが、音を止めるときはどうしますか。正しいほうに○をつけましょう。

①(　　　)木のぼうでたたく。

②(　　　)手でさわる。

⑵　がっきの音が出ているとき、それぞれのがっきはどうなっていますか。

(　　　　　　　　　　　　)

⑶　がっきを強くたたくと、音の大きさはどうなりますか。次のうち、正しいものに○をつけましょう。

①(　　　)大きくなる。

②(　　　)小さくなる。

③(　　　)かわらない。

⑷　⑶のとき、がっきのふるえはどうなりますか。次のうち、正しいものに○をつけましょう。

①(　　　)大きくなる。

②(　　　)小さくなる。

③(　　　)かわらない。

2 音のとくちょう　次の文は、音について書かれたものです。正しいものには○、まちがっているものには×を書きましょう。　1つ5〔30点〕

①(　　　)音が出ているものは、ふるえている。

②(　　　)がっきなどを強くたたくと、ふるえは小さく、音も小さくなる。

③(　　　)がっきなどを強くたたくと、ふるえは大きく、音も大きくなる。

④(　　　)糸では音がつたわらない。

⑤(　　　)糸電話で大きい音をつたえると、糸のふるえは大きくなる。

⑥(　　　)糸電話の糸のふるえを小さくすると、大きい音がつたわる。

チャレンジ! 3 音 鉄ぼうを使って、音のじっけんをしました。次の問いに答えましょう。

1つ6〔30点〕

(1) 右の図のように、鉄ぼうを木のぼうでたたくと音が聞こえました。鉄ぼうをそっとさわると、どうなっていますか。次のうち、正しいほうに○をつけましょう。

①(　　　)ふるえている。

②(　　　)止まっている。

(2) 音がしている鉄ぼうを手で強くにぎりました。音はどうなりますか。次のうち、正しいものに○をつけましょう。

①(　　　)音が大きくなる。　　②(　　　)音が小さくなる。

③(　　　)音が止まる。

(3) 鉄ぼうのはしを軽《かる》くたたいて、もう一方のはしに耳を当てると、どうなりますか。正しいほうに○をつけましょう。

①(　　　)音が聞こえる。

②(　　　)何も聞こえない。

(4) (3)のようになるのはなぜですか。次の文の(　)にあてはまる言葉を書きましょう。

音の①(　　　　　　)が鉄ぼうを②(　　　　　　)から。

4 糸電話 糸電話について、次の問いに答えましょう。

1つ4〔20点〕

(1) 次の㋐～㋒のとき、話し声が聞こえるものには○、聞こえないものには×を、それぞれの□につけましょう。

(2) 音のつたわり方について、次の文の(　)にあてはまる言葉を書きましょう。

音がものをつたわるとき、ものは①(　　　　　　)。糸電話では、話すほうの紙コップのふるえが、聞くほうの紙コップに②(　　　　　　)ことで、音がつたわる。

勉強した日　　月　　日

1　形をかえたものの重さ

もくひょう
ものは、形がかわっても重さはかわらないことをかくにんしよう。

おわったらシールをはろう

きほんのワーク

教科書 132～136、182～183ページ　答え 12ページ

図を見て、あとの問いに答えましょう。

1 形をかえたねんどの重《おも》さ

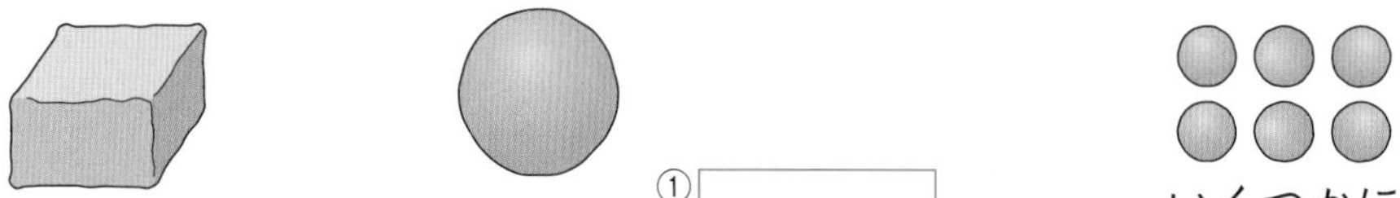

四角い形 600g　　丸い形 ①［　　］g　　いくつかに分ける。②［　　］g

同じねんどの場合、形をかえたとき、重さは③［　　］。

(1) 四角《しかく》いねんどの重さをはかると600gでした。同じねんどを丸くしたとき、いくつかに分けたとき、それぞれの重さは何gですか。①、②の［　］に書きましょう。

(2) 同じねんどを使ったとき、ねんどの形をかえると、重さはかわりますか、かわりませんか。③の［　］に書きましょう。

2 キッチンスケールの使い方

①［　　］

②［　　］なところにおく。

ゼロひょうじボタン

はかる前におすと、ひょうじが③［　］になる。

(1) ①の［　］に、上の図の道具の名前を書きましょう。

(2) この道具はどのような場所におきますか。②の［　］に書きましょう。

(3) はかる前にゼロひょうじボタンをおすと、ひょうじはどうなりますか。③の［　］に数を書きましょう。

まとめ　〔　重さ　形　〕からえらんで（　）に書きましょう。

①（　　　　）をかえても、ものの②（　　　　）はかわらない。

わくわくたんてい団
ふだん、感《かん》じることはできませんが、空気にも重さがあります。空気の重さは、気温や空気のしめり気《け》などによってかわりますが、1リットルでおよそ1gぐらいです。

練習のワーク

教科書 132~136、182~183ページ　答え 13ページ

できた数　/11問中

おわったらシールをはろう

1 右の図のように、450gのねんど㋐を使ってじっけんをしました。次の問いに答えましょう。

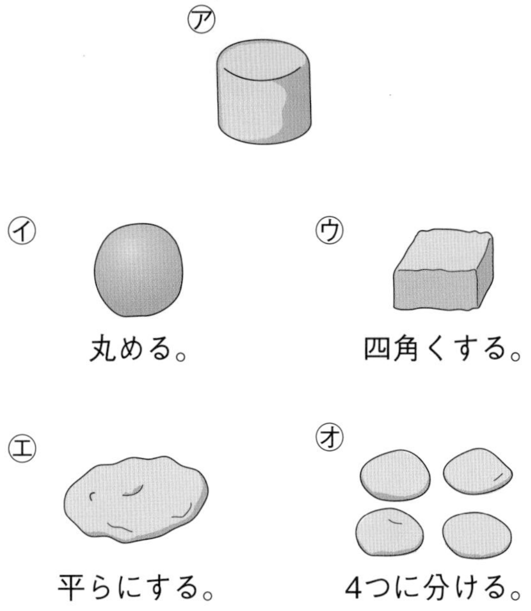

(1) ㋐のねんどの形を、㋑~㋔のようにかえました。㋑~㋔のねんどの重さは㋐とくらべてどうなりますか。軽い、重い、同じ、のうちからそれぞれ書きましょう。

㋑(　　　　)
㋒(　　　　)
㋓(　　　　)
㋔(　　　　)

(2) 同じものの形をかえたり、いくつかに分けたりしたとき、重さはかわりますか、かわりませんか。

(　　　　)

2 右の図の道具について、次の問いに答えましょう。

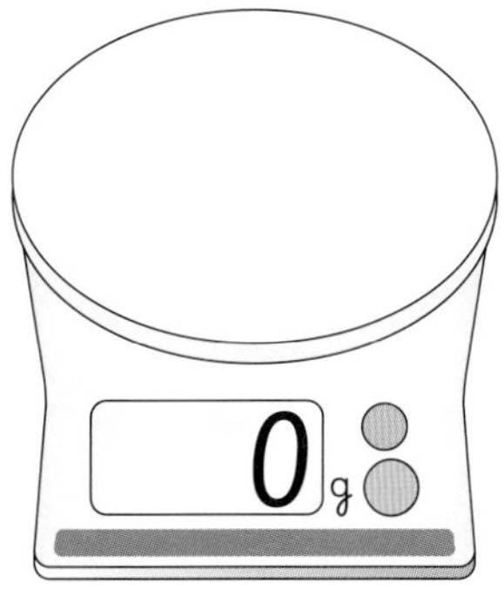

(1) この道具を何といいますか。

(　　　　)

(2) この道具は、何を調べるためのものですか。

(　　　　)

(3) この道具は、どのようなところで使いますか。

(　　　　)

(4) 次の文のうち、この道具の使い方をせつめいしたものとして正しいものに2つ○をつけましょう。

①(　　)紙をのせる前に、ゼロひょうじボタンをおして、ひょうじを「0」にする。
②(　　)紙をのせてから、ゼロひょうじボタンをおして、ひょうじを「0」にする。
③(　　)決められた重さより重いものはのせない。
④(　　)どのような重さのものをのせてもよい。

(5) 次の□にあてはまる数を書きましょう。

1kg＝□g

勉強した日　　月　　日

2　体積が同じものの重さ

もくひょう

同じ体積でくらべた重さは、ものによってちがうことをおぼえよう。

おわったら シールを はろう

きほんのワーク

教科書 137〜143、182ページ　答え 13ページ

図を見て、あとの問いに答えましょう。

1　同じ体積《たいせき》のものの重さ

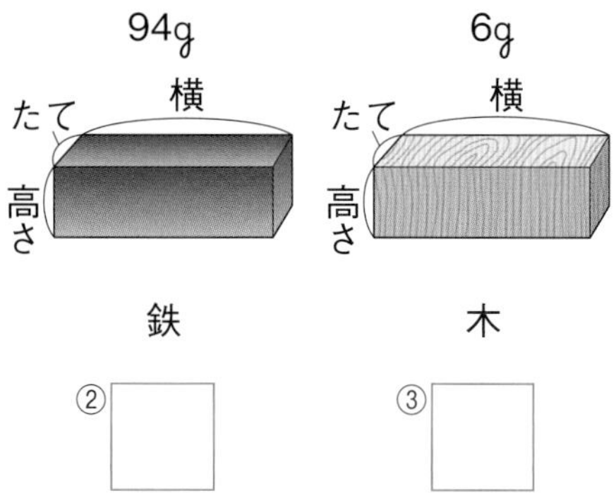

同じ体積になるように、
①（ たてと横の長さ　たてと横の長さと高さ ）
を同じにする。

体積が同じで、もののしゅるいがちがうとき、
重さは④［　　　　］。

(1)　同じ体積になるようにするには、どのようにすればよいですか。①の（　）のうち、正しいほうを◯でかこみましょう。

(2)　②、③のうち、重いほうの□に◯をつけましょう。

(3)　④の［　］に、同じか、ちがうかを書きましょう。

2　てんびんの使い方

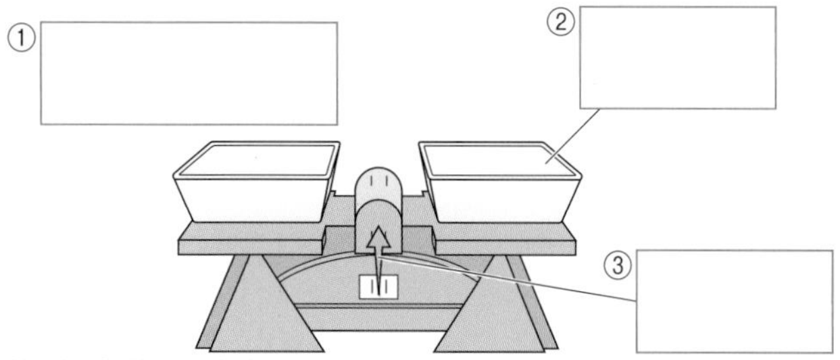

はりが左右にふれ、やがてまん中をさして止まるとき、てんびんは
④［　　　　］
という。

(1)　①の［　］に、上の図の道具の名前を書きましょう。

(2)　②、③の部分の名前を、それぞれの［　］に書きましょう。

(3)　はりが左右同じようにふれ、やがてまん中をさして止まるとき、何といいますか。④の［　］に書きましょう。

まとめ　〔 同じ　ちがう 〕からえらんで（　）に書きましょう。

●体積が①（　　　　　　）でも、もののしゅるいがちがうと、ものの重さは
②（　　　　　　）。

わくわくたんてい団

氷は水をこおらせて作りますが、同じ体積の水と氷では、水より氷のほうが少しだけ軽くなります。水に氷を入れたとき、氷がうくのはこのためです。

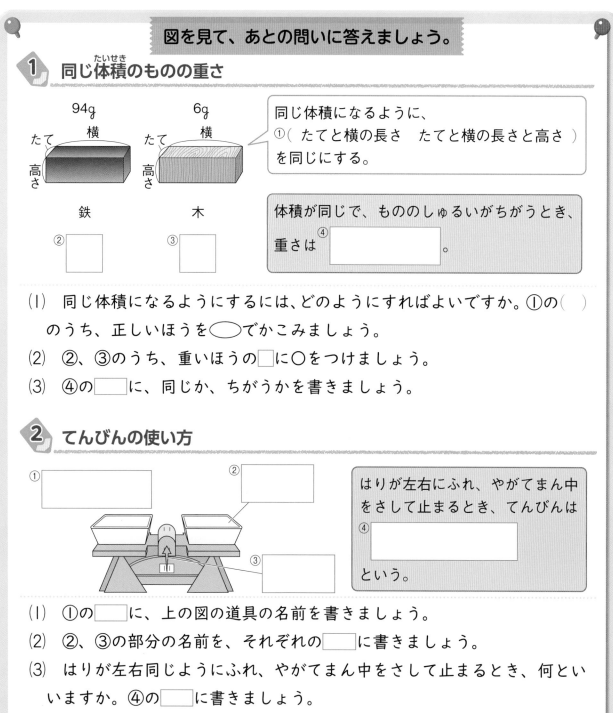

練習のワーク

教科書 137～143、182ページ　答え 13ページ

できた数　　/8問中

おわったら シールを はろう

1　同じ体積の鉄、アルミニウム、木を用《よう》意《い》して、てんびんを使ってそれぞれの重さをくらべると、次の図のようになりました。あとの問いに答えましょう。

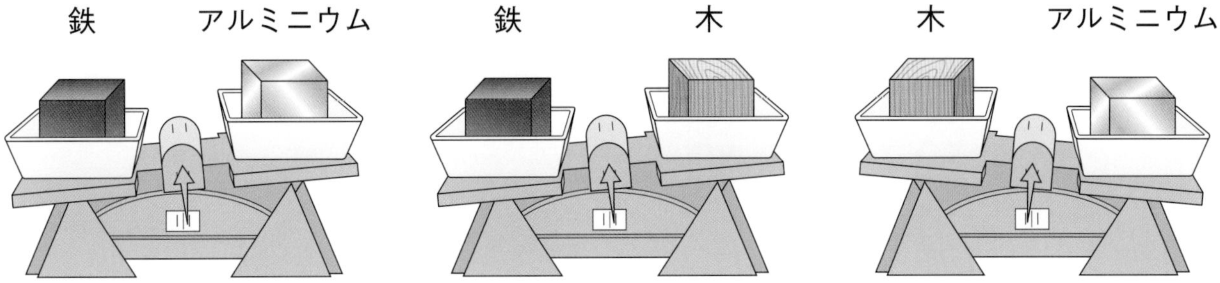

(1)　同じ体積の鉄とアルミニウムでは、どちらが重いですか。　（　　　　　）

(2)　同じ体積の鉄と木では、どちらが重いですか。　（　　　　　）

(3)　同じ体積の鉄、アルミニウム、木をくらべると、いちばん重いものは何ですか。　（　　　　　）

(4)　同じ体積の鉄、アルミニウム、木をくらべると、いちばん軽いものは何ですか。　（　　　　　）

2　さとうとしおを、同じ体積で同じ重さの紙にのせ、右の図のようにして重さを調べました。次の問いに答えましょう。

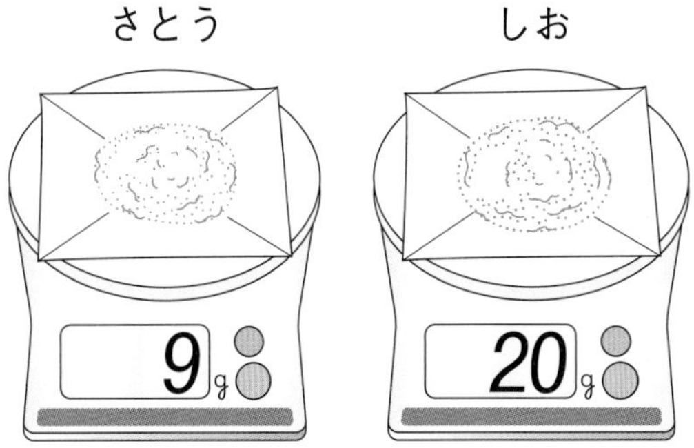

(1)　さとうとしおの重さを調べるとき、大さじに山もりに入れて、すり切って平《たい》らにしてから紙にのせます。これはなぜですか。正しいものに○をつけましょう。

①（　　　）こぼれないようにするため。　②（　　　）見た目をきれいにするため。

③（　　　）体積を同じにするため。

(2)　さとうとしおでは、重いのはどちらですか。　（　　　　　）

(3)　次に、紙から、体積と重さが同じコップにかえて、同じように重さをくらべます。けっかはどうなりますか。正しいものに○をつけましょう。

①（　　　）さとうのほうが重い。　②（　　　）同じ重さになる。

③（　　　）しおのほうが重い。　④（　　　）これだけではわからない。

(4)　体積が同じ場合、もののしゅるいによって重さはかわりますか、かわりませんか。

（　　　　　　　　　）

勉強した日　月　日

まとめのテスト

9　ものの重さ

とく点　/100点

おわったらシールをはろう

時間 20分

教科書 132~143、182~183ページ　答え 13ページ

よく出る **1** **ものの重さと形** 次の図のようにして、100gのねんどの形をかえたり、いくつかに分けたりして重さをはかりました。あとの問いに答えましょう。　1つ7〔42点〕

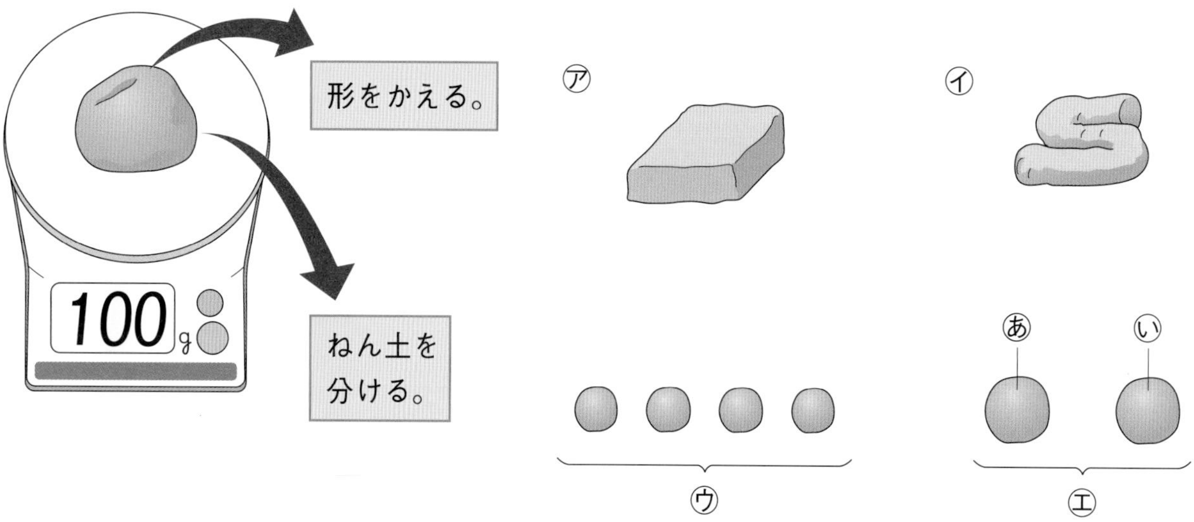

(1)　丸いねんどの形を㋐や㋑のようにかえて、重さをはかりました。それぞれ何gになりますか。

㋐(　　　　)　㋑(　　　　)

(2)　丸いねんどを㋒のように4つに分けました。4つをいっしょにはかりの上にのせて重さをはかると、何gになりますか。　(　　　　)

(3)　ものの形をかえると、ものの重さは、かえる前とくらべてかわりますか、かわりませんか。　(　　　　)

(4)　ものをいくつかに分けて、全《ぜん》部《ぶ》集めて重さをはかったとき、ものの重さは、分ける前とくらべてかわりますか、かわりませんか。　(　　　　)

(5)　丸いねんどを㋓のように2つに分けて、あだけの重さをはかると、55gありました。いだけの重さをはかると何gになりますか。　(　　　　)

記述 **2** **ものの重さと形** 右の図の㋐の人の体重《たいじゅう》は25kgでした。この人が㋑のようにかた足をうかせて立って体重をはかると、体重計の数字はどうなりますか。　〔10点〕

(　　　　　　　　　　)

3 同じ体積のものの重さ 同じ体積の鉄、ゴム、木、アルミニウムの重さをくらべて、けっかを次の表にまとめました。あとの問いに答えましょう。

1つ6〔30点〕

㋐

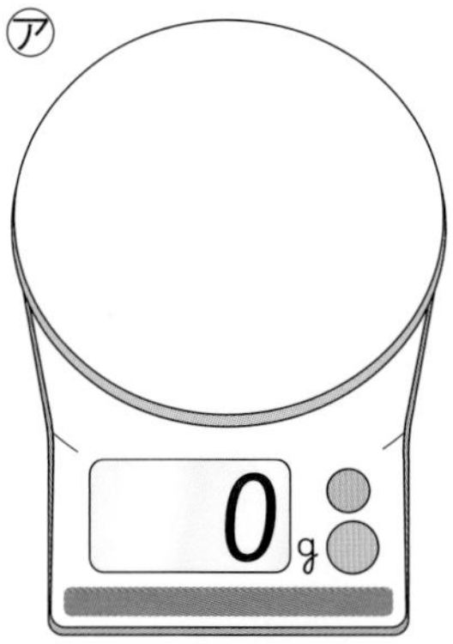

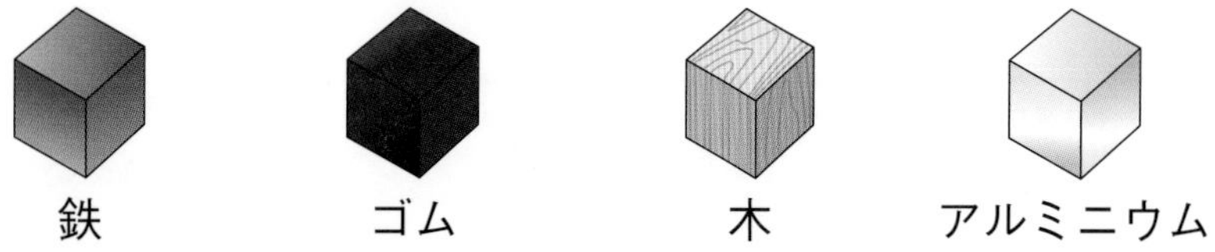

鉄	ゴム	木	アルミニウム
146g	18g	10g	50g

(1) 上の図の㋐の道具を何といいますか。 (　　　　　　　　)

(2) ㋐は、どのようなところにおいて使いますか。

(　　　　　　　　)

(3) 同じ体積ではかったとき、いちばん重いのは、表の4つのうちのどれですか。

(　　　　)

(4) 同じ体積ではかったとき、いちばん軽いのは、表の4つのうちのどれですか。

(　　　　)

(5) 体積が同じとき、ものによって重さは同じですか、ちがいますか。

(　　　　)

4 重さをくらべる てんびんを使って、次の図の㋐、㋑のように同じ体積のすな、しお、さとうの重さをくらべました。さらに、㋒のように、すなとさとうの重さをくらべました。あとの問いに答えましょう。

1つ6〔18点〕

㋐　　　　　㋑　　　　　㋒

(1) 上の図の㋒で、てんびんは、左と右のどちらにかたむきますか。

(　　　　)

(2) すな、しお、さとうを重いものからじゅんにならべましょう。

(　　　　→　　　　→　　　　)

チャレンジ！ (3) 同じ重さでくらべたとき、体積がいちばん大きくなるのは、すな、しお、さとうのうちどれですか。 (　　　　)

勉強した日　　月　　日

1　明かりがつくつなぎ方

もくひょう
いろいろなつなぎ方をためして、回路のつくり方をかくにんしよう。

おわったらシールをはろう

きほんのワーク

教科書 144～149ページ　答え 14ページ

図を見て、あとの問いに答えましょう。

1　豆電球(まめでんきゅう)に明かりをつけるための道具

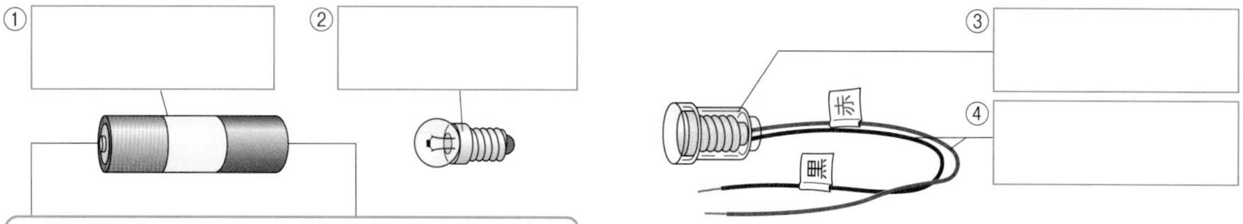

出っぱりがあるほうが⑤□きょく、ないほうが⑥□きょく。

①～④をつないでできる電気の通り道を、⑦□という。

(1)　①～④の□に、道具の名前を書きましょう。
(2)　かん電池のきょくを、⑤、⑥の□に書きましょう。
(3)　⑦の□にあてはまる言葉を書きましょう。

2　豆電球のつなぎ方

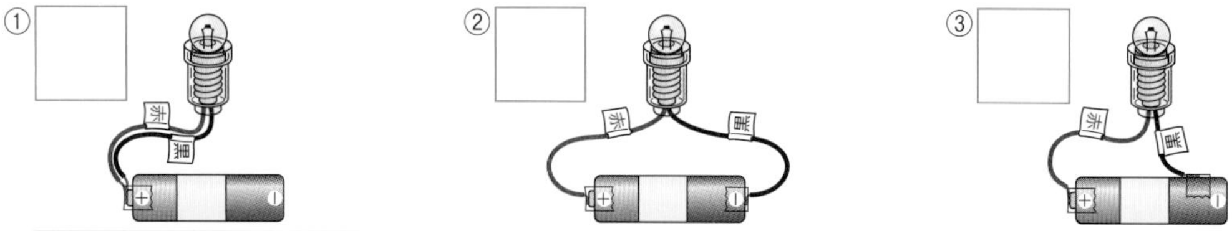

豆電球の明かりをつけるためには、かん電池の＋(プラス)きょく→④□→かん電池の⑤□をどう線で1つの⑥□のようにつなぐ。

(1)　①～③の図のうち、明かりのつくものには○、つかないものには×を、それぞれの□につけましょう。
(2)　回路(かいろ)について正しい文になるように、④～⑥の□に言葉を書きましょう。

まとめ　〔　＋きょく　－(マイナス)きょく　豆電球　〕からえらんで(　)に書きましょう。

●かん電池の①(　　　)と②(　　　)、かん電池の③(　　　)をどう線で1つのわのようにつなぐと、豆電球の明かりがつく。

わくわくたんてい団　かん電池のしゅるいには、マンガン電池やアルカリ電池などがあり、大きいじゅんに、たん1形、たん2形、たん3形、たん4形、たん5形などとなっています。

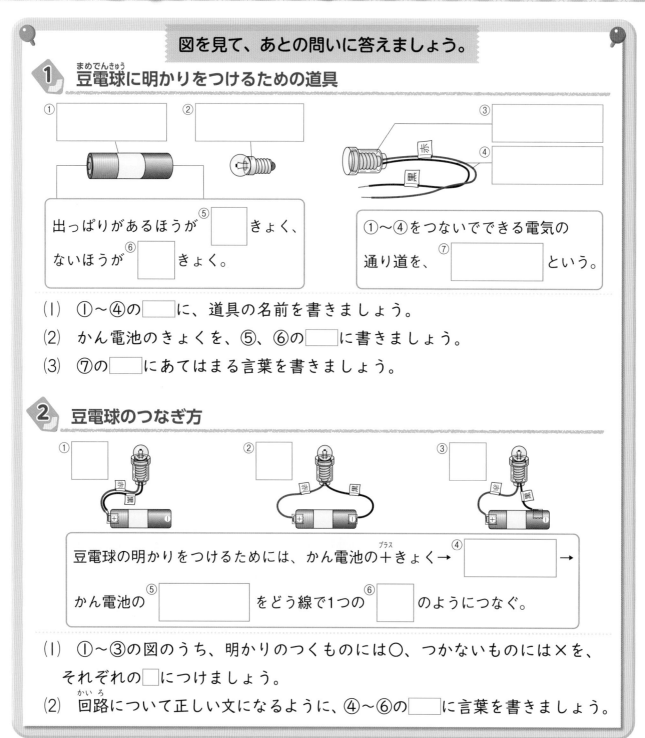

練習のワーク

教科書　144～149ページ　答え　14ページ

できた数　/9問中

おわったらシールをはろう

1　**かん電池、豆電球、どう線を使って、次の図のようにつなぎました。あとの問いに答えましょう。**

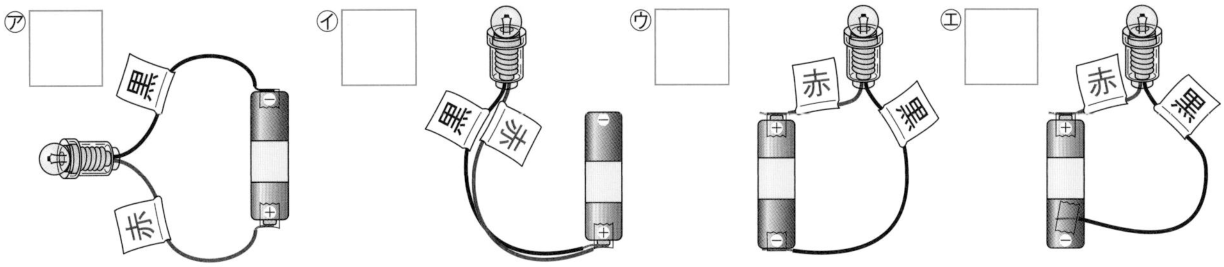

(1)　上の㋐～㋓のうち、明かりのつくものには○、つかないものには×を□につけましょう。

(2)　明かりがつくように、どう線でかん電池と豆電球などを１つのわのようにつないでできる電気の通り道を、何といいますか。（　　　）

(3)　豆電球の明かりがつくようにするには、どのように(2)の通り道をつくればよいですか。次の文のうち、正しいものに○をつけましょう。

①（　　）かん電池の＋きょくに、豆電球とつながっている２本のどう線をつなぐ。

②（　　）かん電池の－きょくに、豆電球とつながっている２本のどう線をつなぐ。

③（　　）豆電球とつながっている２本のどう線を、ちょくせつわのようにつなぐ。

④（　　）かん電池の＋きょくと豆電球とかん電池の－きょくを、どう線でわのようにつなぐ。

2　**右の図で、豆電球に明かりがつかなかったので、理由を調べます。何について調べればよいですか。次のうち、正しいものに３つ○をつけましょう。**

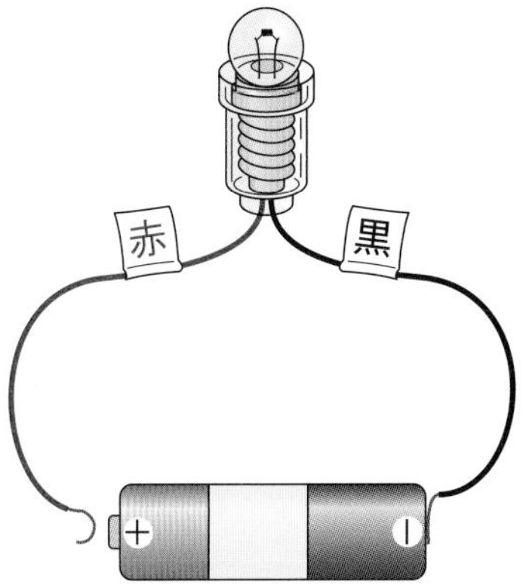

①（　　）どう線のつなぎ方

②（　　）かん電池の色

③（　　）豆電球の中の線

④（　　）豆電球とソケットのゆるみ

⑤（　　）どう線の色

まとめのテスト①

10 電気の通り道

とく点 /100点

おわったら シールを はろう

時間 20分

教科書 144～149ページ 答え 14ページ

1 回路をつくる 右の図は、㋐～㋒を使って豆電球に明かりをつけたときの様子です。次の問いに答えましょう。 1つ6〔30点〕

⑴ ㋐～㋒を何といいますか。

㋐（　　　　） ㋑（　　　　）

㋒（　　　　）

⑵ ＋きょくは、㋓と㋔のどちらですか。（　　　　）

⑶ 右の図のようにどう線でつないでできた電気の通り道を、何といいますか。（　　　　）

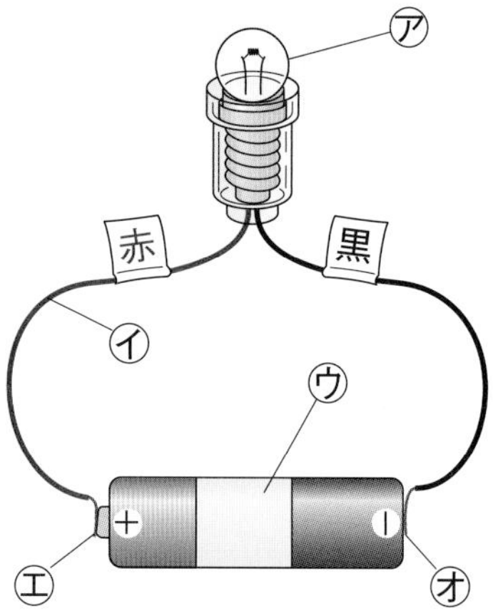

よく出る **2 回路** 次の図のように、豆電球とかん電池をどう線でつなぎました。明かりがつくものには○、つかないものには×を、それぞれの□につけましょう。 1つ4〔16点〕

① □

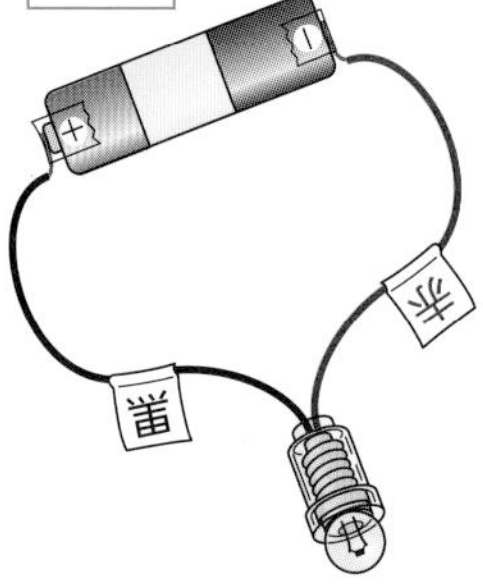

② □

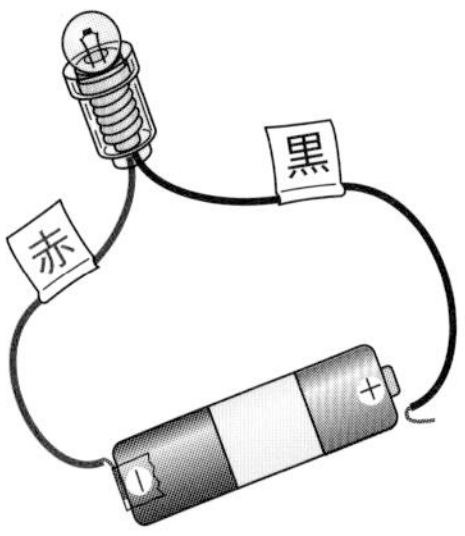

③ □

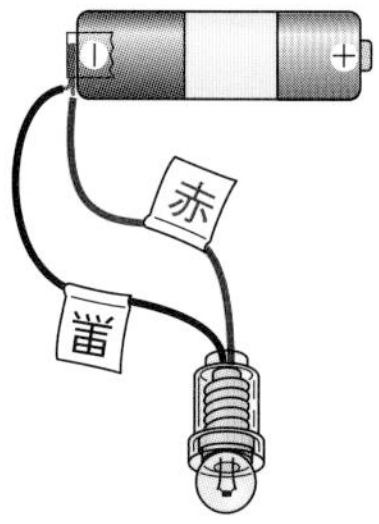

④ □

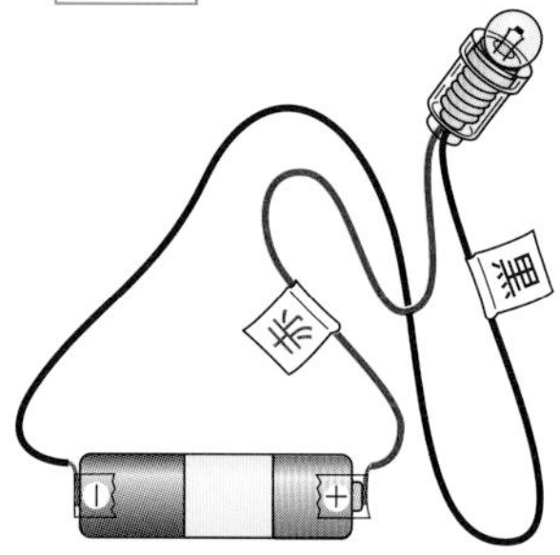

3 回路のかくにん 豆電球とかん電池をつなぎましたが、明かりがつきませんでした。明かりをつけるためには、どのようなことを調べればよいですか。次のうち、正しいものに３つ○をつけましょう。 1つ3〔9点〕

①（　　　）豆電球がソケットにゆるんでついていないか。

②（　　　）豆電球の中の細い線が切れていないか。

③（　　　）平らなつくえの上でじっけんしているか。

④（　　　）どう線の長さが２本とも同じになっているか。

⑤（　　　）豆電球の向きが上向きになっているか。

⑥（　　　）どう線がかん電池の＋きょくと－きょくについているか。

⑦（　　　）どう線が２本とも＋きょくについているか。

チャレンジ!

4 明かりがつくとき 次の図は、ソケットをとりつけた豆電球のつくりと、ソケットを使わずにかん電池と豆電球をつないだものです。あとの問いに答えましょう。

1つ6〔30点〕

㋐

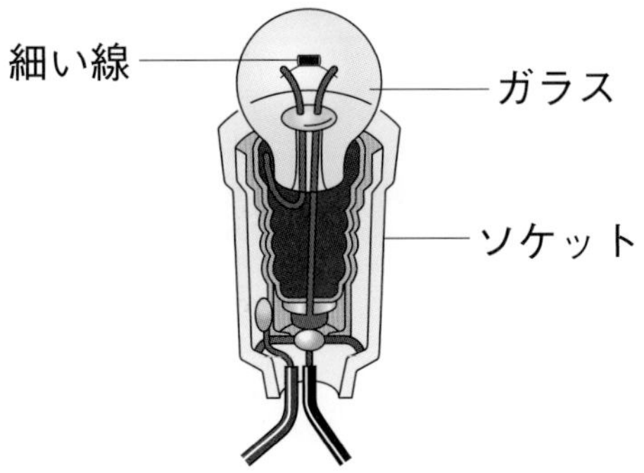

㋑

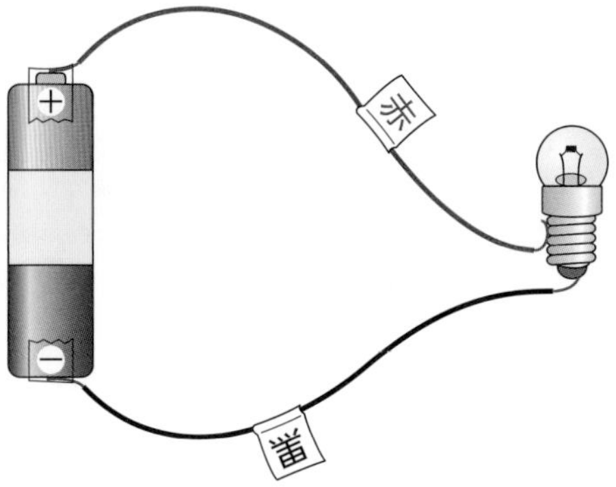

(1) 上の図の㋐の豆電球で光を出すのは、細い線とガラスのどちらですか。

（　　　　　　）

(2) 豆電球の中に、電気の通り道はありますか。（　　　　　　）

(3) ソケットを使わずに、豆電球を上の図の㋑のようにつなぎました。明かりはつきますか、つきませんか。（　　　　　　）

(4) 上の図の㋑のようにして豆電球をつないで明かりがつかなかったとき、その理由として考えられるものはどれですか。次の文のうち、正しいものに2つ○をつけましょう。

①（　　）どう線が長すぎる。

②（　　）豆電球の中の細い線が切れている。

③（　　）ソケットを使っていない。

④（　　）かん電池が弱くなっている。

5 明かりをつけよう 次の文は、かん電池につないだ豆電球に明かりがつくときのことについて書かれたものです。正しいものには○、まちがっているものには×をつけましょう。

1つ3〔15点〕

①（　　）豆電球とかん電池の間のどう線を長くしても、１つのわのようにつないであれば、明かりがつく。

②（　　）かん電池は、＋きょくを上、−きょくを下にして使わなければ、明かりがつかない。

③（　　）晴れた日の日なたでは明かりはつかず、日かげやくもり、夜であれば明かりがつく。

④（　　）かん電池の＋きょくだけに赤いどう線をつなげば、明かりがつく。

⑤（　　）かん電池の−きょくと＋きょくにどう線をつないだとき、１つのわのようになっていれば、どう線の色はかんけいない。

勉強した日 月 日

2 電気を通すもの・通さないもの

もくひょう
電気を通すものと通さないもののちがいをかくにんしよう。

おわったら シールを はろう

きほんのワーク

教科書 150～157ページ　答え 15ページ

図を見て、あとの問いに答えましょう。

1 電気を通すもの・通さないもの

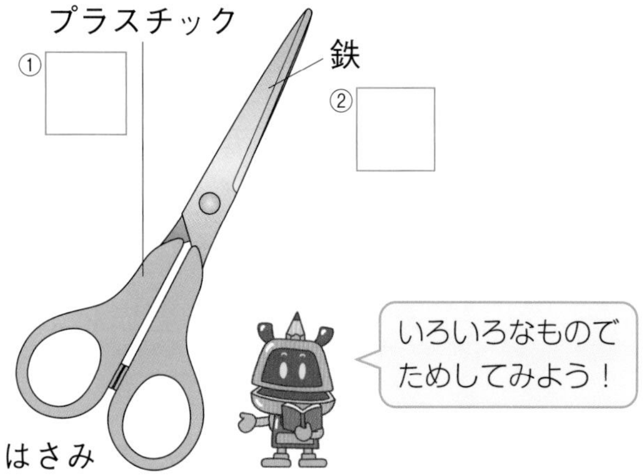

プラスチック
①
鉄
②
はさみ
いろいろなもので
ためしてみよう！

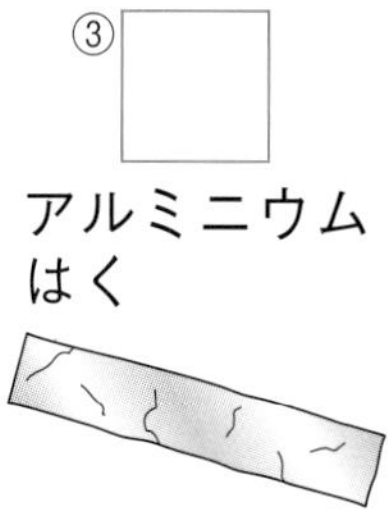

③
アルミニウム
はく

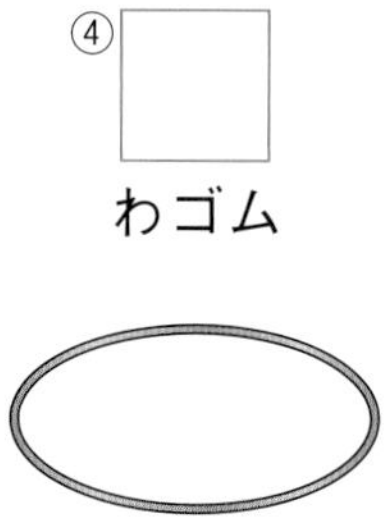

④
わゴム

電気を通すものは、⑤□でできている。

(1) 上の図の①～④のものは電気を通しますか、通しませんか。通すものには○、通さないものには×を①～④の□につけましょう。

(2) 電気を通すものにきょう通することを、⑤の□に書きましょう。

2 かんに電気を通す

かんの表面をけずらない

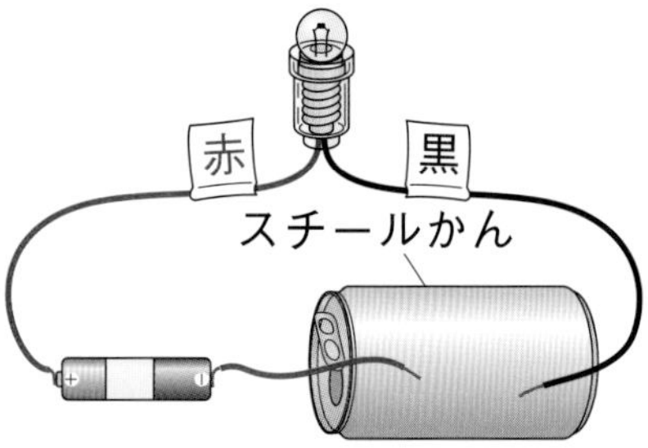

赤
黒
スチールかん

明かりが
①（ つく　つかない ）。

かんの表面をけずる

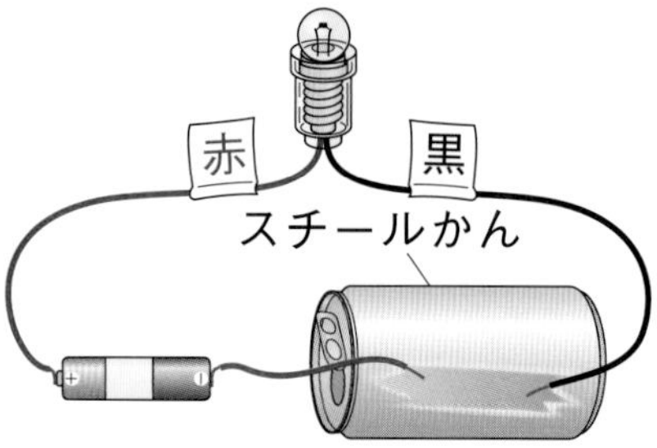

赤
黒
スチールかん

明かりが
②（ つく　つかない ）。

● ①、②の（　）のうち、正しいほうを⬭でかこみましょう。

まとめ 〔 金ぞく　通る　けずる 〕からえらんで（　）に書きましょう。

●①（　　　　）でできているものは、電気を通す。
●色がぬってあるかんの表面《ひょうめん》を②（　　　　）と、かんに電気が③（　　　　）。

わくわくたんてい団
金ぞくでできていなくても、電気を通すものがあります。その１つが、炭《すみ》やえんぴつのしんなどの炭《たん》そです。炭そを回路のとちゅうにつなぐと、回路に電気が通ります。

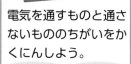

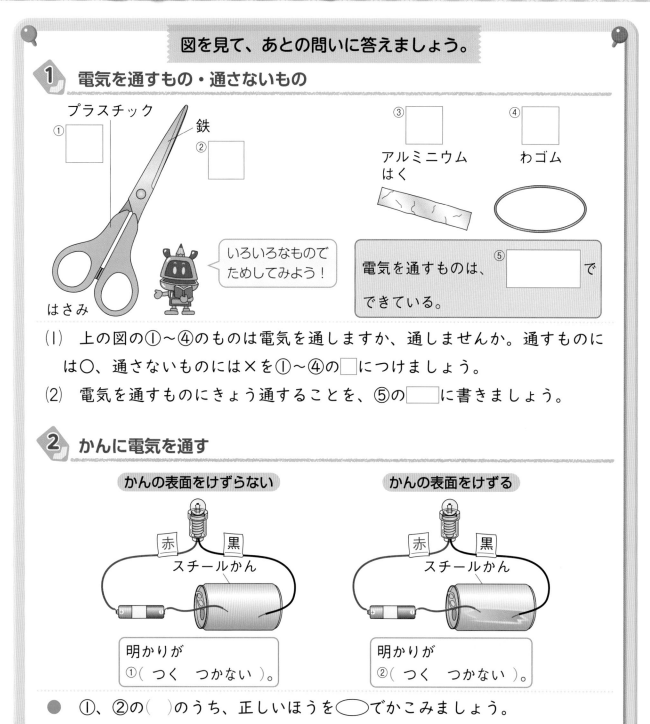

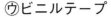

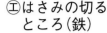

練習のワーク

教科書 150～157ページ　答え 15ページ

できた数 /11問中

おわったらシールをはろう

1 **次の図のものを回路のとちゅうにつないで、電気を通すかどうかを調べました。あとの問いに答えましょう。**

㋐紙

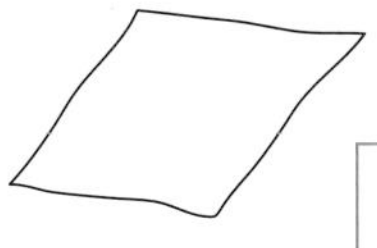

㋑鉄のクリップ

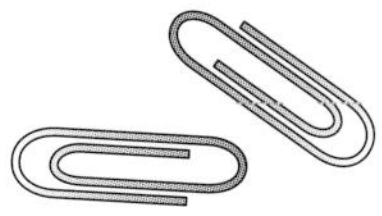

㋒ビニルテープ

㋓はさみの切るところ（鉄）

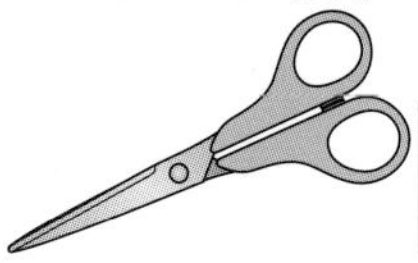

㋔ガラスのコップ

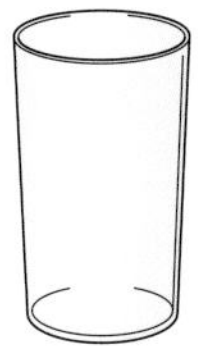

㋕アルミニウムはく

㋖鉄くぎ

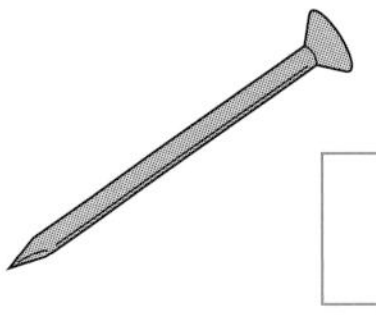

㋗プラスチックのものさし

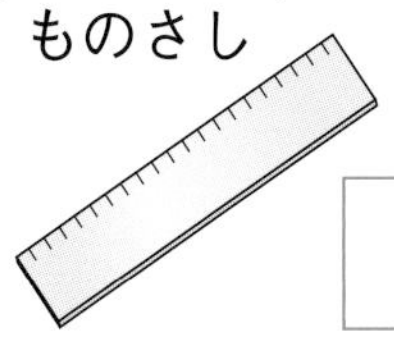

⑴　電気を通すものには○、通さないものには×を、㋐～㋗の□につけましょう。

⑵　電気を通すものについて書いた次の文のうち、正しいものに○をつけましょう。

①（　　　）電気を通すものは、どう線の形ににている。

②（　　　）電気を通すものは、金ぞくでできている。

③（　　　）電気を通すものは、白いものが多い。

電気を通すものはぴかぴかしているね。

2 **右の図のように、スチールかんとどう線を使って、豆電球に明かりがつくか調べたところ、明かりはつきませんでした。次の問いに答えましょう。**

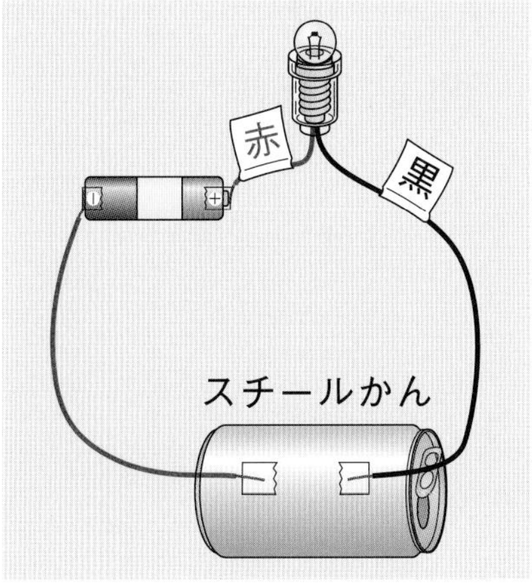

⑴　図で明かりがつかなかったのはなぜですか。次の文のうち、正しいものに○をつけましょう。

①（　　　）かんにあながあいていたから。

②（　　　）かんの表面に色がぬってあるから。

③（　　　）あらったかんを使ったから。

⑵　明かりをつけるには、どのようにくふうするとよいですか。次の文のうち、正しいものに○をつけましょう。

①（　　　）かんの表面に絵の具(ぐ)で色をぬる。

②（　　　）かんのあなを、アルミニウムはくでふさぐ。

③（　　　）かんの表面を紙やすりでけずる。

④（　　　）かんをあらわずに使う。

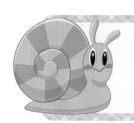

まとめのテスト②

10　電気の通り道

とく点　/100点

おわったらシールをはろう

時間20分

教科書　150～157ページ　答え　15ページ

よく出る

1 **電気を通すもの・通さないもの** 次の写真のうち、電気を通すものには○、電気を通さないものには×を、それぞれの□につけましょう。　1つ5〔30点〕

① □
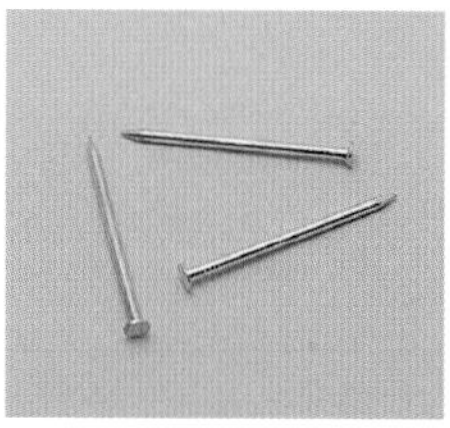
鉄くぎ

② □
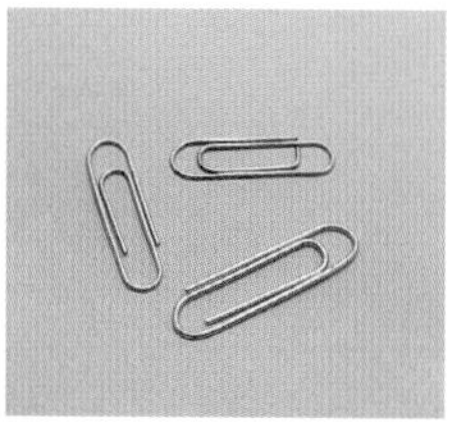
ゼムクリップ(鉄)

③ □

ノート(紙)

④ □

アルミニウムはく

⑤ □

スプーン(金ぞく)

⑥ □

コップ(ガラス)

2 **鉄とアルミニウムの空きかん** 右の図のように、鉄でできた空きかんとアルミニウムでできた空きかんにどう線をつなぎ、豆電球に明かりがつくかどうかを調べました。次の問いに答えましょう。　1つ5〔20点〕

㋐
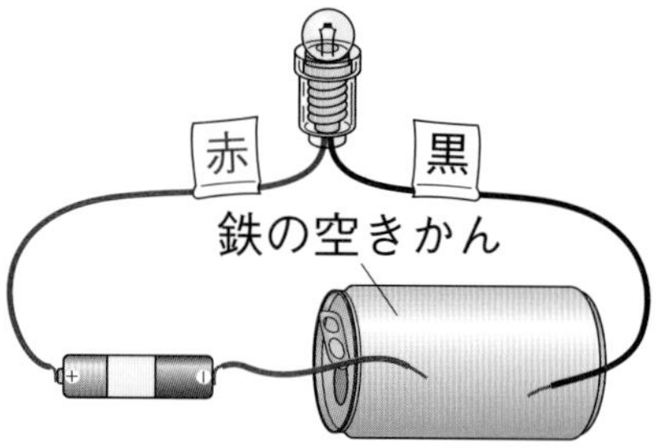

㋑
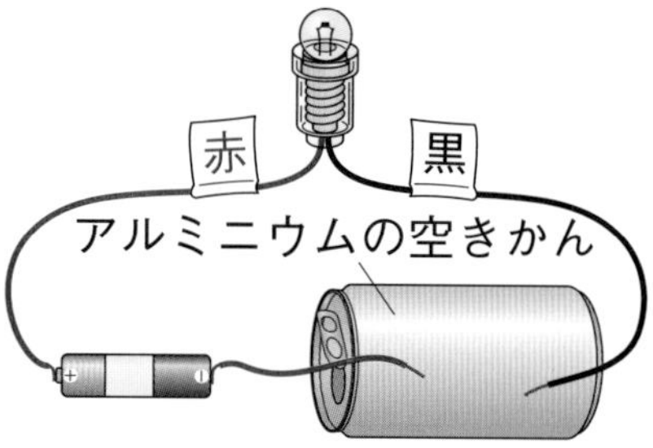

(1)　㋐、㋑で、豆電球に明かりはつきますか、つきませんか。

㋐(　　　　　)

㋑(　　　　　)

記述

(2)　(1)のようになったのはなぜですか。

(　　　　　　　　　　　　　　　)

(3)　㋐、㋑の空きかんの表面をけずってどう線をつなぐと、どうなりますか。次の文のうち、正しいものに○をつけましょう。

①(　　　)㋐は豆電球に明かりがつくが、㋑はつかない。

②(　　　)㋑は豆電球に明かりがつくが、㋐はつかない。

③(　　　)㋐も㋑も、豆電球に明かりがつく。

④(　　　)㋐も㋑も、豆電球に明かりがつかない。

チャレンジ! 3 回路と電気を通すもの・通さないもの

次の図のように、豆電球、どう線、かん電池がつながっている回路のとちゅうに、いろいろなものをつないでみました。あとの問いに答えましょう。

1つ5〔40点〕

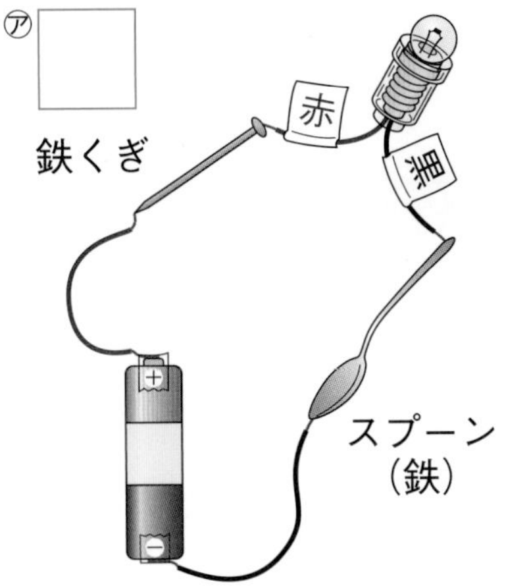

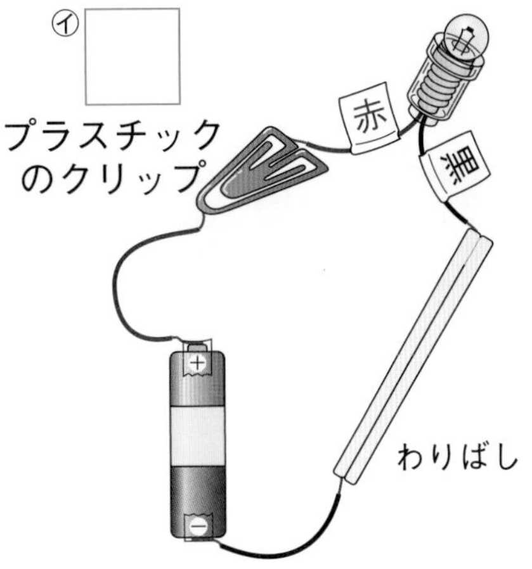

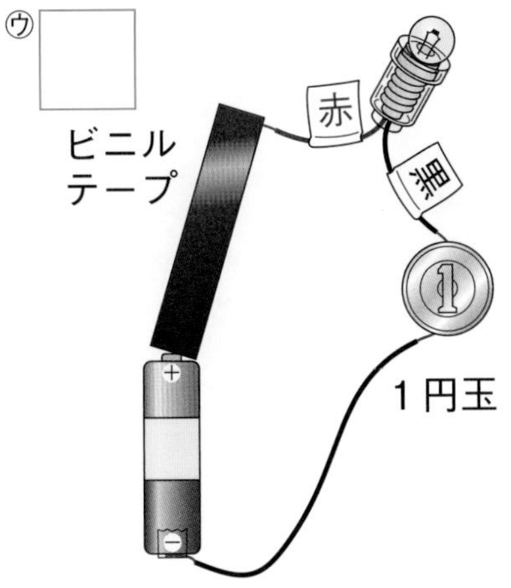

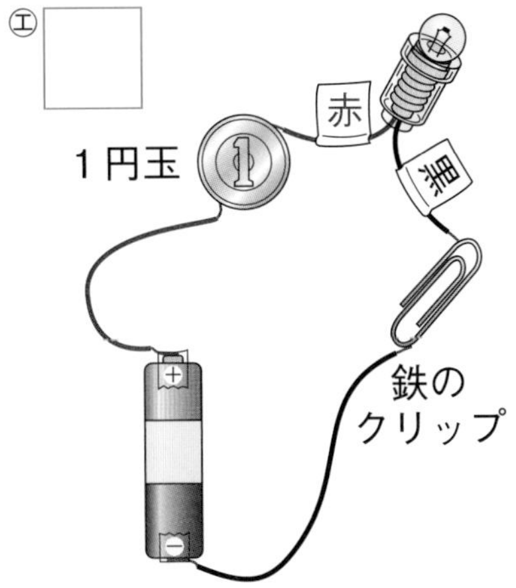

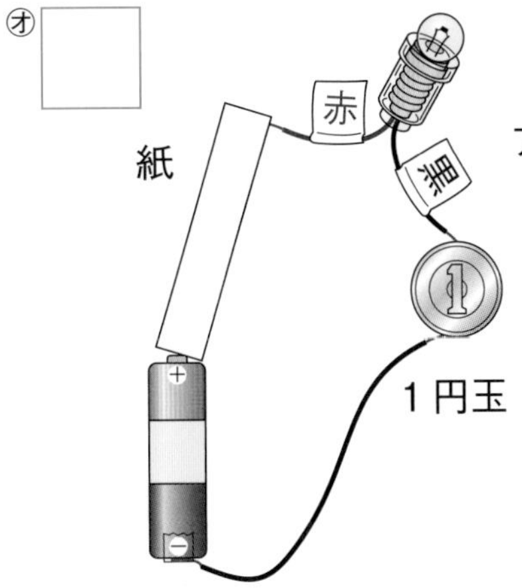

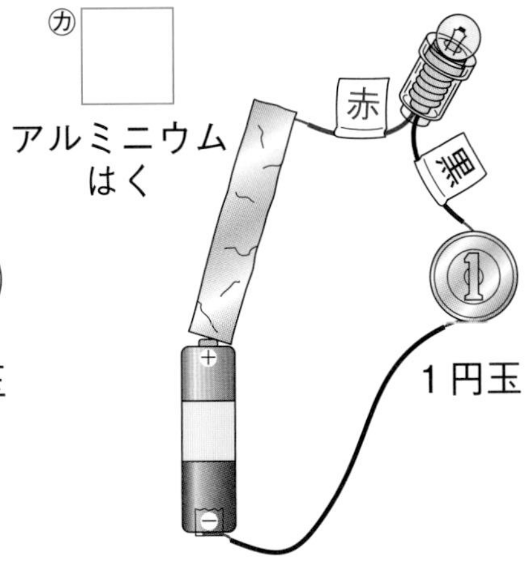

(1) 上の㋐～㋕で、明かりがつくものには○、つかないものには×を、それぞれの□につけましょう。

(2) 次の文のうち、(1)からわかることに2つ○をつけましょう。

①(　　　)回路の中に、1つでも鉄やアルミニウムがあれば、明かりはつく。

②(　　　)回路の中に、電気を通さないものをつなぐと、明かりがつかない。

③(　　　)鉄やアルミニウムなどの金ぞくは、電気を通す。

4 回路と明かり

かん電池と豆電球を使って、明かりがつくか調べました。次のうち、正しいものに2つ○をつけましょう。

1つ5〔10点〕

①(　　　)ソケットを使わなくても、豆電球に明かりをつけることができた。

②(　　　)かん電池の＋きょくに2本のどう線をつなぐと、明かりがついた。

③(　　　)かん電池の＋きょくと－きょくに、ビニルの部分をはがしたどう線をつなぐと、明かりはつかなかった。

④(　　　)ゴムひも2本をどう線とかん電池の間につなぐと、明かりはつかなかった。

⑤(　　　)どう線とかん電池の間に鉄のはり金《がね》を入れると、明かりはつかなかった。

勉強した日　月　日

1　じしゃくにつくもの・つかないもの

もくひょう

じしゃくにつくものは何でできているかをかくにんしよう。

おわったらシールをはろう

きほんのワーク

教科書　158～163ページ　答え　16ページ

図を見て、あとの問いに答えましょう。

1　じしゃくにつくもの・つかないもの

①アルミニウムはく □

②鉄のクリップ □

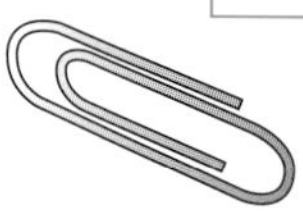

③おり紙 □

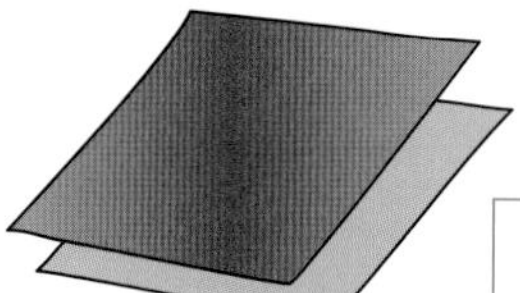

④プラスチックのものさし □

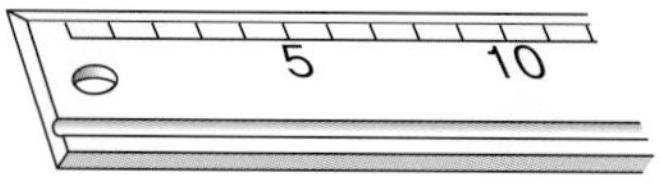

⑤スチールかん □

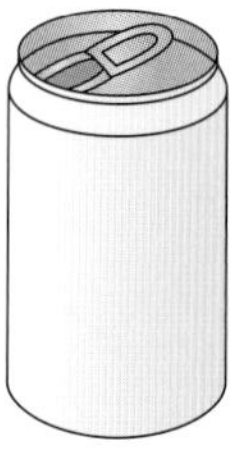

⑥ビニルテープ □

⑦わゴム □

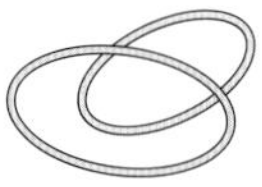

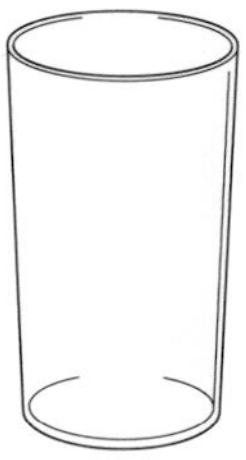

⑧ガラスのコップ □

⑨鉄くぎ □

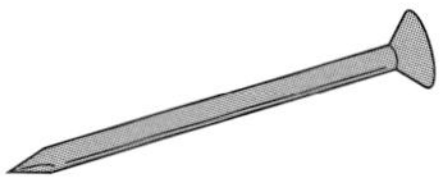

⑩おはじき □

⑪はさみの切るところ(鉄) □

・じしゃくにつかない金ぞくは⑫(ある　ない)。

・⑬□でできているものは、じしゃくにつく。

(1)　じしゃくにつくものに○、つかないものに×を、①～⑪の□につけましょう。

(2)　じしゃくにつかない金ぞくはありますか、ありませんか。⑫の(　)のうち、正しいほうを◯でかこみましょう。

(3)　じしゃくにつくものにきょう通することについて、⑬の□に書きましょう。

まとめ　〔 つく　鉄 〕からえらんで(　)に書きましょう。

●①(　　　　)でできているものは、じしゃくに②(　　　　)。

わくわくたんてい団

すな場のすなの中にじしゃくを入れて引き出すと、じしゃくの先に黒いつぶがたくさんついてきます。これは、さ鉄といわれるもので、鉄をふくむ石が小さくなったものです。

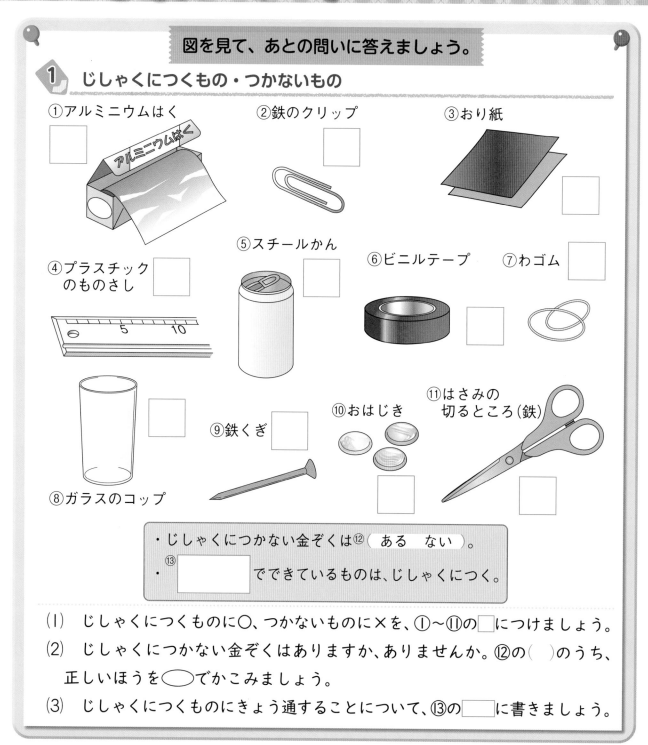

練習のワーク

教科書 158～163ページ　答え 16ページ

できた数　　/9問中

おわったらシールをはろう

1 **じしゃくにつくもの・つかないものを調べて、右の表にしました。けっかの○は、じしゃくについたことを表しています。次の問いに答えましょう。**

(1) 表の[1]～[4]に、じしゃくについたものには○、つかなかったものには×をつけましょう。

(2) はさみは、右の図の㋐と㋑の部分について調べました。それぞれどのようなけっかになりますか。図の□に、(1)と同じように○か×をつけましょう。

(3) 次の文のうち、じしゃくにつくものにきょう通することとして正しいものに、○をつけましょう。

①(　　　)金ぞくでできている。
②(　　　)金色にかがやいている。
③(　　　)鉄でできている。
④(　　　)アルミニウムでできている。

じしゃくにつくもの・つかないもの

調べたもの	けっか
鉄くぎ	○
わゴム	[1]
鉄のクリップ	○
おり紙	[2]
ガラスのコップ	[3]
アルミニウムはく	[4]
はさみ	

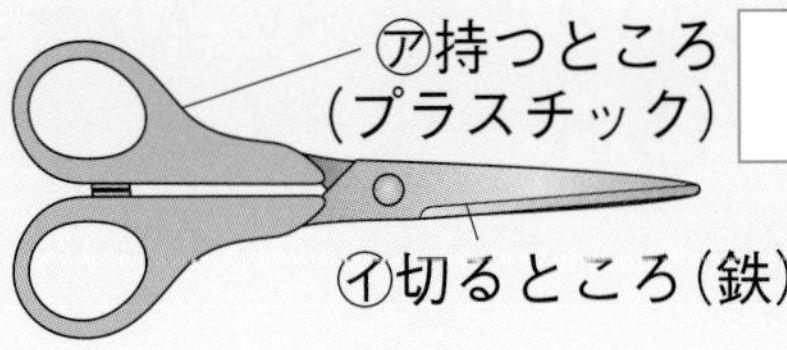

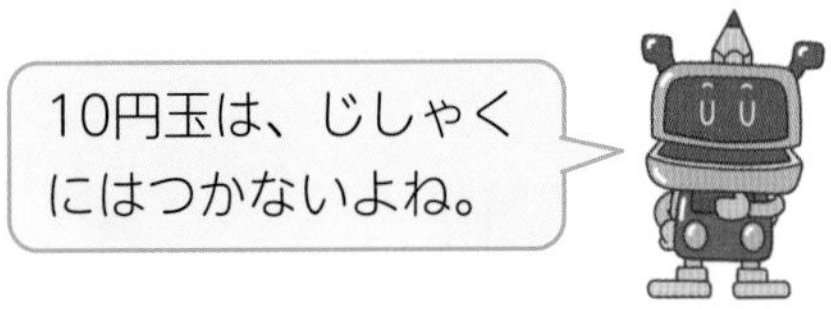

2 **右の図のように、金ぞくでできたかんにじしゃくを近づけて、じしゃくにつくかどうかを調べました。㋐、㋑のかんには、それぞれ次のようなマークがついていました。㋐、㋑の□に、じしゃくにつくものには○、つかないものには×をつけましょう。**

㋐□
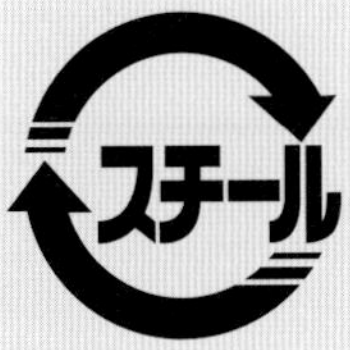

㋑□

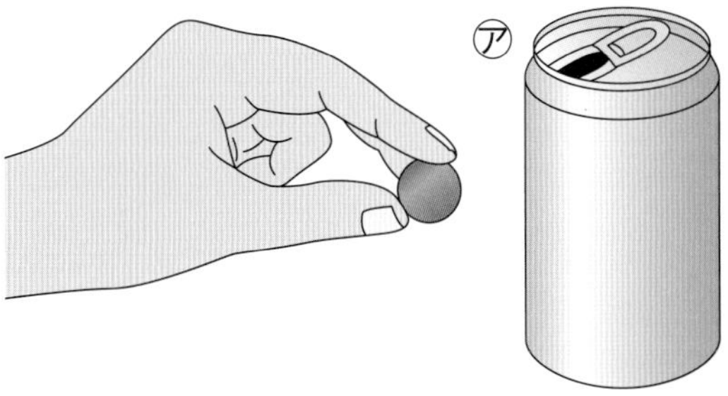

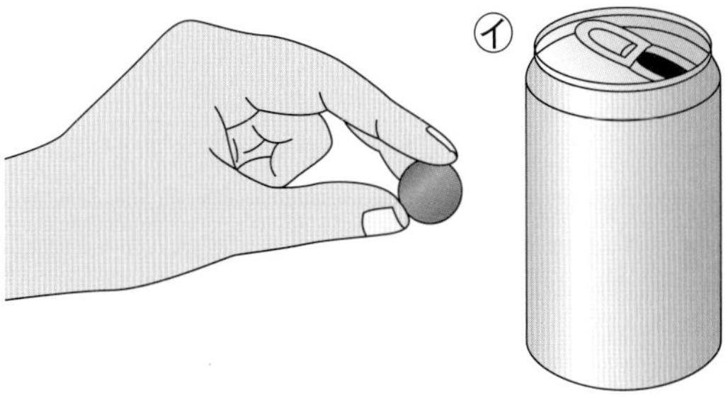

勉強した日　　月　　日

2　じしゃくと鉄

もくひょう
じしゃくのもつ力や、じしゃくのせいしつをかくにんしよう。

おわったらシールをはろう

きほんのワーク

教科書　164～168ページ　　答え　16ページ

図を見て、あとの問いに答えましょう。

1　じしゃくの力

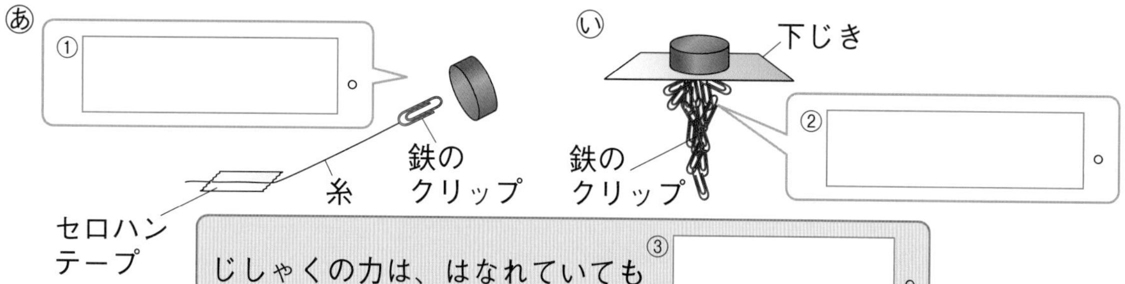

じしゃくの力は、はなれていても③□。

(1)　あ、いのとき、鉄のクリップはじしゃくに引きつけられていますか、引きつけられていませんか。①、②の□に書きましょう。

(2)　③の□に、はたらくか、はたらかないかを書きましょう。

2　じしゃくについた鉄

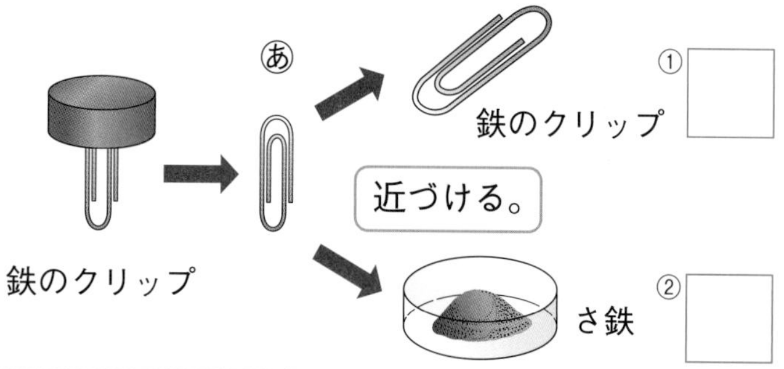

じしゃくについた鉄のクリップは、ほかの鉄を③（引きつける　遠ざける）。

(1)　じしゃくにつけたあの鉄のクリップにほかの鉄のクリップやさ鉄を近づけたとき、引きつけられれば○、引きつけられなければ×を、①、②の□につけましょう。

(2)　あの鉄のクリップについて、③の（　）のうち、正しいほうを◯でかこみましょう。

まとめ　〔　鉄　じしゃく　〕からえらんで（　）に書きましょう。

- はなれていても、じしゃくは、①（　　　　　）を引きつける。
- じしゃくにつけると、鉄は、②（　　　　　）になる。

わくわくたんてい団　けいたい用のカイロの中には、たくさんの鉄のこなが入っているので、使用《しよう》する前のけいたい用のカイロをじしゃくに近づけると、カイロはじしゃくに引きつけられます。

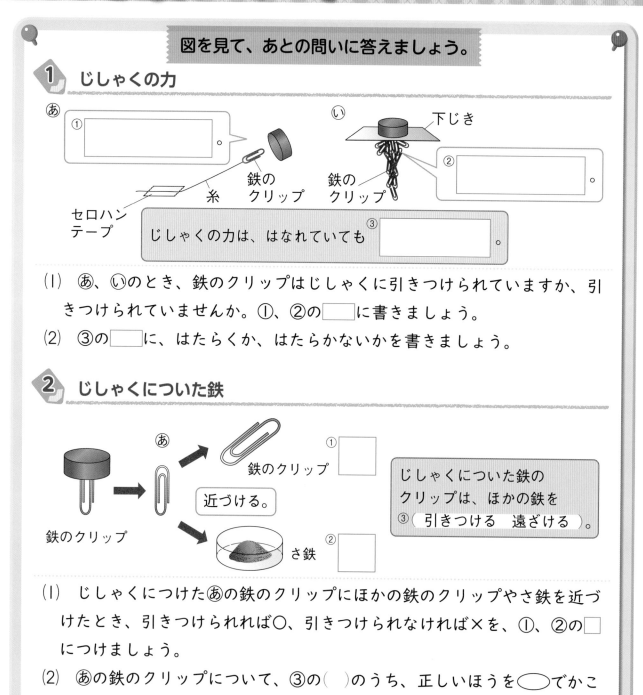

練習のワーク

教科書 164～168ページ　答え 16ページ

できた数　/5問中

おわったら シールを はろう

1 右の図のように、鉄のクリップを糸につないだものに、じしゃくを近づけてみました。このとき、じしゃくとクリップの間の㋐は、5mmほどあいています。次の問いに答えましょう。

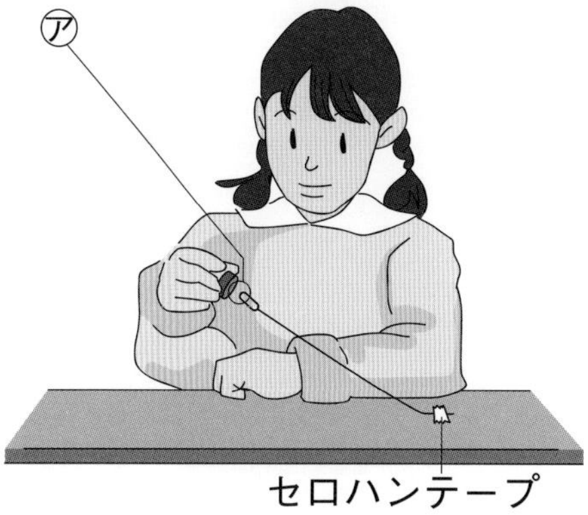

(1) じしゃくの力は、はなれていてもはたらくといえますか、いえませんか。

(　　　　　　)

(2) ㋐にプラスチックの下じきを1まいはさんでクリップにつけると、クリップはどうなりますか。次のうち、正しいものに○をつけましょう。

①(　　　)クリップは落ちる。

②(　　　)クリップは引きつけられたままである。

③(　　　)クリップは時間とともに、少しずつ落ちる。

④(　　　)クリップはついたりはなれたりする。

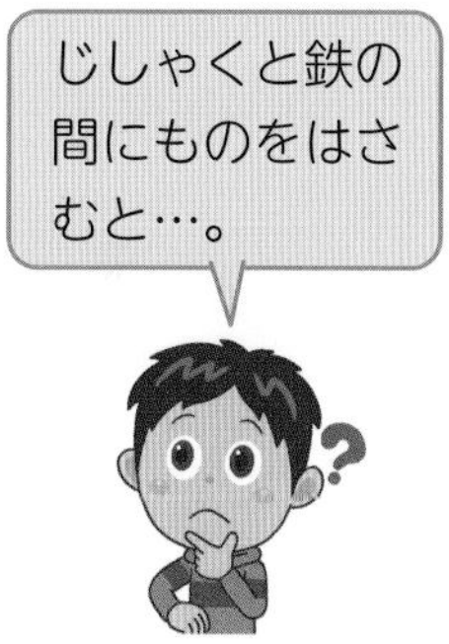

2 じしゃくについた鉄のクリップについて、次の問いに答えましょう。

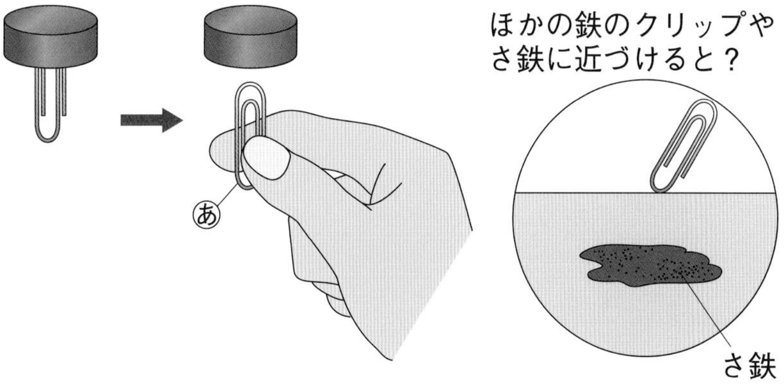

(1) じしゃくからはなした鉄のクリップ㋐を、ほかの鉄のクリップに近づけるとどうなりますか。正しいほうに○をつけましょう。

①(　　　)鉄のクリップ㋐に、ほかの鉄のクリップがつく。

②(　　　)鉄のクリップ㋐に、ほかの鉄のクリップはつかない。

記述 (2) じしゃくからはなした鉄のクリップ㋐をさ鉄に近づけると、どうなりますか。

(　　　　　　　　　　　　　　)

(3) (1)、(2)より、じしゃくについた鉄のクリップは、何になったといえますか。

(　　　　　　)

勉強した日　月　日

3　じしゃくのきょく

もくひょう
じしゃくの2つのきょくのせいしつをかくにんしよう。

おわったら シールを はろう

きほんのワーク

教科書 169～173ページ　答え 16ページ

図を見て、あとの問いに答えましょう。

1 じしゃくのきょく

ちがうきょくどうしを近づける

①（ 引きつけ合う　しりぞけ合う ）。

同じきょくどうしを近づける

②（ 引きつけ合う　しりぞけ合う ）。

あのN《エヌ》きょくを近づけると、いのNきょくは③（ はなれる　引きつけられる ）。

うのS《エス》きょくを近づけると、えのNきょくは④（ はなれる　引きつけられる ）。

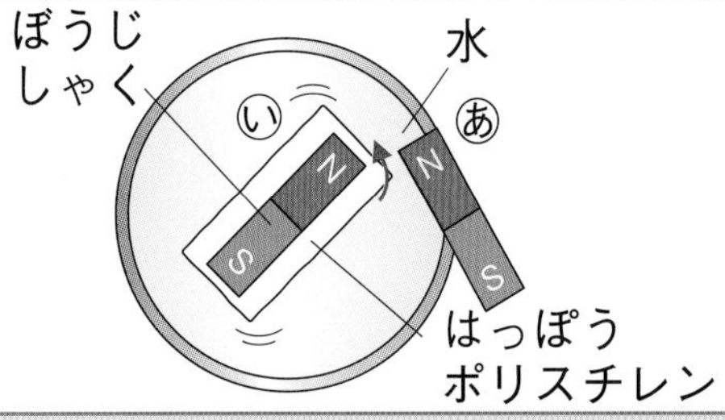

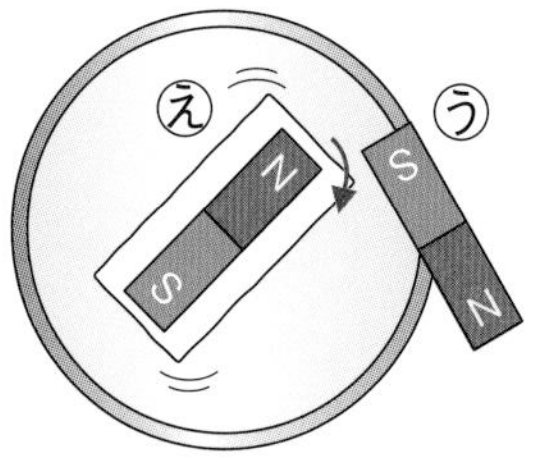

じしゃくは、同じきょくどうしを近づけたときは⑤（ しりぞけ合い　引きつけ合い ）、ちがうきょくどうしを近づけたときは⑥（ しりぞけ合う　引きつけ合う ）。

(1)　①、②の（　）のうち、2つのじしゃくのきょくの動き方として正しいほうを◯でかこみましょう。

(2)　③、④の（　）のうち、動き方として正しいほうを◯でかこみましょう。

(3)　⑤、⑥の（　）のうち、正しいほうを◯でかこみましょう。

まとめ　〔 引きつけ　しりぞけ 〕からえらんで（　）に書きましょう。

●2つのじしゃくのきょくどうしを近づけると、ちがうきょくどうしは①（　　　　）合い、同じきょくどうしは②（　　　　）合う。

はってん　＜地球は大きなじしゃく＞方位じしんは、いつもNきょくが北をさしていますが、これは地球の北きょくの近くがSきょく、南きょくの近くがNきょくになっているからです。

練習のワーク

できた数 /9問中

おわったら
シールを
はろう

教科書 169～173ページ　答え 16ページ

1　鉄のクリップを広げて、じしゃくを近づけました。次の問いに答えましょう。

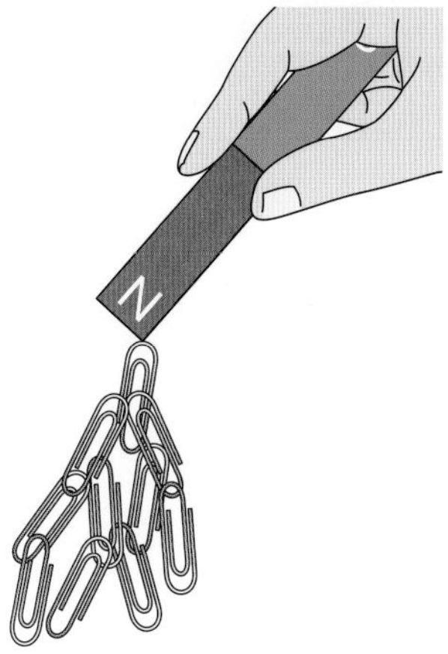

(1)　じしゃくの、鉄のクリップをよく引きつけるところを何といいますか。　(　　　　　)

(2)　(1)はじしゃくに2つあります。それぞれ何といいますか。

(　　　　　)(　　　　　)

(3)　次の文のうち、じしゃくの2つのきょくを近づけたときの正しい動き方に○をつけましょう。

①(　　)同じきょくどうしは引きつけ合い、ちがうきょくどうしはしりぞけ合う。

②(　　)同じきょくどうしはしりぞけ合い、ちがうきょくどうしは引きつけ合う。

③(　　)どちらのきょくを近づけても引きつけ合う。

④(　　)どちらのきょくを近づけてもしりぞけ合う。

2　右の図のように、水の上にうかべたじしゃくに、べつのじしゃくを近づけました。次の問いに答えましょう。

(1)　㋐、㋑で、水の上にうかべたじしゃくは、あといのどちらに動きますか。それぞれの□に○をつけましょう。

(2)　じしゃくのSきょくと引きつけ合うのは、何きょくですか。

(　　　　　)

㋐

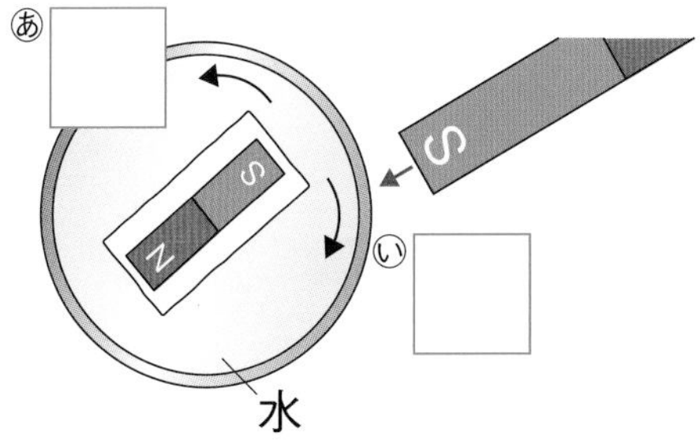

㋑

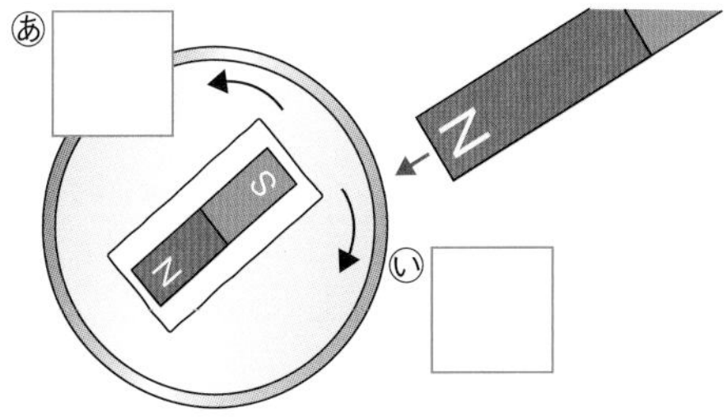

3　右の図のように、ぼうじしゃくを水の上にうかべてしばらくおきました。ぼうじしゃくのNきょくとSきょくは、それぞれ東、西、南、北のどの方位をさしますか。

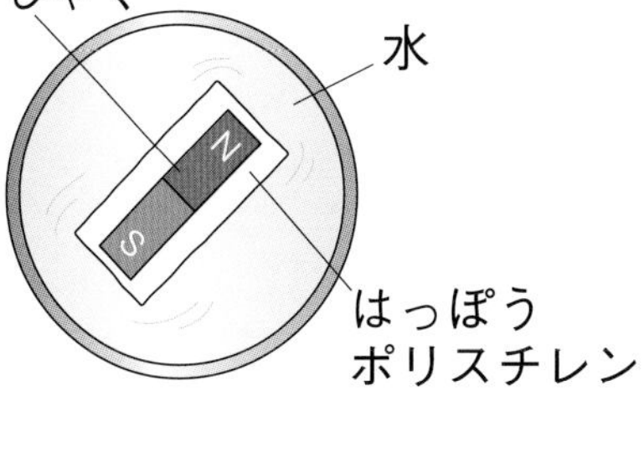

Nきょく(　　　　)

Sきょく(　　　　)

まとめのテスト①

11　じしゃく

とく点　　/100点

おわったら シールを はろう

時間 20分

教科書 158～173ページ　答え 17ページ

よく出る **1** **じしゃくにつくもの・つかないもの** 次の㋐～㋔のうち、じしゃくにつくものには○、つかないものには×を、それぞれの□につけましょう。　1つ4〔20点〕

㋐□ アルミニウムのカップ

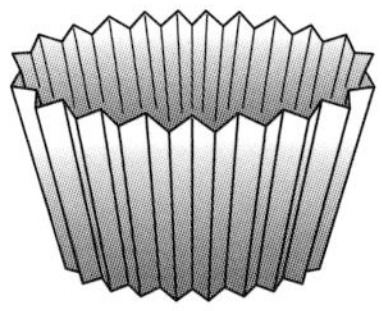

㋑□ 10円玉（どう）

㋒□ 色のついたスチールかん

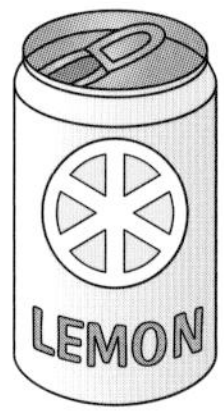

㋓□ プラスチックの下じき

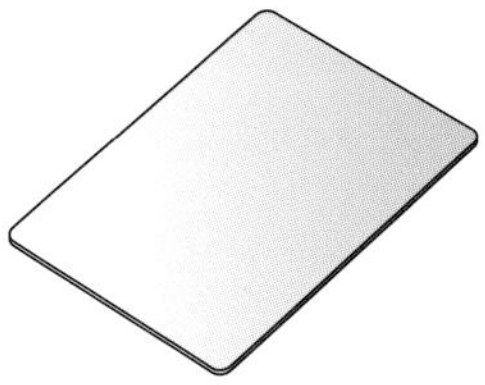

㋔□ ビニルでつつまれた鉄のはり金のハンガー

よく出る **2** **じしゃくのきょく** 次の図のようなとき、じしゃくが引きつけ合うものには○、しりぞけ合うものには×を、それぞれの□につけましょう。　1つ3〔12点〕

㋐□

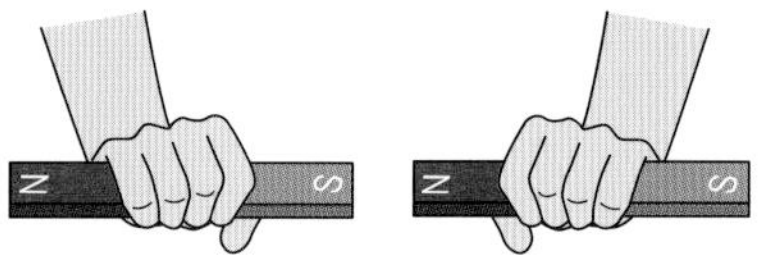

㋑□

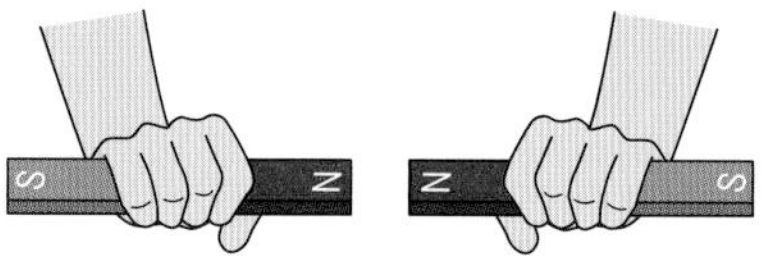

㋒□

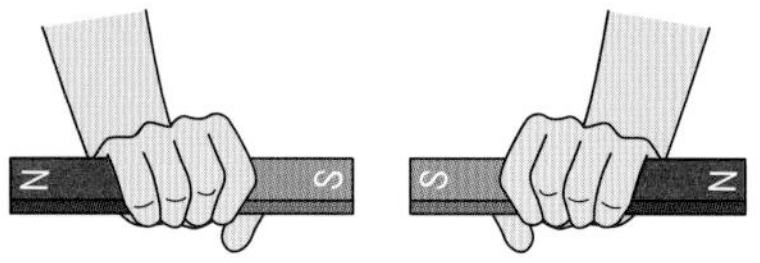

㋓□

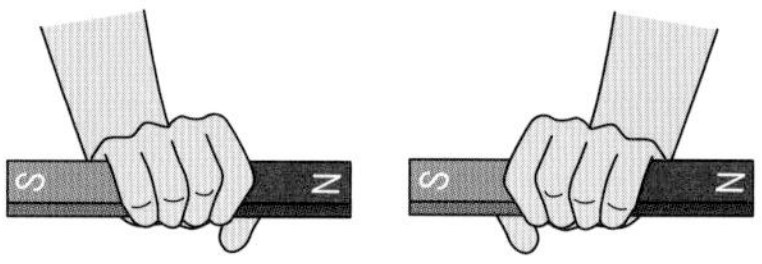

3 **じしゃくのせいしつ** 次の文のうち、じしゃくについて書いたものとして正しいものには○、まちがっているものには×をつけましょう。　1つ4〔32点〕

①（　　　）じしゃくは、どのような金ぞくでも引きつける。

②（　　　）じしゃくは、鉄を引きつける。

③（　　　）じしゃくのNきょくとNきょくを近づけると、しりぞけ合う。

④（　　　）じしゃくのSきょくとSきょくを近づけると、しりぞけ合う。

⑤（　　　）じしゃくのNきょくとSきょくを近づけると、引きつけ合う。

⑥（　　　）じしゃくには、Nきょくしかないものもある。

⑦（　　　）じしゃくには、かならずNきょくとSきょくがある。

⑧（　　　）鉄くぎにうすい紙をまきつけてじしゃくを近づけると、じしゃくは鉄くぎを引きつけない。

4 じしゃくのきょく 右の図のように、ようきにぼうじしゃくや丸い形のじしゃくをのせて、水にうかべました。次の問いに答えましょう。

1つ4〔16点〕

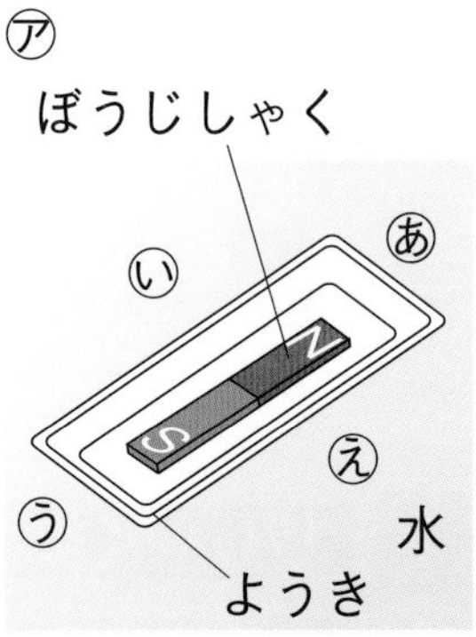

(1) ぼうじしゃくをのせたようきを水にうかべてしばらくすると、右の図の㋐のように止まりました。北は、あ～えのどの方向ですか。 (　　　)

(2) 丸い形のじしゃくをのせたようきを水にうかべると、右の図の㋑のように、㋐と同じ方向を向いて止まりました。①、②はそれぞれ何きょくですか。

①(　　　　)

②(　　　　)

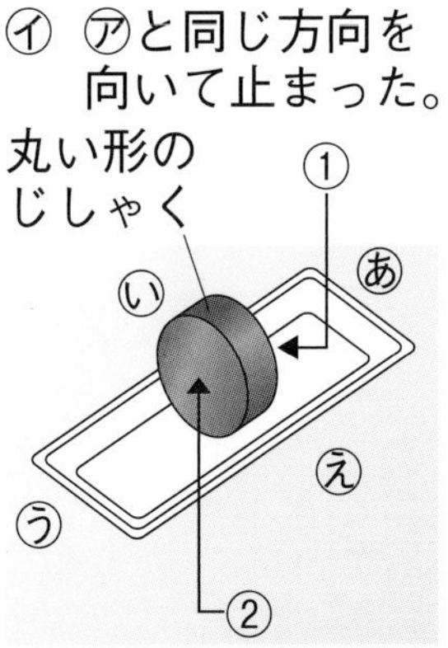

(3) 水にうかべたぼうじしゃくのSきょくの近くに、べつのじしゃくのNきょくを近づけました。水にうかべたぼうじしゃくはどうなりますか。正しいほうに○をつけましょう。

①(　　　)近づけたじしゃくに引きつけられる。

②(　　　)近づけたじしゃくからはなれる。

チャレンジ! 5 じしゃくについたくぎ 右の図は、じしゃくについたくぎです。次の問いに答えましょう。

1つ4〔20点〕

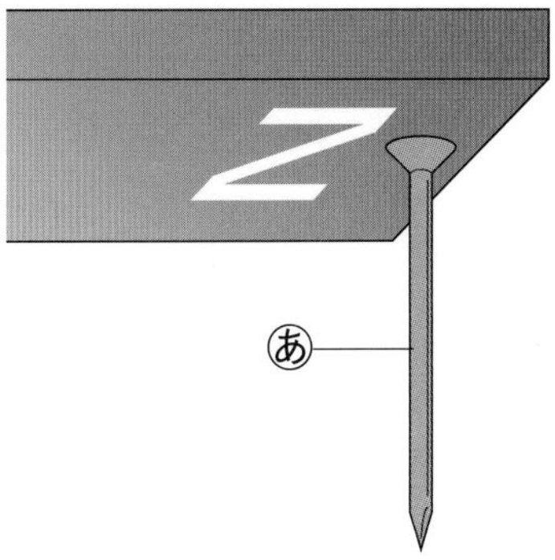

(1) じしゃくについたことから、あのくぎが何でできていることがわかりますか。

(　　　　)

記述 (2) あのくぎをじしゃくからはなして、さ鉄に近づけると、どうなりますか。

(　　　　　　　　)

(3) (2)より、じしゃくにつけたあのくぎは、何になったといえますか。

(　　　　)

(4) あのくぎをじしゃくからはなして、次の①、②のように方位じしんに近づけました。方位じしんのはりの向きとして正しいものには○、正しくないものには×を、それぞれの□につけましょう。

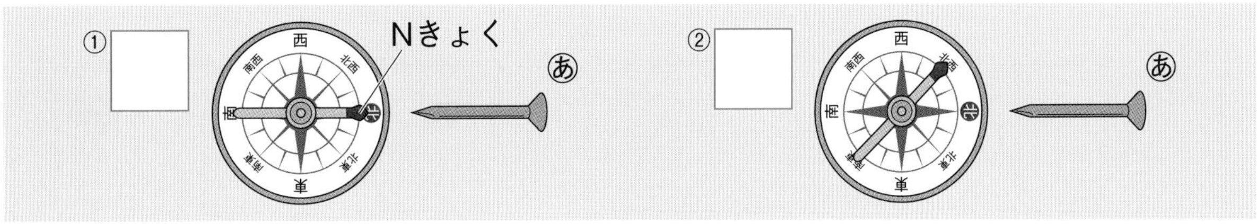

まとめのテスト②

11 じしゃく

とく点 /100点

おわったらシールをはろう

時間20分

教科書 158～173ページ　答え 17ページ

よく出る **1** じしゃくにつくもの・つかないもの　じしゃくにつくもの、つかないものについて調べました。あとの問いに答えましょう。　1つ5〔35点〕

㋐□ ビニルテープ

㋑□ 鉄のクリップ

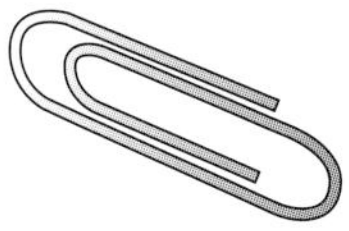

㋒□ 1円玉(アルミニウム)

㋓□ おり紙

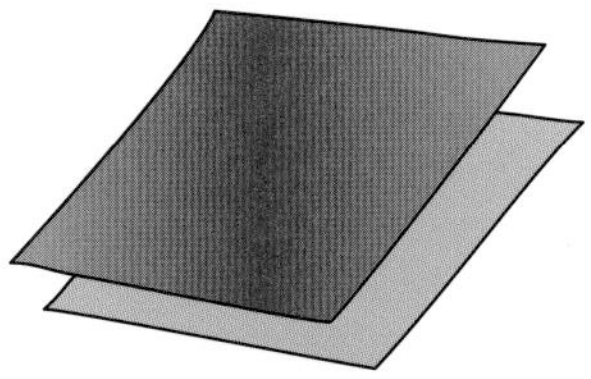

㋔□ わゴム

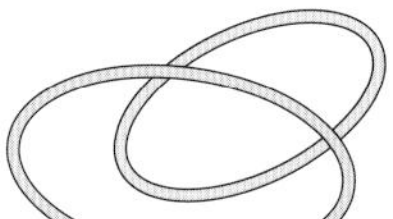

㋕□ はさみの切るところ(鉄)

(1)　上の図の㋐～㋕のうち、じしゃくにつくものには○、つかないものには×を、それぞれの□につけましょう。

(2)　次の文のうち、正しいものに○をつけましょう。

①(　　　)電気を通すものは、すべてじしゃくにつく。

②(　　　)鉄でできているものは、じしゃくにつく。

③(　　　)どのようなものでもじしゃくにつく。

④(　　　)じしゃくにはじしゃくしかつかない。

2 方位じしんとじしゃく　右の図のように、南北をさしている方位じしんにじしゃくのSきょくを近づけました。次の問いに答えましょう。　1つ5〔10点〕

(1)　図のようにじしゃくを近づけると、方位じしんのNきょくは、㋐、㋑のどちらに動きますか。　(　　　)

(2)　次に、じしゃくを遠ざけると、方位じしんのSきょくは、どの方位をさしますか。　(　　　)

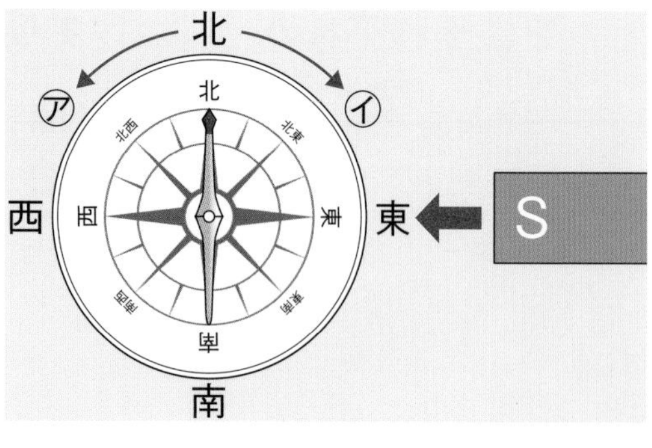

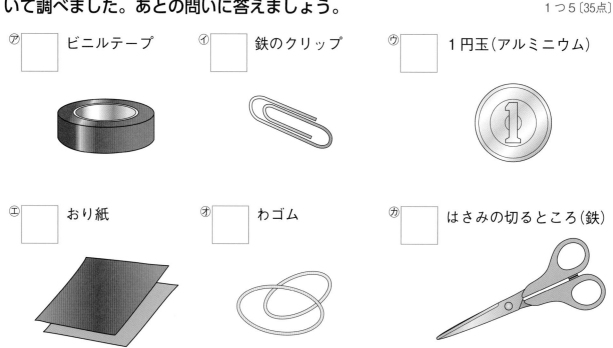

3 **じしゃくの力** **右の図のように、じしゃくと鉄のクリップの間をあけたり、下じきをはさんだりして、じしゃくの力がはたらくかを調べました。次の問いに答えましょう。** 1つ4〔20点〕

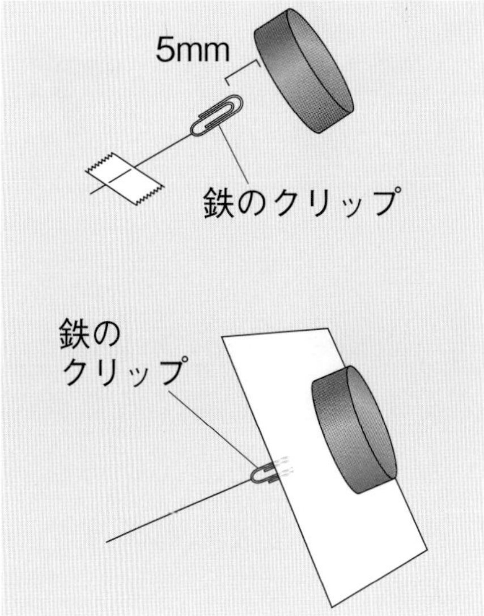

(1) じしゃくと鉄のクリップの間は5mmほどあいていました。このことから、どのようなことがいえますか。次のうち、正しいほうに○をつけましょう。

①(　　　)じしゃくは、鉄とじしゃくの間がはなれていると、鉄を引きつけない。

②(　　　)じしゃくは、鉄とじしゃくの間が少しはなれていても、鉄を引きつける。

(2) じしゃくを鉄のクリップから少しずつ遠ざけていきました。やがてクリップはどうなりますか。次のうち、正しいほうに○をつけましょう。

①(　　　)そのまま動かない。　②(　　　)下に落ちる。

(3) (2)から、どのようなことがわかりますか。次の文の(　)に強くか、弱くかを書きましょう。

じしゃくの力は、じしゃくを鉄に近づけると①(　　　　　)はたらき、じしゃくを鉄から遠ざけると②(　　　　　)なる。

(4) じしゃくと鉄のクリップの間に、下じきをはさみました。鉄のクリップは、じしゃくに引きつけられますか、引きつけられませんか。

(　　　　　　　　　)

4 **じしゃくのきょく** **右の図のように、えんぴつに通したじしゃくがういています。次の問いに答えましょう。** 1つ5〔35点〕

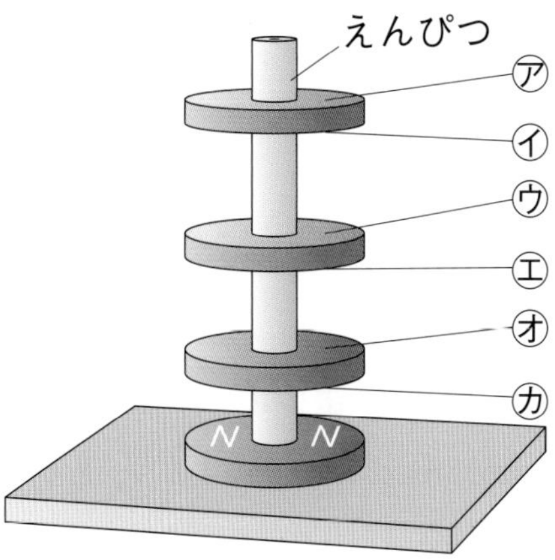

(1) 図のようになるのは、じしゃくのきょくのせいしつがかんけいしています。次のうち、正しいほうに○をつけましょう。

①(　　　)ちがうきょくどうしを近づけると、しりぞけ合う。

②(　　　)同じきょくどうしを近づけると、しりぞけ合う。

(2) ㋐～㋕の部分は、それぞれNきょく、Sきょくのどちらですか。

㋐(　　　　　)　㋑(　　　　　)　㋒(　　　　　)

㋓(　　　　　)　㋔(　　　　　)　㋕(　　　　　)

勉強した日　　月　　日

考えてとく問題にチャレンジ!

プラスワーク

おわったら
シールを
はろう

答え 18ページ

1 植物を育てよう 教科書 20～33、178～179ページ

右の図は、こうたくんがある植物を育てるために用意した道具です。こうたくんが育てようとしている植物は、ホウセンカとアサガオのどちらだと考えられますか。理由《りゆう》も書きましょう。

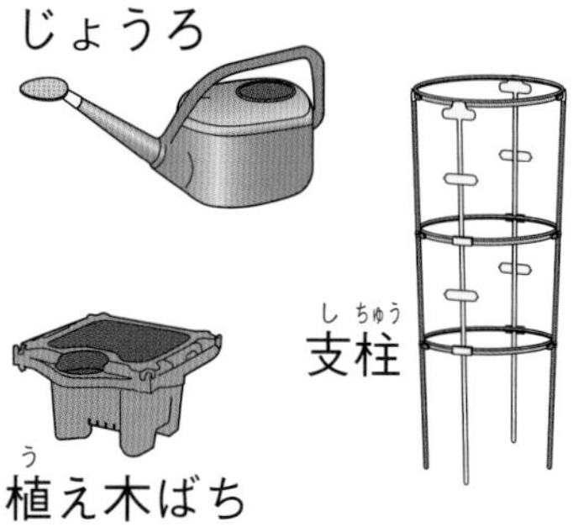

じょうろ
支柱《しちゅう》
植《う》え木ばち

植物（　　　　　　　）

理由（　　　　　　　　　　　　　　　　　）

思考 2 チョウを育てよう 教科書 34～49、178ページ

やごをかうために、右の図のような水そうを用意しました。水そうにふたをせず、木のえだを立てるのは何のためですか。

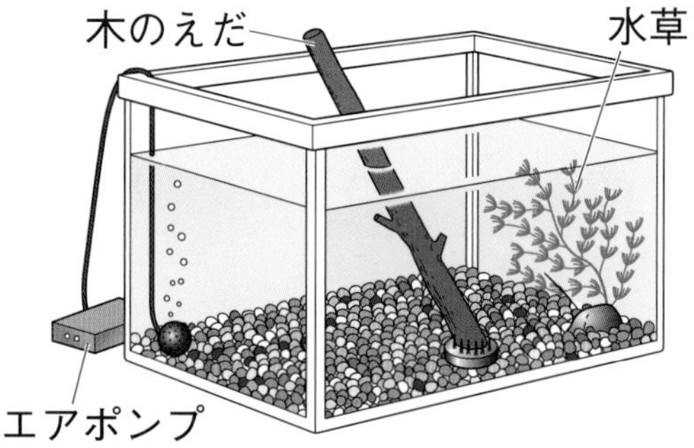

木のえだ
水草
エアポンプ

（　　　　　　　　　　　　　　　　　）

3 太陽と地面 教科書 92～105、180～182、185ページ

ある日の校庭で、かげをかんさつすると、右の図のようになりました。かげのかんさつをしたのは、午前10時と午後4時のどちらですか。理由も書きましょう。

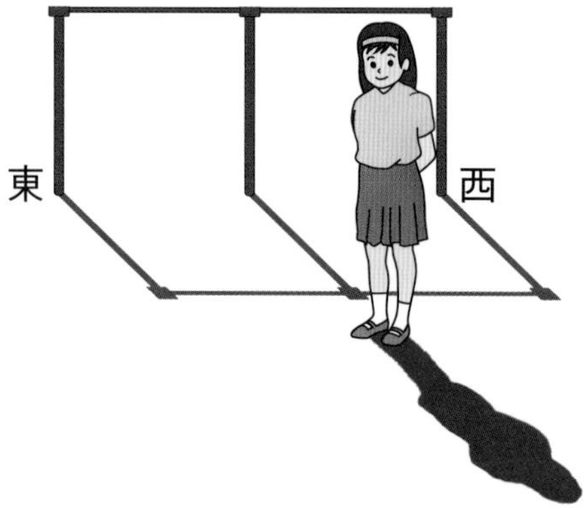

東
西

時こく（　　　　　　　）

理由（　　　　　　　　　　　　　　　　　）

4 電気の通り道　じしゃく 教科書 144～173ページ

アルミかんとスチールかんを分けるために使う道具として正しいのは、右の図の㋐、㋑のどちらですか。えらんだ理由も書きましょう。

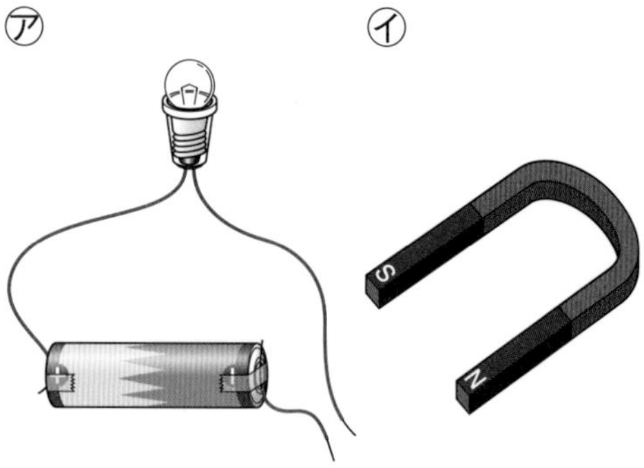

㋐
㋑
S
N

道具（　　　　　　　）

理由（　　　　　　　　　　　　　　　　　）

●勉強した日　　月　　日

実力判定《はんてい》テスト かくにん！たんいとグラフ

時間 30分

名前

できた数 /19 問中

おわったら シールを はろう

たんいやグラフをかく練習をしよう！

答え 23ページ

長さや重さのたんい

1 ものの長さや重《おも》さのたんいを、書いて練習《れんしゅう》しましょう。

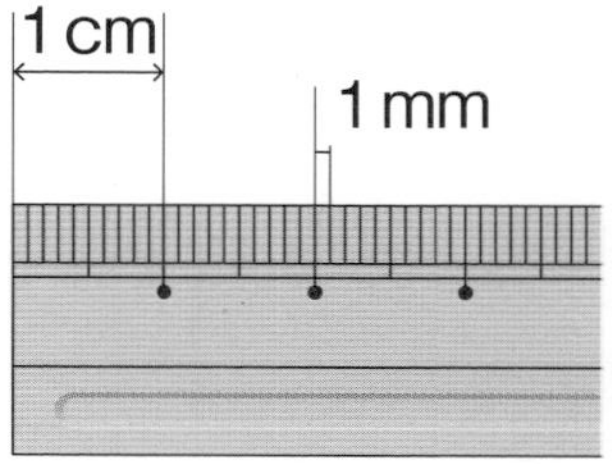

1 m メートル　　1 cm センチメートル　　1 mm ミリメートル

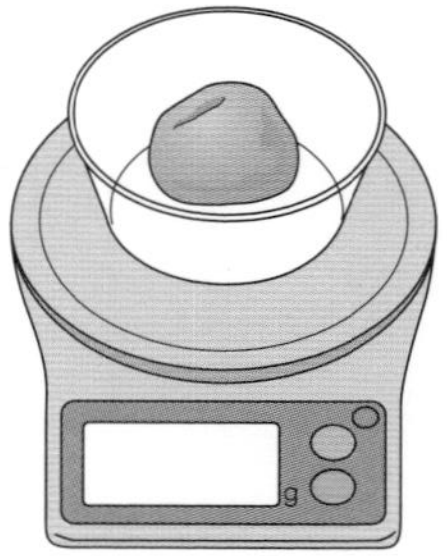

1 kg キログラム　　1 g グラム

たいせつ

①ものの長さは、ものさしではかることができます。長さのたんいには、「メートル」「センチメートル」「ミリメートル」などがあります。

1 m = 100cm

1 cm = 10mm

②ものの重さは、はかり（台ばかりやキッチンスケールなど）ではかることができます。重さのたんいには、「グラム」「キログラム」などがあります。

1 kg = 1000g

ものの長さや重さは、４年生の理科でも学習《がくしゅう》するよ。よくおぼえておこう！

ぼうグラフのかき方

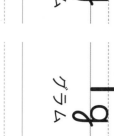

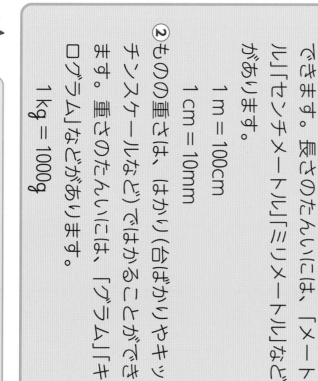

●勉強した日　　月　　日

実力判《はん》定《てい》テスト

かくにん！きぐの使い方

時間 30分

名前

できた数　/11 問中

おわったらシールをはろう

じっけん・かんさつきぐの使い方をたしかめよう！

答え 23ページ

虫めがねの使い方

1 次《つぎ》の①～④の[　　]にあてはまる言《こと》葉《ば》を書きましょう。

手で持てるものを見るとき

1.虫めがねを①[　　　　]に近づけて持《も》つ。

2.②[　　　　]を前後に動《うご》かして、はっきり見えるところで止める。

手で持てないものを見るとき

1.虫めがねを③[　　　　]に近づけて持つ。

2.虫めがねを③に近づけたまま、④[　　　　]を前後に動かして、はっきり見えるところで止める。

方位じしんの使い方

2 次の①、②の[　　]にあてはまる言葉を書きましょう。

2 次《つぎ》の表《ひょう》の日なたと日かげの地面《じめん》の温度《おんど》を調《しら》べたけっかを、ぼうグラフに表《あらわ》しましょう。

	日なた	日かげ
午前９時	18℃	16℃
正　午	24℃	18℃

ヒント

①調べた日づけを書く。
②表題《ひょうだい》を書く。
③横《よこ》のじくに調べた時こくを書く。
④たてのじくに温度をとって、目もりが表す数字とたんいを書く。
⑤記ろくした温度に合わせて、ぼうをかく。

もののの重さや長さなど、数字で表せるものをぼうグラフにすると、くらべやすいよ。

10月20日
（℃）
日なたの地面の温度
（　）
（　）
（　）
（　）
（　）
0
午前９時
正午

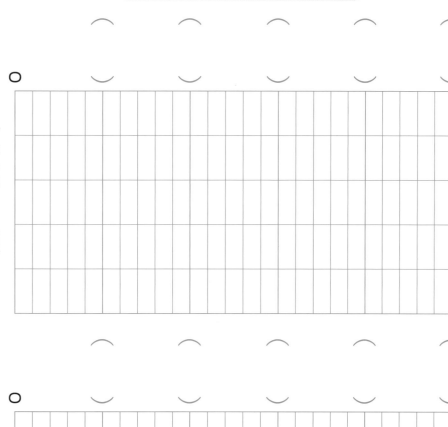

10月20日
（℃）
日かげの地面の温度
（　）
（　）
（　）
（　）
（　）
0
午前９時
正午

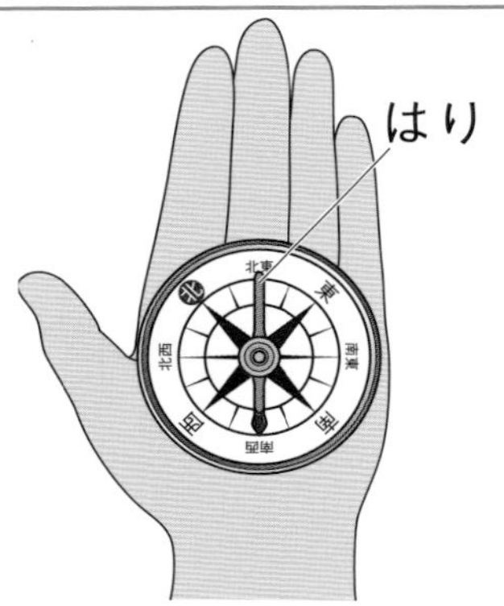

はりが自由に動くように、方位《ほうい》じしんを手のひらの上に①□に持つ。

文字ばんを回して、②□の文字をはりの色のぬってあるほうに合わせる。

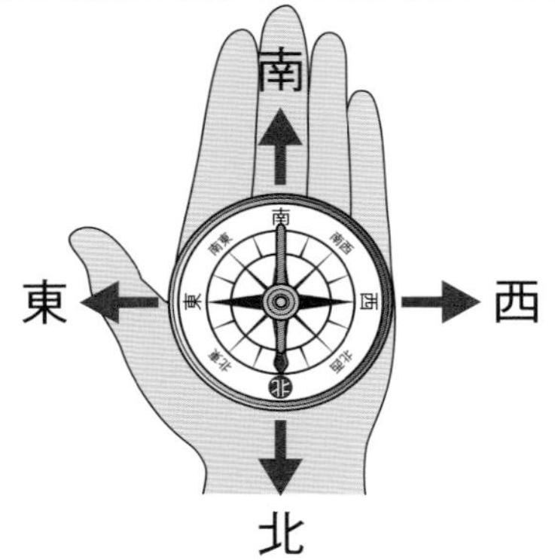

文字ばんの方位(調《しら》べたい方位)を読《よ》み取る。

温度計の使い方

3 温度計《おんどけい》の目もりを読む目のいちとして、正しいものには○、まちがっているものには×を、①～③の□につけましょう。また、温度計を使うときに気をつけることについて、次の文の④、⑤の(　)のうち、正しいほうを◯でかこみましょう。

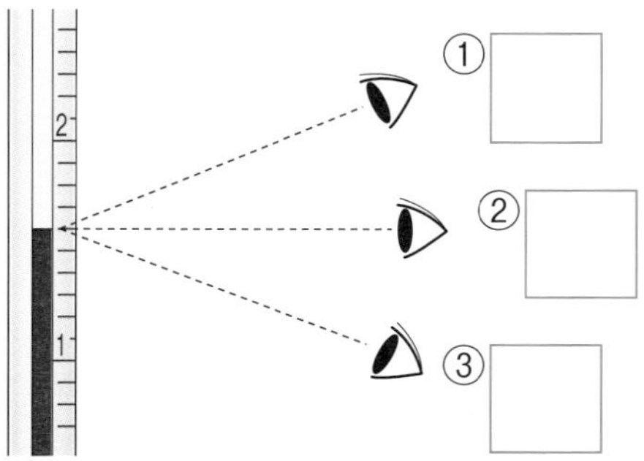

地面《じめん》の温度をはかるときは、温度計がおれるため、温度計で地面を
④(ほってもよい　ほってはいけない)。また、温度計に日光が直せつ
⑤(当たる　当たらない)ようにするため、おおいをする。

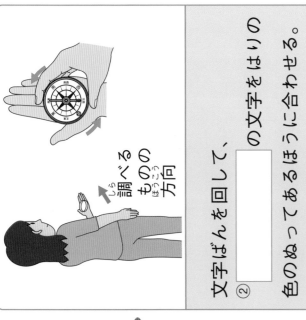

●勉強した日　　月　　日

実力判《はん》定《てい》テスト

学年末のテスト①

時間 30分

名前

とく点 ／100点

おわったら シールを はろう

教科書 144〜173ページ

答え 22ページ

1 次《つぎ》の図のうち、豆電球《まめでんきゅう》に明かりがつくものには○、つかないものには×を□につけましょう。

1つ6〔30点〕

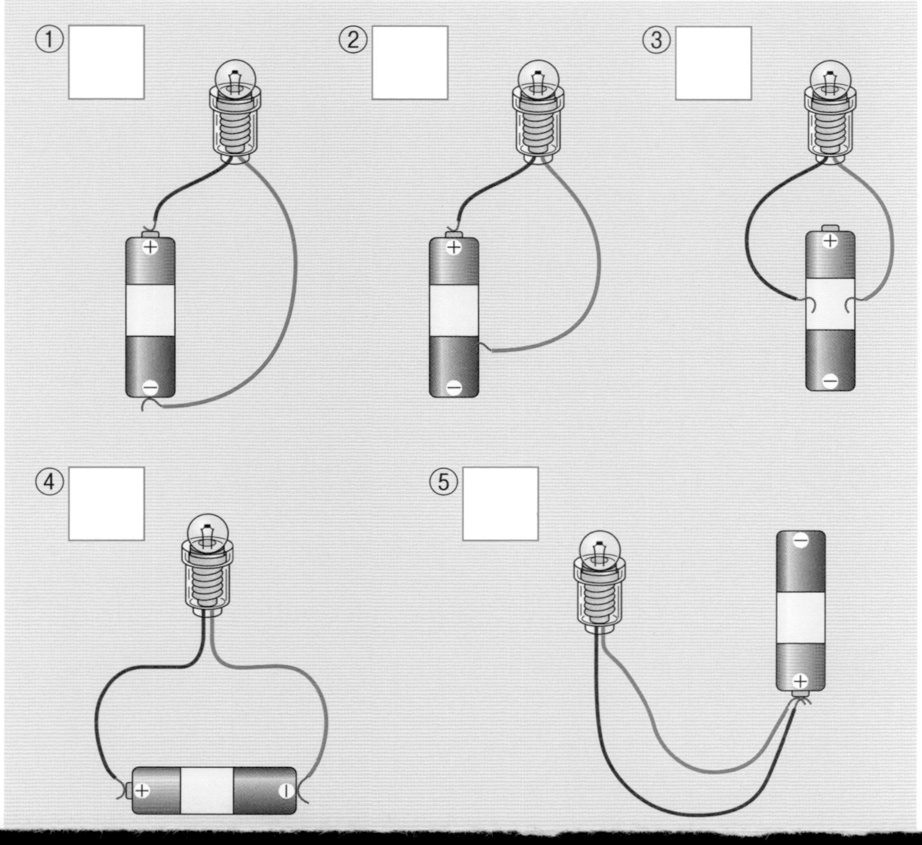

3 じしゃくのせいしつについて、次の問いに答えましょう。

1つ6〔42点〕

(1)　次の①〜③の（　）のうち、正しいほうを◯でかこみましょう。

じしゃくは、はなれていても鉄《てつ》を

①（　引きつける　引きつけない　）。

じしゃくと鉄の間にじしゃくに引きつけられないものを入れても、じしゃくは鉄を

②（　引きつける　引きつけない　）。

じしゃくが鉄を引きつける力の強さは、じしゃくと鉄のきょりがかわると、

③（　かわる　かわらない　）。

(2)　次の図のようにじしゃくを近づけたとき、引きつけ合うものには○、しりぞけ合うものには×を□につけましょう。

①□　　②□

●勉強した日　　月　　日

実力判《はん》定《てい》テスト

学年末のテスト②

時間 30分

名前

とく点　　/100点

おわったらシールをはろう

教科書　8～173、178～183ページ

答え　22ページ

1 次《つぎ》の文のうち、正しいものには○、まちがっているものには×をつけましょう。　1つ6〔30点〕

①(　　　)クモ、アリ、ダンゴムシは、すべてこん虫《ちゅう》である。

②(　　　)こん虫などの生き物《もの》は、植物《しょくぶつ》とかかわり合いながら生きている。

③(　　　)植物のしゅるいによって、葉《は》や花の形や大きさがちがう。

④(　　　)日なたの地面《じめん》は、日かげの地面より温《おん》度《ど》がひくい。

⑤(　　　)太陽《たいよう》の光をものがさえぎると、太陽と同じがわにもののかげができる。

2 次の図のものについて、電気を通すかどうか、じしゃくにつくかどうかを調《しら》べました。あとの問《と》いに答えましょう。　1つ7〔21点〕

3 次の図のように、糸電話をつくって話をしました。あとの問いに答えましょう。　1つ7〔28点〕

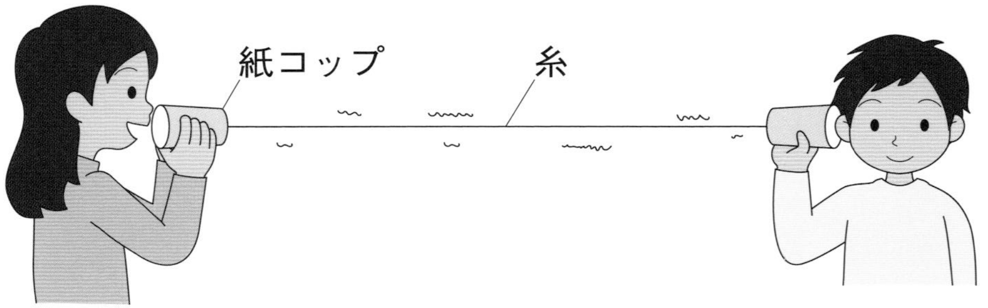

(1)　話をしているときに、糸にそっとふれると、どうなっていますか。

(　　　　　　　　　　)

(2)　話をしているときに糸を指《ゆび》でつまむと、聞こえていた声はどうなりますか。

(　　　　　　　　　　)

(3)　次の①、②の(　)のうち、正しいほうを〇でかこみましょう。

音がものをつたわっているとき、ものは

㋐ ペットボトル

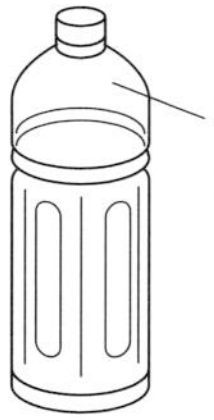

㋑ せんぬき

㋒ 十円玉（どう）

㋓ わりばし（木）

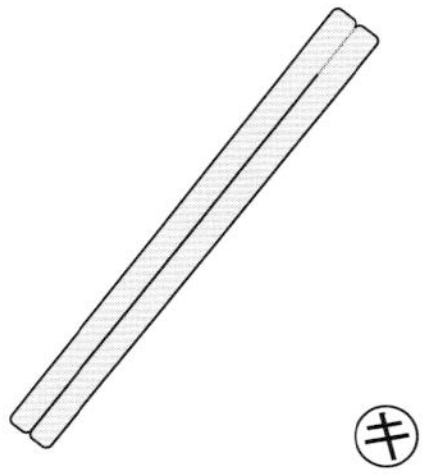

㋔ はさみ（切るところ）

㋕ ガラスのコップ

㋖ アルミニウムはく

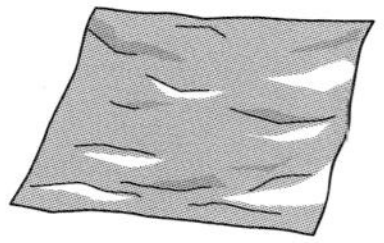

㋗ クリップ

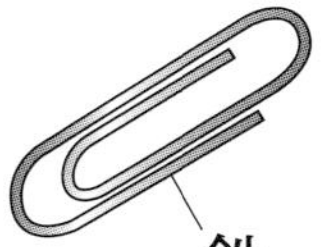

(1)　電気を通すものを、㋐～㋗からすべてえらびましょう。（　　　　　）

(2)　じしゃくにつくものを、㋐～㋗からすべてえらびましょう。（　　　　　）

(3)　電気を通すものは、かならずじしゃくにつくといえますか、いえませんか。（　　　　　）

①（ ふるえている　ふるえていない ）。
大きい音がつたわるとき、音をつたえるもののふるえは②（ 小さい　大きい ）。

4 **右の図は、黒い紙に虫めがねで光を集《あつ》めて当てている様子《ようす》です。次の問いに答えましょう。**

1つ7〔21点〕

(1)　虫めがねを➡の向《む》きに動《うご》かして黒い紙から遠ざけて、㋵の部分《ぶぶん》を小さくしました。このとき、㋵の部分の明るさはどうなりますか。（　　　　　）

(2)　(1)のとき、㋵の部分のあたたかさはどうなりますか。（　　　　　）

(3)　光を当てたところをいちばん小さくすると、やがて、黒い紙はどうなりますか。（　　　　　）

2 スチールかんが電気を通すかどうかを、次の図のようにして調《しら》べました。あとの問《と》いに答えましょう。

1つ5〔10点〕

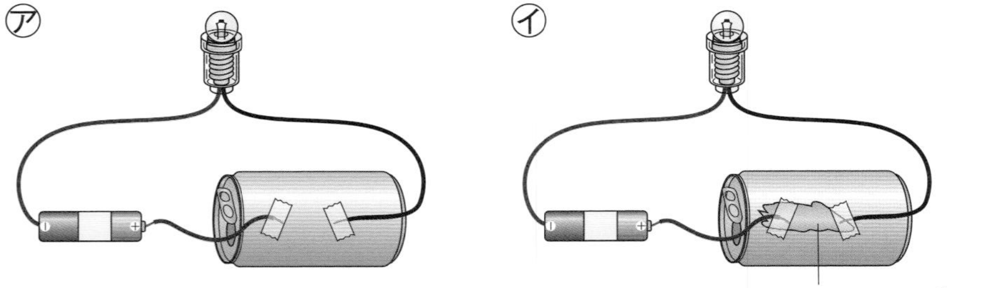

(1) 豆電球に明かりがつくのは、㋐、㋑のどちらですか。　(　　　)

(2) 図の㋐、㋑について、次のア～ウのうち、正しいものをえらびましょう。　(　　　)

ア　かんの表面《ひょうめん》の色がぬってある部分《ぶぶん》は電気を通すが、けずった部分は電気を通さない。

イ　かんの表面の色がぬってある部分もけずった部分も電気を通す。

ウ　かんの表面の色がぬってある部分は電気を通さないが、けずった部分は電気を通す。

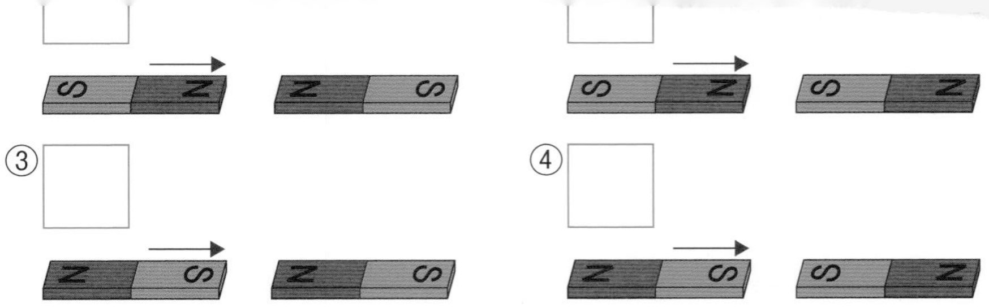

4 右の図のように、じしゃくに鉄のクリップをつけました。次の問いに答えましょう。

1つ6〔18点〕

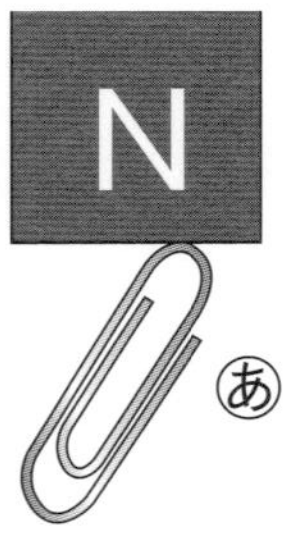

(1) じしゃくからはなした鉄のクリップⓐをほかの鉄のクリップに近づけると、ほかの鉄のクリップはどうなりますか。

(　　　　　　　　　　　　)

(2) じしゃくからはなした鉄のクリップⓐをさ鉄に近づけると、さ鉄はどうなりますか。

(　　　　　　　　　　　　)

(3) (1)、(2)より、じしゃくにつけた鉄のクリップⓐは何になったといえますか。

(　　　　)

実力判《はん》定《てい》テスト

冬休みのテスト②

●勉強した日　月　日

名前　　とく点　／100点

おわったらシールをはろう

時間30分

教科書　106〜143、182〜183ページ　答え　21ページ

1 次《つぎ》の図のように、かがみではね返《かえ》した光をだんボール紙のまとに当てました。あとの問《と》いに答えましょう。　1つ8〔24点〕

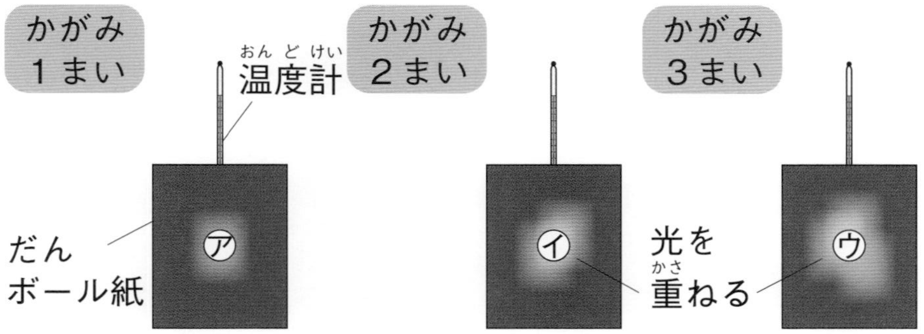

	㋐	㋑	㋒
光を当てたあとのまとの温度	21℃	29℃	39℃

(1)　㋐〜㋒のうち、光が当たった部分《ぶぶん》がいちばん明るいのはどれですか。　(　　　)

(2)　次の文の(　)にあてはまる言葉《ことば》を書きましょう。

はね返した光を重ねるほど、光が当たっ

3 次の図の㋐のような、100gのねんどの形をかえたり、いくつかに分けたりして重《おも》さをはかりました。あとの問いに答えましょう。　1つ7〔28点〕

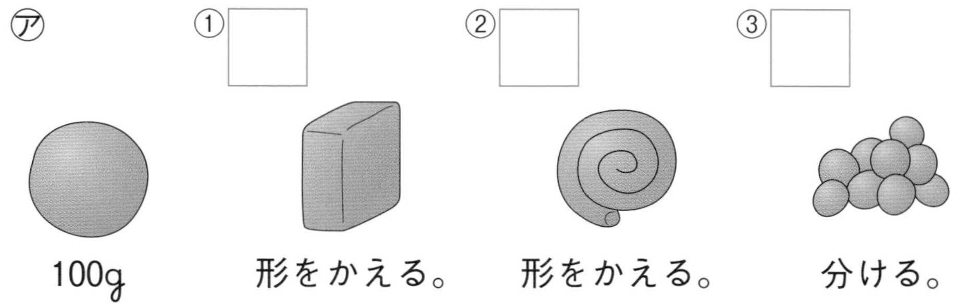

(1)　㋐のねんどを①〜③のようにして、重さをはかりました。㋐とくらべて重くなるときは○、軽《かる》くなるときは×、かわらないときは△を、①〜③の□につけましょう。

(2)　ものの形をかえると、重さはどうなりますか。

(　　　)

4 同じ体積《たいせき》の鉄《てつ》、アルミニウム、木、プラスチッ

実力判定《はんてい》テスト 冬休みのテスト①

時間 30分

名前　とく点　/100点

おわったらシールをはろう

教科書　72～105、178～182ページ　答え　21ページ

1 こん虫《ちゅう》の体のつくりについて、あとの問《と》いに答えましょう。　1つ4〔28点〕

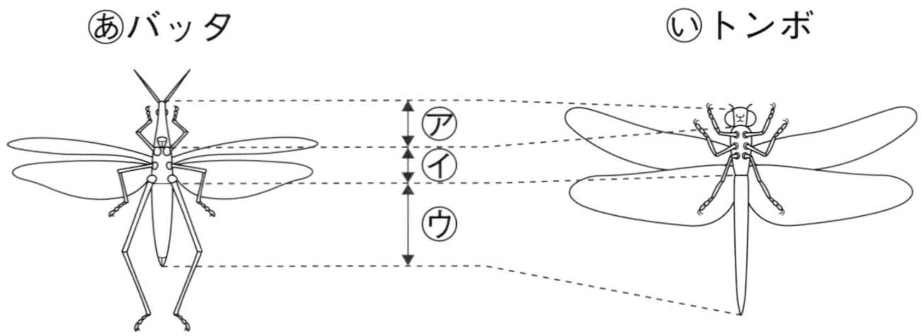

(1) 図の㋐～㋒の部分《ぶぶん》を何といいますか。

㋐(　　　)　㋑(　　　)

㋒(　　　)

(2) ㋐、㋑には、あしは何本ありますか。また、あしは㋐～㋒のどの部分にありますか。

本数(　　　)　あしがある部分(　　　)

(3) 右の図のようなクモやダンゴムシは、こん虫のなかまといえます

3 次の図のように、地面《じめん》にぼうを立てて、ぼうのかげの向《む》きと太陽《たいよう》のいちのへんかを調《しら》べました。あとの問いに答えましょう。　1つ6〔24点〕

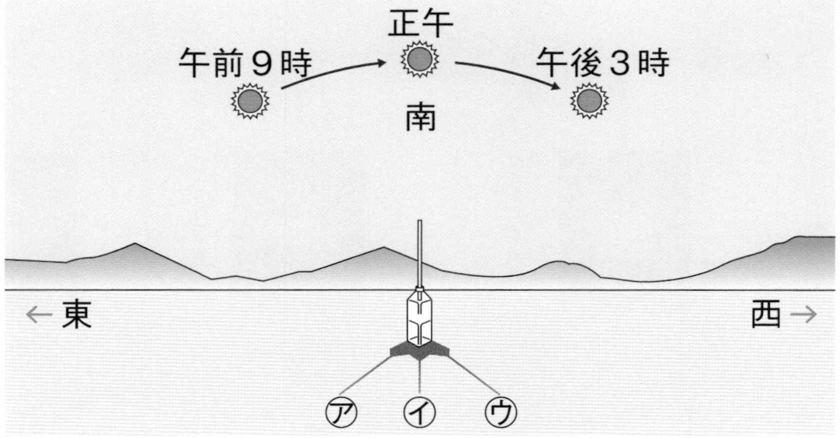

(1) 午前9時のかげの向きを、㋐～㋒からえらびましょう。　(　　　)

(2) 時間がたつと、かげの向きと太陽の向きは、それぞれどのようにかわりますか。東、西、南、北で答えましょう。

かげの向き(　　→　　→　　)

か、いえませんか。

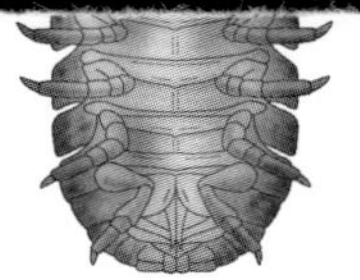

(　　　　　　　　)

(4)　(3)のように答えたのはなぜですか。

(　　　　　　　　　　　　　　　　)

2 **ホウセンカの育《そだ》ち方について、次《つぎ》の問いに答えましょう。**

1つ6〔24点〕

(1)　㋐をさいしょとして、ホウセンカが育つじゅんに、㋑～㋔をならべましょう。

(　㋐　→　　　→　　　→　　　→　　　)

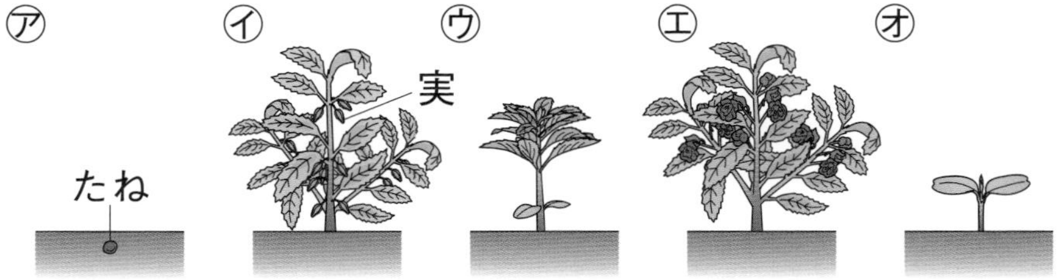

(2)　次の文の(　)にあてはまる言葉《ことば》を書きましょう。

ホウセンカは、草たけがのびて、葉《は》がしげると、やがて①(　　　)がさく。①がさいたあと、②(　　　)ができて、③(　　　)をのこして、かれていく。

太陽の向き(　　　→　　　→　　　)

(3)　時間がたつと、かげの向きがかわるのはなぜですか。

(　　　　　　　　　　　　　　　　)

4 **右の図は、日なたと日かげの地面の温度《おんど》を調べたときの温度計の目もりです。次の問いに答えましょう。**

1つ6〔24点〕

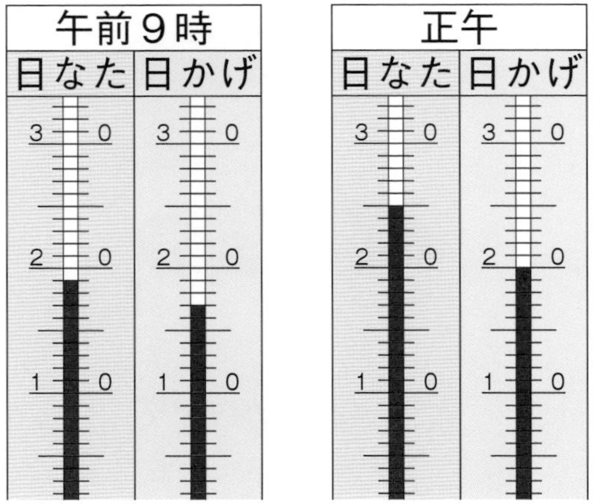

(1)　午前9時の日なたと日かげの地面の温度を読みとりましょう。　日なた(　　　)

日かげ(　　　)

(2)　正午に地面の温度が高かったのは、日なたと日かげのどちらですか。　(　　　)

(3)　(2)のようになるのは、地面が何によってあたためられるからですか。　(　　　)

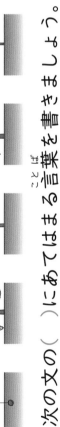

たところの明るさは①（　　　　　）なり、温度は②（　　　　　）なる。

2 **次の図のように、たいこの上に小さく切った紙をのせ、たいこをたたいて音を出しました。あとの問いに答えましょう。**

1つ8〔24点〕

㋐

㋑

(1) 大きな音が出ているのは、㋐、㋑のどちらですか。
（　　　　　）

(2) 図の㋐、㋑について、次の文の（　）にあてはまる言葉を書きましょう。

音が出ているとき、たいこはふるえている。
大きい音が出ているときは、たいこのふるえは①（　　　　　）。小さい音が出ているときは、たいこのふるえは
②（　　　　　）。

クの重さをはかったところ、次の表《ひょう》のようになりました。あとの問いに答えましょう。

1つ8〔24点〕

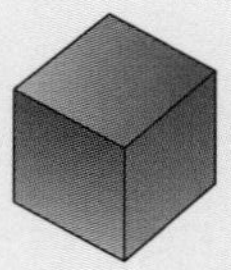 鉄	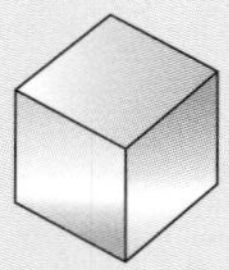 アルミニウム	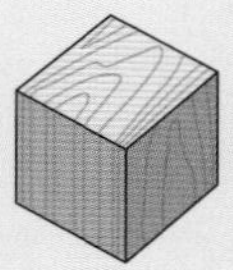 木	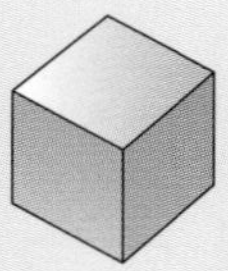 プラスチック
212g	73g	15g	38g

(1) 同じ体積で重さをくらべたとき、いちばん重いものはどれですか。鉄、アルミニウム、木、プラスチックからえらびましょう。
（　　　　　）

(2) 同じ体積で重さをくらべたとき、いちばん軽いものはどれですか。鉄、アルミニウム、木、プラスチックからえらびましょう。
（　　　　　）

(3) 同じ体積のとき、もののしゅるいがちがうと重さはちがいますか、同じですか。
（　　　　　）

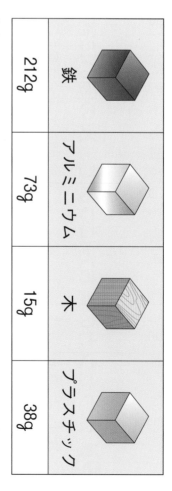

実力判定《はんてい》テスト

夏休みのテスト①

時間 30分

名前　　とく点　　／100点

おわったらシールをはろう

教科書 8〜33、62〜69、178〜180ページ　答え 20ページ

1 身《み》のまわりの植物《しょくぶつ》や動物《どうぶつ》をかんさつしました。次《つぎ》の問《と》いに答えましょう。　1つ10〔50点〕

(1)　次の図のようなカードに、植物のすがたをきろくしました。

㋐	3年 1組	木下ひなこ
		調べた場所：川ばた公園
全体	(形や色) 地面近くに広がっていた。 (大きさ) 高さ 10cm	
葉	(形や色) 緑色。丸くてぎざぎざしていた。 (大きさ) 1cm ぐらい。	
花	(形や色) 青っぽい色をしていた。 (大きさ) 8mm ぐらい	

①　㋐には、植物の何を書きますか。

(　　　　　)

②　植物や動物のかんさつのしかたや調《しら》べ方について、正しいものを、次のア〜エから2つえらびましょう。

(　　　　)(　　　　)

ア　さわるとかぶれる植物や虫は、手に持《も》っ

2 ホウセンカとヒマワリについて、次の問いに答えましょう。　1つ5〔30点〕

(1)　次の写真《しゃしん》は、ホウセンカとヒマワリのどちらのたねですか。名前を書きましょう。

①(　　　　　)

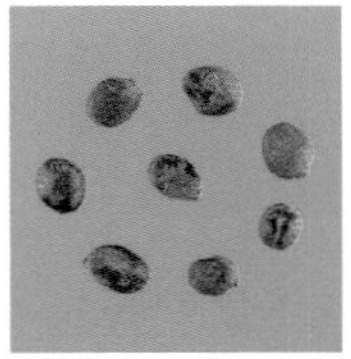

②(　　　　　)

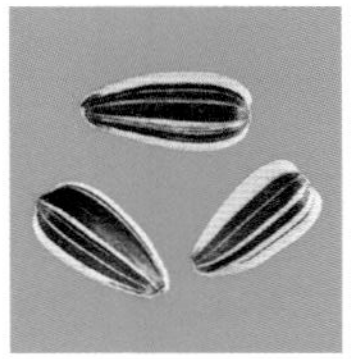

(2)　次の㋐〜㋓からホウセンカとヒマワリの花と葉《は》をそれぞれえらんで、表《ひょう》に記ごうを書きましょう。

㋐

㋑

●勉強した日　月　日

実力判《はん》定《てい》テスト

夏休みのテスト②

時間 30分

名前　とく点　/100点

おわったらシールをはろう

教科書　34～61、178ページ　答え　20ページ

1 次《つぎ》の図は、モンシロチョウの育《そだ》つ様子《ようす》を表《あらわ》したものです。あとの問《と》いに答えましょう。 1つ7〔49点〕

㋐
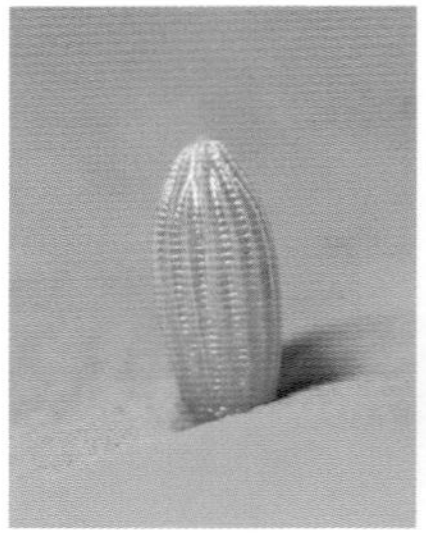
㋑
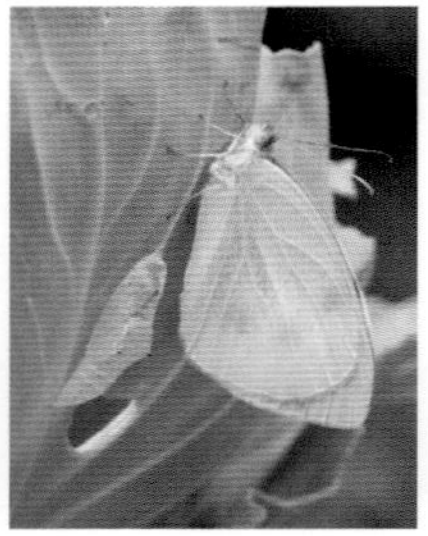
㋒
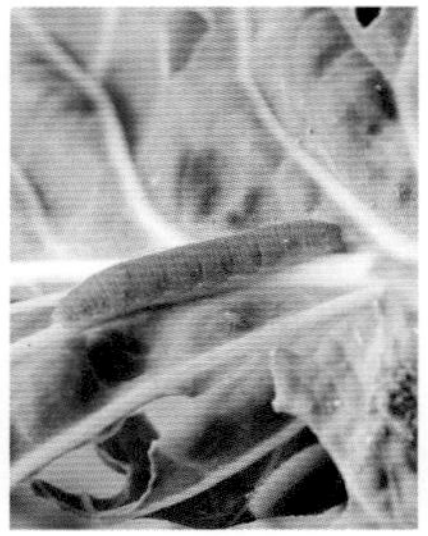
㋓
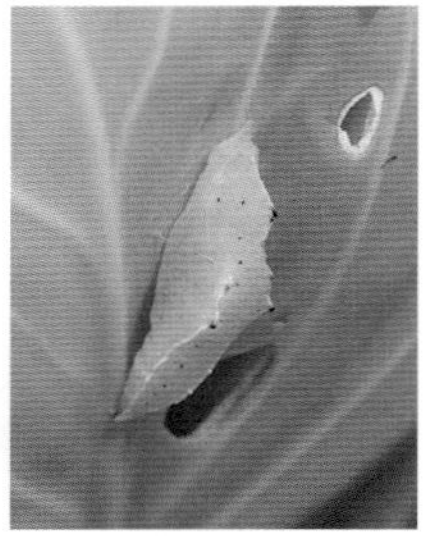

(1) ㋐～㋓のすがたを、何といいますか。

㋐(　　　　)　㋑(　　　　)

㋒(　　　　)　㋓(　　　　)

(2) ㋐をさいしょとして、モンシロチョウが育つじゅんに、㋑～㋓をならべましょう。

(　㋐　→　　→　　→　　)

(3) 皮《かわ》をぬいで大きくなるのは、㋐～㋓のどのときですか。　(　　　)

(4) モンシロチョウのように、体が頭・むね・は

3 ほかけ車をつくり、風を当てて、風の強さと車が動《うご》いたきょりのかんけいを調べました。表《ひょう》は、そのけっかです。あとの問いに答えましょう。

1つ5〔15点〕

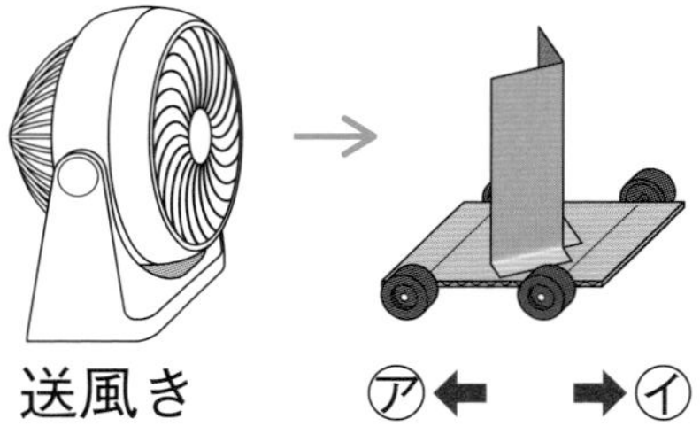

風の強さ	車が動いたきょり
弱い	1 m60cm
強い	4 m30cm

(1) ──→の向《む》きに風を当てたとき、車は㋐、㋑のどちらへ動きますか。　(　　　)

(2) 次の文の(　)にあてはまる言葉を書きましょう。

車が動くきょりは、風の強さが①(　　　　)ほど長くなり、風の強さが②(　　　　)ほど短《みじか》くなる。

らの３つに分かれていて、むねに６本のあしがついている生き物《もの》のなかまを何といいますか。

（　　　　　　）

2 次の図のショウリョウバッタとカブトムシの育ち方について、あとの文の（　）にあてはまる言葉《ことば》を書きましょう。

1つ7〔21点〕

ショウリョウバッタ

カブトムシ

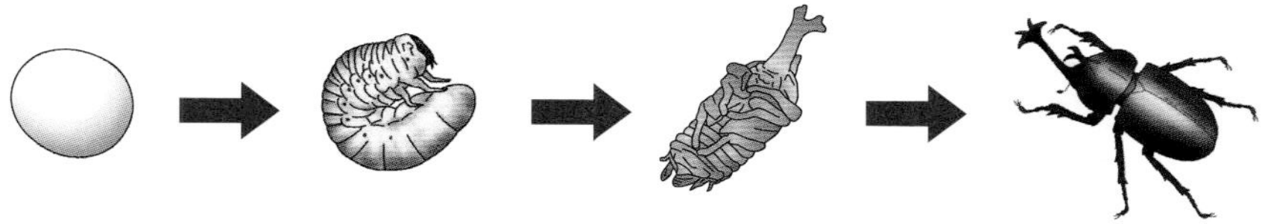

こん虫《ちゅう》には、たまご→①（　　　　）→②（　　　　）→せい虫のじゅんに育つものと、たまご→③（　　　　）→せい虫のじゅんに育つものがいる。

4 ゴム車をつくり、ゴムをのばす長さと車が動くきょりのかんけいを調べました。表は、そのけっかです。あとの問いに答えましょう。

1つ5〔15点〕

引く。

ゴムをのばす長さ	車が動いたきょり
5cm	2m10cm
10cm	5m20cm

(1)　車を引いたときの手ごたえが大きいのは、ゴムをのばす長さが5cmのときと10cmのときのどちらですか。（　　　　　　）

(2)　次の文の（　）にあてはまる言葉を書きましょう。

車が動くきょりは、ゴムをのばす長さが長いほど①（　　　　）なり、ゴムをのばす長さが短いほど②（　　　　）なる。

てかんさつする。

イ　かんさつしたものの色や形、大きさをカードにかく。

ウ　大きさは、ものさしではかったり、ほかのものとくらべたりする。

エ　調べた日にちは書かず、時こくだけをカードに書く。

(2)　次の図は、かんさつした植物や動物の様子《ようす》です。色や形、大きさは、それぞれ同じですか、ちがいますか。　（　　　　　　　　）

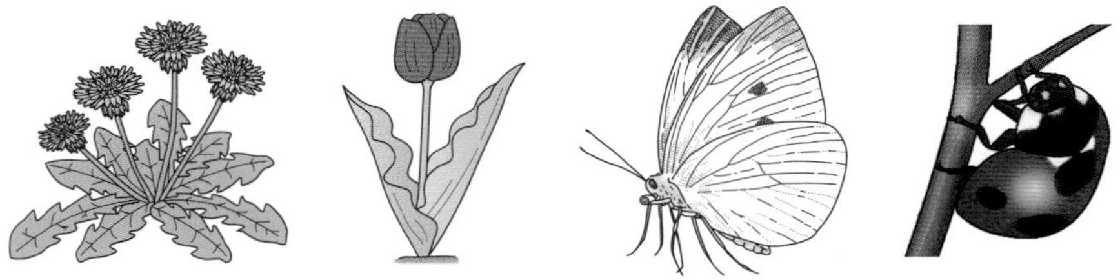

(3)　手に持てるものを虫めがねで見るとき、動《うご》かすものに○をつけましょう。

①（　　　）見るもの

②（　　　）顔

	花	葉
ホウセンカ		
ヒマワリ		

3　ホウセンカの体のつくりについて、次の問いに答えましょう。

1つ5〔20点〕

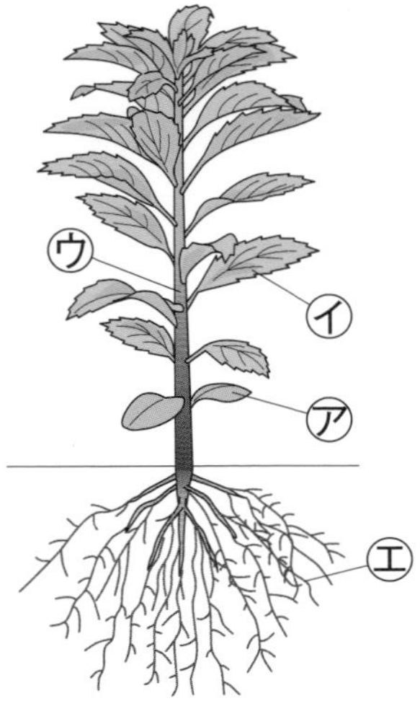

(1)　たねをまいたあと、さいしょに出てくる葉は、㋐、㋑のどちらですか。また、その葉を何といいますか。

記ごう（　　　　）

名前（　　　　　　　）

(2)　㋒、㋓の部分《ぶぶん》の名前を何といいますか。

㋒（　　　　　　）　㋓（　　　　　　）

教科書ワーク

答えとてびき

「答えとてびき」は、とりはずすことができます。

教育出版版

理科３年

使い方

まちがえた問題は、もう一度よく読んで、なぜまちがえたのかを考えましょう。正しい答えを知るだけでなく、なぜそうなるかを考えることが大切です。

1　生き物を調べよう
2　植物を育てよう

2ページ　きほんのワーク

1 (1)①目
(2)②「花」に〇　③「顔」に〇

2 (1)①タンポポ　②オオイヌノフグリ
③モンシロチョウ　④ナナホシテントウ
(2)⑤「ちがう」に〇

まとめ　①虫めがね　②大きく　③ちがう

3ページ　練習のワーク

1 (1)虫めがね
(2)①に〇
(3)㋑イ　㋒ア　㋓ウ

2 (1)㋐
(2)㋓
(3)㋒
(4)ちがう。

てびき 1 (3)かんさつしたものについて、見つけたことや調べたこと、思ったことなどを、カードにきろくしておきましょう。書くことは、かんさつしたものの名前、きろくした人の名前、かんさつした月日、さわったりして気づいたことなどです。かんさつするときは、生き物の形や色、大きさに気をつけるようにしましょう。

2 ㋐はタンポポ、㋑はシロツメクサ、㋒はクロオオアリ、㋓はモンシロチョウです。モンシロチョウは花のみつをすうので、花のそばにやってきます。生物はしゅるいによって、色や形、大きさなど、すがたにちがいがあります。身のまわりの生き物をかんさつしてみましょう。

4ページ　きほんのワーク

1 ①自分の名前　②月日　③絵

2 (1)①ホウセンカ　②ヒマワリ
(2)③「ちがう」に〇

まとめ　①カード　②大きさ

5ページ　練習のワーク

1 (1)①葉　②花　③全体
(2)②に〇

2 (1)③に〇　(2)①に〇
(3)ひりょう
(4)②に〇

てびき 1 かんさつカードには、かんさつした月日、生き物の形や色、大きさを書きます。

2 (3)(4)ホウセンカのたねは、ひりょうをよくまぜた土にまくようにします。たねをまいたら、うすく土をかけておき、水をかけてかわかないようにします。

わかる! 理科　ホウセンカのたねは、軽《かる》くてとても小さいので、あまり深《ふか》いところにまくと、めが出てこないことがあります。

6ページ　きほんのワーク

1 (1)①子葉

(2)②「丸い」に⬭
(3)③つけ根

2 (1)①子葉　②葉
(2)③「ぎざぎざした」に⬭
(3)④のびている

まとめ　①子葉　②葉

7ページ　練習のワーク

1 (1)（㋑→）㋓→㋒→㋐
(2)子葉
(3)(あ)

2 (1)㋐ホウセンカ　㋑ヒマワリ
(2)子葉
(3)ちがう。
(4)①に○

てびき **1** (2)めが出てさいしょに出てくる葉を、子葉といいます。
(3)子葉が出たあとの葉は、ぎざぎざした形をしています。

2 (2)(3)ホウセンカもヒマワリも、子葉のあとに子葉とは形のちがう葉が出てきます。
(4)ホウセンカもヒマワリも、あたたかくなるにつれて草たけは高くなり、葉の数はふえていきます。

8ページ　きほんのワーク

1 (1)㋐葉　㋑くき　㋒根
(2)①根
(3)②「できている」に⬭
(4)③「ある」に⬭

まとめ　①葉　②根

9ページ　練習のワーク

1 (1)ウ
(2)そのままにする。
(3)水

2 (1)㋐ホウセンカ　㋑ヒマワリ
(2)(あ)葉　(い)くき　(う)根
(え)葉　(お)くき　(か)根
(3)(う)、(か)
(4)ある。

てびき **1** (2)(3)植物を植えかえるときは、根についた土は落とさず、植えたあとは土がかわかないように水やりをしましょう。

2 (1)(2)ホウセンカとヒマワリの体のつくりをくらべると、どちらも根・くき・葉からできていることがわかります。しかし、根もくきも葉も、植物によって、大きさや形はちがっています。

10・11ページ　まとめのテスト

1 (1)㋐タンポポ　㋑オオイヌノフグリ
㋒ホトケノザ　㋓シロツメクサ
(2)黄色
(3)㋐○　㋓×
(4)ものさし
(5)②に○
(6)虫めがね
(7)①に○

2 (1)㋐クロオオアリ　㋑ナナホシテントウ
㋒モンシロチョウ　㋓オカダンゴムシ
(2)㋑、㋒
(3)ちがう。

3 (1)㋐葉　㋑くき　㋒根
(2)①○　②○　③×
(3)ある。

4 ①○　②×　③×　④×

てびき **1** (4)かんさつをするときは、ものさしを持っていくと、大きさを調べることができます。

2 生き物は、しゅるいによって、形や色、大きさなどがちがいます。

3 植物の体は、根・くき・葉からできていますが、植物のしゅるいによって、形はそれぞれちがいます。

4 なえを植えかえるときは、土を落とさずに土ごと植えかえます。植えかえたあとは、たっぷりと水やりをします。

3　チョウを育てよう

12ページ　きほんのワーク

1 (1)①キャベツ
(2)②「葉についたまま」に⬭
(3)③「のっている」に⬭

2 ①全体を黄色にぬる。
②皮

まとめ　①キャベツの葉　②皮をぬいで

13ページ　練習のワーク

1 (1)①に○　(2)水
(3)①に○　(4)緑色

2 (1)㋐→㋒→㋑
(2)③に○
(3)①皮　②緑

てびき **1** (1)モンシロチョウのよう虫はキャベツの葉を食べるので、たまごはキャベツの葉のうらにうみつけられています。

わかる! 理科 葉のうらがわは、たまごやよう虫にとって、ほかの虫や鳥に見つかりにくく、太陽の光がちょくせつ当たらないので、たいへんよいすみかになります。

2 (2)サンショウやミカンの葉は、アゲハのよう虫の食べ物です。

(3)よう虫は皮をぬぎながら大きくなっていき、体はしだいに黄色から緑色になります。

わかる! 理科 モンシロチョウのよう虫は、はじめは黄色い色をしていますが、キャベツの葉を食べ始《はじ》めると、緑色にかわっていきます。

14ページ　きほんのワーク

1 (1)㋐さなぎ　㋑よう虫
(2)①㋑→㋐→㋒

2 (1)①「ちがう」に⬭
(2)②「食べない」に⬭
(3)③「動き回らない」に⬭

まとめ　①さなぎ　②食べず
③動き回らない

15ページ　練習のワーク

1 (1)㋑→㋐→㋒
(2)㋐さなぎ　㋒せい虫
(3)②に○
(4)④に○
(5)糸
(6)①に○

てびき **1** (1)(2)モンシロチョウは、よう虫からさなぎになり、大きく形がかわって、せい虫へとへんかします。

わかる! 理科 4回皮をぬいで大きくなったよう虫は、葉を食べなくなり、体がすき通ってきます。そして、あちこち動き回り、さなぎになる場所をさがします。いい場所が見つかると、糸をかけ始め、体をくくりつけます。1日ほどたって皮をぬぐと、さなぎにかわります。さなぎになって日がたつと、皮をやぶって、中からチョウが出てきます。さなぎから出たばかりのチョウのはねは、しわしわでぬれていますが、しばらくすると、はねがかわいてぴんとのびて、とべるようになります。

16ページ　きほんのワーク

1 (1)①目　②しょっかく　③あし　④はね
(2)⑤よう虫　⑥さなぎ　⑦せい虫

2 (1)①頭　②むね　③はら
(2)④ 6
(3)⑤こん虫

まとめ　①むね　②さなぎ

17ページ　練習のワーク

1 (1)㋐あし　㋑しょっかく
㋒目　㋓はね
(2)6本
(3)4まい
(4)②に○

2 (1)㋐よう虫　㋑たまご　㋒せい虫
㋓さなぎ
(2) (㋑→) ㋐→㋓→㋒
(3)㋔頭　㋕むね　㋖はら
(4)こん虫

てびき **1** (2)～(4)モンシロチョウの大きさはおよそ3cmで、4まいの大きなはねと6本のあしがあります。

2 (3)アゲハもモンシロチョウと同じ体のつくりをしています。

(4)体が頭、むね、はらの3つの部分に分かれ、あしが6本ある生き物のなかまをこん虫といいます。

18・19ページ　まとめのテスト❶

1 (1)ア、エ

(2)①に○　(3)①に○

(4)

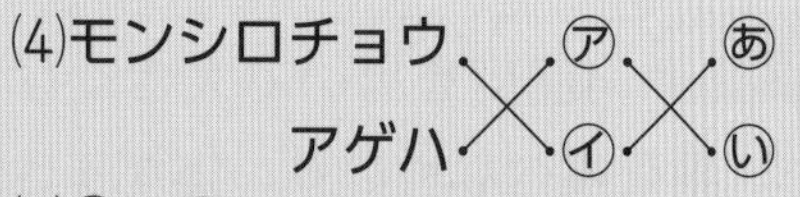

(5)②に○

2 (1)㋑せい虫　㋒さなぎ　㋓よう虫

(2)（㋐→）㋓→㋒→㋑

(3)①㋑　②㋒　③㋓　④㋑

(4)キャベツの葉がよう虫の食べ物になるから。

3 (1)㋐しょっかく　㋑はね　㋒あし

(2)㋓頭　㋔むね　㋕はら

(3)体が頭、むね、はらの3つの部分からできていて、あしが6本ある。

丸つけのポイント

3 (3)「体が3つに分かれていること」「あしが6本あること」が書かれていれば正かいです。

てびき **1** (2)たまごやよう虫を育てるときは、ちょくせつさわらないようにします。

2 (3)①、④はせい虫、②はさなぎ、③はよう虫の様子です。

わかる！理科 さなぎの時期はせい虫になるじゅんびをしていて、体が大きくなることはありません。さなぎは黄緑色をしていますが、しだいに色がかわり、さなぎの中のせい虫のはねのもようがすけて見えるようになります。

3 こん虫の体は、頭、むね、はらの3つの部分に分かれています。

20ページ　きほんのワーク

❶ (1)①たまご　②よう虫　③せい虫

(2)④「ならずに」に⬭

❷ ①たまご　②よう虫　③さなぎ　④せい虫

まとめ ①よう虫　②さなぎ

21ページ　練習のワーク

❶ (1)㋐1　㋑3　㋒2　(2)ちがう。

❷ (1)

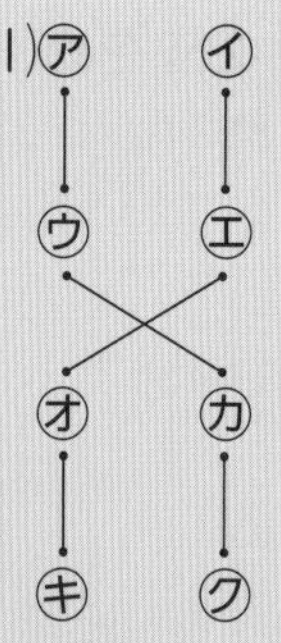

(2)さなぎ

(3)①、③に○

(4)さなぎ

てびき ❶ トンボは、たまご→よう虫→せい虫のじゅんに、チョウは、たまご→よう虫→さなぎ→せい虫のじゅんに育ちます。

❷ (3)(4)カブトムシとアゲハにはさなぎになる時期がありますが、トンボやバッタはさなぎにならず、よう虫からせい虫になります。

22・23ページ　まとめのテスト❷

1 (1)㋐バッタ(ショウリョウバッタ)　㋑アゲハ　㋒トンボ（アキアカネ）　㋓カイコガ

(2)①に○

(3)あ㋒　い㋑　う㋓　え㋐

(4)やご

(5)①○　②○　③×　④○　⑤○

2 (1)

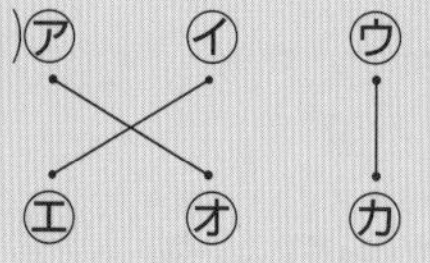

(2)㋐カブトムシ　㋑トンボ(アキアカネ)

(3)なる。

(4)③に○

(5)①㋓　②㋕

3 ㋒→㋑→㋐→㋓

てびき **1** (2)ショウリョウバッタは、よう虫からさなぎにならずにせい虫になります。

わかる！理科 こん虫には、たまご→よう虫→さなぎ→せい虫という育ち方（かん全へんたい）をするものと、たまご→よう虫→せい虫という育ち方（ふかん全へんたい）をするものがいます。

2 (5)やごは水の中にすみ、あかむしやイトミミズなど水の中の生き物を食べています。

3 ㋐は、よう虫からせい虫になる様子です。

わかる!理科 やごは、細いえだなどにのぼり、水から出てから、皮をやぶってせい虫のトンボになります。

4 風やゴムの力

24ページ きほんのワーク

1 (1)①弱 ②強
(2)③「長く」に○

2 (1)①短 ②長
(2)③「長く」に○

まとめ ①強い ②長く

25ページ 練習のワーク

1 (1)㋐ウ ㋑ア ㋒イ
(2)強くする。
(3)できる。

2 (1)㋑
(2)㋑
(3)②に○

てびき 1 (2)(3)風の力はものを動かすことができます。ほかけ車は、ほの部分に風を受《う》けて走ります。ほの形を風を受けやすい形にし、ほが受ける風を強くしたほうが、遠くまで動きます。

2 ゴムをのばすと、ゴムが元にもどろうとする力がはたらきます。この力をりようすることで、ものを動かすことができます。ゴムを長くのばすほど、元にもどろうとする力が大きくなり、ものを動かす力も大きくなります。

26・27ページ まとめのテスト

1 (1)①、③に○
(2)1回目→3回目→2回目
(3)1回目
(4)2回目
(5)ものを動かすはたらき
(6)大きくなる。

2 (1)㋒→㋑→㋐
(2)㋐→㋑→㋒
(3)元にもどろうとする力
(4)大きくなる。
(5)②に○

3 ①○ ②△ ③○

てびき **1** (3)～(6)風には、ものを動かすはたらきがあります。風が強いとき、ものは大きく動き、風が弱いとき、ものは少ししか動きません。2回目でほかけ車が動いたきょりがいちばん短かったのは、風が弱かったためです。1回目は、いちばん強い風を出しています。

2 (1)～(4)ゴム車は、のばしたゴムが元にもどろうとする力をりようして動きます。動いたきょりの長い車ほど、ゴムの元にもどろうとする力も大きいので、ゴムをのばす長さが長かったことがわかります。

(5)5cmのばしたときは60cm、10cmのばしたときは2m20cm走ったので、のばす長さをその間にします。

3 ②は、形がかわったゴムが元にもどろうとする力をりようしています。

葉を出したあと

28ページ きほんのワーク

1 (1)①草たけ
(2)②「のびて」に○
(3)③数
(4)④「ふえて」に○
(5)⑤「太く」に○

まとめ ①のびて ②ふえる

29ページ 練習のワーク

1 (1)ホウセンカ
(2)ふえた。
(3)②に○
(4)くき
(5)①○ ②○ ③× ④○

てびき 1 (2)かんさつカードの植物の様子や[せつめい]をくらべてみましょう。

わかる!理科 ヒマワリとホウセンカをくらべると、ヒマワリのほうがくきが太くなり、草たけも高くなります。ヒマワリの葉は丸い形で、手のひらより大きいものもあります。

⑸③ホウセンカは、ぼうでくきをささえるひつようはありません。

30ページ　きほんのワーク

1 ⑴①つぼみ　②花

⑵③「赤い」に⬭

⑶④「のびて」に⬭

⑷⑤「ふえた」に⬭

まとめ　①草たけ　②花

31ページ　練習のワーク

1 ⑴㋐ヒマワリ　㋑ホウセンカ

⑵つぼみ

⑶
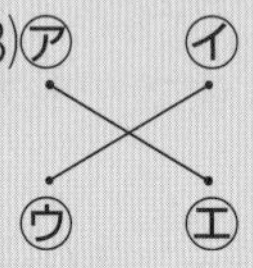

⑷①㋐　②㋑

⑸①に○

てびき **1** ⑶⑷どの植物も、たねの形や子葉、育ってからの葉やくき、根の様子にちがいがあるように、花の形や色もちがいます。花の形や色、数などについても調べてみましょう。

32・33ページ　まとめのテスト

1 ⑴②に○

⑵①に○

2 ⑴㋐

⑵㋑

⑶くき　　⑷太くなる。

⑸㋒

⑹あ

3 ①○　②×　③○

4 ⑴㋑

⑵草たけがのびていて、葉の数もふえているから。

⑶①葉　②草たけ

⑷つぼみ　　⑸㋑

⑹①に○　　⑺①に○

てびき **1** ⑵前にかいたかんさつカードのきろくとくらべると、ちがいがわかりやすくなります。

2 ⑴㋐はめを出したあとに出てくる子葉、㋑は葉です。

⑵㋐の子葉は、めを出して、さいしょに出てくるだけで、そのあとは㋑と同じ形の葉が、どんどんふえていきます。

⑶⑷ホウセンカのくきは、育つとともに、えんぴつの太さより太くなります。

3 ②子葉は、めを出して、さいしょにしか出ません。

4 ⑶植物の育ちを調べるには、葉の数や草たけをおもに調べます。

⑹⑺ホウセンカはふつう、草たけが50cmくらいになるまで育ち、このくらいまで育つと、ひらひらとした花をさかせます。②はタンポポ、③はヒマワリの花です。

5　こん虫の世界

34ページ　きほんのワーク

1 ⑴①頭　②むね　③はら

⑵④こん虫

⑶⑤むね　⑥6

⑷⑦はら

まとめ　①頭　②あし　③ふし

35ページ　練習のワーク

1 ⑴㋐頭　㋑むね　㋒はら

⑵あしの数…6本

あしがある部分…むね

⑶8本

⑷分かれていない。

⑸①×　②×　③○

2 ⑴㋐しょっかく　㋑目　㋒口

⑵㋓

てびき **1** こん虫の体は、頭、むね、はらの3つの部分に分かれていて、むねに6本のあしがあります。

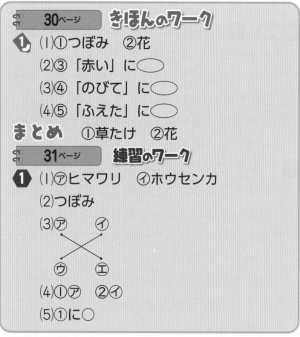

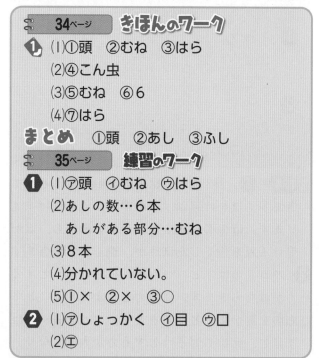

わかる! 理科　こん虫の体は、頭、むね、はらの3つの部分からできています。頭には目やしょっかくや口があり、むねにはあしが6本あります。こん虫のなかには、はねがないものもいますが、はねのあるこん虫では、4まい、または2まいのはねがむねについています。はらは、いくつかのふしに分かれていて、のばしたり曲《ま》げたりできます。このようなとくちょうをもつ生き物がこん虫なので、あしが8本あるクモなどはこん虫ではありません。

2 しょっかくや目は、まわりの様子をとらえるのに役立っています。しょっかくにはたくさんのふしがあり、自由《じゆう》に動かすことができます。どの部分も、形や大きさは、こん虫のしゅるいによってちがっています。

36ページ　きほんのワーク

1 (1)①カブトムシ　②モンシロチョウ
③ショウリョウバッタ
④エンマコオロギ
(2)⑤木のしる　⑥花のみつ
⑦植物の葉
⑧ほかのこん虫（植物の葉）
(3)⑨野原の花　⑩野原の葉　⑪草かげ
(4)⑫植物

まとめ　①植物　②こん虫

37ページ　練習のワーク

1 (1)㋐モンシロチョウ　㋑オオカマキリ
㋒ショウリョウバッタ
㋓アブラゼミ
(2)①㋒　②㋑　③㋓　④㋐
(3)食べ物
(4)イ

てびき **1** (2)(3)こん虫は、食べ物がある場所にいます。花のみつをすうモンシロチョウは、花のあるところにいます。オオカマキリは小さな虫を食べるので、虫の多い草むらなどにいます。ショウリョウバッタは草を食べるので、草のあるところにいます。アブラゼミは木のしるをすうので、木のある林などにいます。

わかる! 理科　バッタは明るいところがすきなこん虫で、植物の葉を食べるので、草むらの葉の上などでよく見られます。バッタをかうときは、入れ物の中を、バッタをつかまえた場所と同じようにして、明るいところにおくとよいでしょう。

38・39ページ　まとめのテスト

1 (1)㋐しょっかく　㋑目　㋒口
(2)3つ
(3)6本
(4)①むね　②むね　③頭
(5)①○　②×　③○

2 ②に○

3 (1)㋐カブトムシ　㋑アゲハ
㋒オカダンゴムシ　㋓オオカマキリ
(2)㋐木のしる　㋑花のみつ
㋒落ち葉　㋓ほかのこん虫
(3)㋐林の木　㋑花だん
㋒くさった木　㋓草むら
(4)それぞれの生き物の食べ物がある場所だから。
(5)①みつ　②花
(6)①×　②×　③○　④×　⑤×

丸つけのポイント

3 (4)「食べ物がある場所であること」が書かれていれば正かいです。

てびき **1** (1)トンボやバッタの頭には、目やしょっかく、口があり、目としょっかくでまわりの様子をとらえています。

(2)～(5)トンボやバッタはこん虫で、体が頭、むね、はらの3つの部分からできています。

3 (3)(4)生き物をさがすときは、その生き物の食べ物について調べます。生き物は、食べ物がたくさんあるところをすみかとしています。

(5)コアオハナムグリの食べ物は花のみつやかふんなので、花のさいているところに集まってきます。

(6)④植物を食べない虫は、植物を食べる虫を食べます。よって、こん虫などを食べる生き物も、植物とかかわり合って生きていることになります。

花をさかせたあと

40ページ　きほんのワーク

1 ⑴㋐実
⑵①黄
⑶②黄緑
⑷③たね

2 ①子葉　②葉　③花　④実

まとめ　①実　②たね

41ページ　練習のワーク

1 ⑴㋐ホウセンカ　㋑ヒマワリ
⑵たね
⑶じゅくした実

2 ⑴㋐4　㋑2　㋒6　㋓1　㋔3　㋕5
⑵①エ　②ウ　③オ　④イ　⑤ア

てびき 1 ⑵ホウセンカは、実がはじけることで、たねがより遠くまでとぶようになっています。

2 ⑵ホウセンカやヒマワリなどは、実ができ、たねができたあとはかれてしまいます。しかし、植物の中には、タンポポのように根が土の中で生きたまま冬をすごし、春がくると同じ根からくきや葉をのばして花をさかせるものもあります。

42・43ページ　まとめのテスト

1 ⑴①ホウセンカ　②ヒマワリ
⑵(あ)つぼみ　(い)たね
⑶
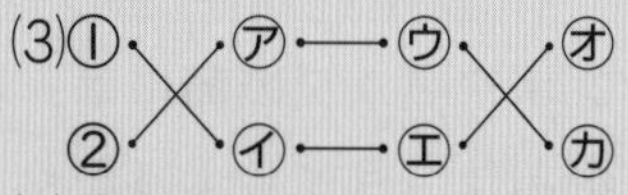

⑷ホウセンカ　⑸②に○
⑹②に○

2 ⑴㋑→㋓→㋕→㋔→㋐→㋒
⑵①㋓　②㋔　③㋒
⑶③に○　⑷③に○

3 ①○　②×　③○　④×　⑤○

てびき 1 ⑷⑸ホウセンカの花がさいたあとにできる実の中には、たねができています。実が茶色くじゅくしてはじけると、たねが遠くまでとびちります。実の中にできたたねは、春にまいたたねと形も大きさもそっくりで、これらのたねを次の年の春にまくと、またホウセンカが育ちます。

わかる! 理科　ホウセンカの花がさきおわると、そこに実ができます。つまり、花がさいたあと、さいた花の数だけ実ができることになります。たねは、1つの実の中にたくさん入っています。

2 ⑴ホウセンカは、たね→子葉が出る→葉が出る→葉がふえて、草たけものびる→花がさく→実ができる→たねができる→かれる、のじゅんに育ちます。

⑶花がさいてから実ができるまでの間、草たけはあまりかわりません。

3 ①子葉と葉の形はちがっています。よくかんさつしてみましょう。

④実は、花がさいたところにできます。

⑤花がさいてできたたねと、春のころにまいたたねは、形や色、大きさがよくにています。

6　太陽と地面

44ページ　きほんのワーク

1 ⑴①「できる」に○
⑵②太陽の光

2 ⑴①「同じ」に○
⑵②(い)

まとめ　①光　②反対

45ページ　練習のワーク

1 ⑴㋑
⑵②に○

2 ⑴㋓
⑵(あ)
⑶②に○

てびき 1 ⑴地面の目じるしのところにかげをつくるためには、太陽と目じるしの間に、太陽の光をさえぎるように下じきをかざします。

2 ⑴かげは、太陽の反対側にできるので、校庭の地面にできるかげは、すべて同じ向きにできます。図で、㋐～㋔のうち、㋓だけがちがう向きにかげができています。

46ページ きほんのワーク

❶ (1)①東　②南　③西

(2)④午後２時　⑤正午　⑥午前10時

(3)⑦西　⑧東

❷ (1)①方位じしん　②東

(2)③北

まとめ ①太陽　②かわる

47ページ 練習のワーク

❶ (1)㋐夕方　㋑正午　㋒朝

(2)㋐う　㋑え　㋒あ

(3)あ

(4)①東　②南　③西

(5)太陽の向き

❷ (1)方位じしん

(2)①に○

(3)㋒に○

てびき ❶ (2)(3)北を向いて立ったとき、右手のほうが東の方位、左手のほうが西の方位になります。太陽の方位とかげのできる方位は反対がわになるので、東向きにのびている㋐のかげができたとき、太陽は西にあるため、夕方です。北向きにのびている㋑のかげができたとき、太陽は南にあるため、正午です。西向きにのびている㋒のかげができたとき、太陽は東にあるため、朝です。

(4)(5)太陽の向きは東→南→西とかわり、これにつれて、かげの向きは西→北→東とかわります。

❷ (2)(3)方位じしんのはりの色をぬってあるほうは、いつも北をさしているため、はりの反対がわは、いつも南をさしていることになります。方位じしんを使うときは、まず、方位じしんが水平になるように持ちます。次に、文字ばんを回して、はりの色がぬってあるほうを、文字ばんの「北」に合わせます。さいごに、方位を読みとります。

わかる! 理科 かげの長さは、太陽が南の空にくる正午ごろに1日のうちでいちばん短くなります。気をつけてかんさつしてみましょう。

48ページ きほんのワーク

❶ (1)①日なた

(2)②高い

(3)③「日なた」に○

(4)④日なた　⑤日かげ

❷ ①「目」に○

②「直角」に○

まとめ ①太陽の光　②日なた　③日かげ

49ページ 練習のワーク

❶ (1)真横

(2)16℃

(3)日なた

(4)太陽の光(日光)

(5)日かげ

(6)②に○

❷ (1)えきだめ

(2)③に○

てびき ❶ (1)(2)温度計の目もりは、真横から読み、赤いえきの先が動かなくなってから、えきの先に近いほうの目もりを読みます。

(3)〜(5)日なたは太陽の光が当たるので、地面の温度が高くなりやすく、また、太陽の日ざしが弱い朝よりも、昼のほうが、地面の温度は高くなります。日かげは太陽の光が当たらないので、地面の温度はあまりかわりません。

(6)太陽の光がちょくせつ温度計に当たると、温度計そのものの温度が上がってしまうため、地面の正しい温度がはかれなくなります。

❷ 温度計は、㋐のえきだめのまわりにあるものの温度をはかることができる道具です。目もりは、温度計のえきの先が動かなくなってから読みます。えきの先が動いているとちゅうで目もりを読むと、正しい温度をはかることができません。

50・51ページ まとめのテスト

1 (1)㋔

(2)午後３時

(3)太陽…東→南→西

かげ…西→北→東

(4)しゃ光板

2 (1)方位じしん
(2)西
(3)②に○

3 (1)①○　②×　③○　④○　⑤×
(2)温度計に太陽の光が当たると、正しい温度がはかれないから。
(3)①あ　②え
(4)あ18℃　い21℃　う19℃
え29℃
(5)日なた
(6)日なた
(7)太陽の光（日光）

4 ①、③に○

丸つけのポイント

3 (2)「太陽の光が温度計に当たらないようにする」ということが書かれていれば正かいです。

てびき **1** (1)(2)太陽の向きとかげの向きは、それぞれ反対になっています。

(3)太陽の向きは東→南→西とかわるので、かげの向きは西→北→東とかわります。かげは太陽の光によってできるので、太陽の向きがかわると、かげの向きもかわります。

(4)太陽をちょくせつ見ると目をいためるので、かならずしゃ光板《こうばん》を使ってかんさつします。

2 (3)方位じしんは、文字ばんの「北」をはりの色をぬってあるほうに合わせて使います。

3 (1)日なたは太陽の光が当たるので、地面はあたたかく、土はかわいた感《かん》じがします。日かげは太陽の光が当たらないので、地面はつめたく、しめった感じがします。

(2)温度計に太陽の光が当たると、温度計そのものの温度が高くなるため、地面の温度が正しくはかれなくなります。

(3)日なたと日かげでは、太陽の光のよく当たる日なたのほうがあたたかくなります。また、午前10時と正午では、正午のほうが温度が高くなります。

(4)温度計の目もりは、えきの先に近いほうの目もりを読みます。

(5)(6)日かげは太陽の光が当たらないため、地面の温度のへんかがあまりありません。

(7)日なたには太陽の光が当たりますが、日かげには当たりません。

4 かげは太陽と反対がわにできます。時間がたつと太陽の向きがかわるので、かげの向きがかわります。

7 光

52ページ　きほんのワーク

1 (1)①「まっすぐ」に◯
(2)②「まっすぐ」に◯
(3)③顔

まとめ　①光　②まっすぐ

53ページ　練習のワーク

1 (1)当たる。
(2)あ
(3)お
(4)②に○

てびき **1** (2)かがみで光をはね返したとき、はね返した場所にかかわらず、明るいところの形や大きさは、かがみと同じになります。いろいろな形のかがみで光をはね返してみましょう。

(4)かがみではね返した光がまっすぐ地面をはっているので、光はまっすぐ進んでいることがわかります。

わかる!理科　かがみを使って光をはね返すとき、光を当てるかべが日かげになっていると、光が当たった部分の形や大きさがわかりやすくなります。

54ページ　きほんのワーク

1 (1)①「3」に◯
(2)②重ねた

2 (1)①㋑
(2)②㋑
(3)③㋒

まとめ　①あたたかく　②明るく

55ページ　練習のワーク

1 (1)あ
(2)①㋓　②㋔

(3)重ねたとき。

(4)(あ)

2 (1)②に○

(2)小さくする。

てびき **1** (1)かがみではね返した光が多く当たる(重なる)ほど、当たった部分は明るくなります。

(2)①の温度計には、はね返した光がかがみ3まい分当たっていますが、②の温度計には光がかがみ1まい分しか当たっていないので、①の温度計のほうが高い温度になります。

(3)(4)光を重ねれば重ねるほど、重なった部分の温度は高くなります。

2 虫めがねで光が集まっている部分の大きさを小さくするほど、集まっている部分の温度は高くなり、明るさも明るくなります。

わかる! 理科 虫めがねに使われているレンズは真ん中がふくらんでいて、このようなレンズを「とつレンズ」といいます。とつレンズを使うと、光を1か所に集めることができます。レンズの大きさを大きくすればするほど、集まる光が多くなるので、明るく、温度もより高くなります。とつレンズは、カメラやぼうえんきょうなどにも使われています。

56・57ページ まとめのテスト

1 (1)㋒

(2)下

(3)③に○

(4)まっすぐに進むから。

2 ①×　②×　③○

④×　⑤×　⑥○

3 (1)㋓

(2)㋖

(3)㋓

(4)㋖

(5)明るくなり、あたたかくなる。

(6)①に○

4 (1)㋒

(2)こげる。

(3)①日光　②あつく

丸つけのポイント

3 (5)「明るくなること」「あたたかくなること」の2つが書かれていれば正かいです。

てびき **1** (1)(2)かがみではね返した光は、かがみを動かしたほうに動きます。

(3)光の通り道にものをおくと、ものに光が当たって、光の当たった部分が明るくなります。

2 光は、どのようなところでもまっすぐに進みます。また、光は多く重ねるほど、明るく、あたたかくなります。

3 ㋐、㋒、㋕はかがみ1まい分、㋑、㋔はかがみ2まい分、㋓はかがみ3まい分の光が当たっています。㋖には光は当たっていません。光は重ねるほど明るく、あたたかくなるので、㋓がいちばん明るく、あたたかくなります。

4 虫めがねは、虫めがねを通った光を集めることができます。光が集まったところは、たいへん明るく、温度も高くなります。そのため、黒い紙などに、虫めがねで集めた光を当てると、こげてきます。

8 音

58ページ きほんのワーク

1 ①ふるえている　②大きく

2 (1)①小さい　②大きい

(2)③「大きい」に◯

まとめ ①ふるえている　②大きい

59ページ 練習のワーク

1 (1)①に○

(2)②に○

2 (1)小さくなる。

(2)小さくなる。

(3)大きくなる。

(4)大きくなる。

(5)①小さい　②大きい

(6)③に○

てびき **1** (1)音が出ているものは、ふるえています。

(2)ふるえているものを手でしっかりさわると、ふるえは止まります。もののふるえが止まると、音も止まります。

❷ (1)〜(5)かんを強くたたいて大きな音を出したときのかんのふるえは大きく、かんの上のビーズも大きく動きます。反対に、かんを弱くたたいて小さな音を出すと、かんのふるえは小さく、かんの上のビーズの動きも小さくなります。

(6)ビーズにくらべて鉄の球はとても重いです。そのため、かんの上にのせても、かんが音を出したとき、ふるえているかわかりにくいため、このじっけんで、ビーズのかわりにはなりません。

60ページ　きほんのワーク

❶ ①「声が聞こえる」に◯
②「音をつたえる」に◯

❷ (1)①「ふるえている」に◯
(2)②聞こえなくなる
(3)③ふるえている

まとめ　①ふるえている　②つたわらない

61ページ　練習のワーク

❶ (1)①に○
(2)ふるえている。

❷ (1)①に○
(2)止まる。
(3)止まる。
(4)②に○
(5)①に○

てびき ❶ (1)糸電話は、糸をぴんとはって使います。糸がたるんでいると、音はつたわりません。

❷ (1)糸電話で声が聞こえているときは、話すほうの紙コップのふるえが糸につたわるので、糸はふるえています。

(2)ふるえている糸のとちゅうを指でつまむと、糸のふるえは止まります。

(3)ふるえている糸をゆるめると、糸のふるえは止まります。

(4)糸のふるえが止まると、聞くほうの紙コップもふるえなくなるので、声は聞こえなくなります。

(5)音がつたわるとき、音をつたえるものはふるえていて、音をつたえるものがふるえないようにすると、音はつたわりません。

62・63ページ　まとめのテスト

1 (1)②に○
(2)ふるえている。
(3)①に○
(4)①に○

2 ①○　②×　③○　④×　⑤○　⑥×

3 (1)①に○
(2)③に○
(3)①に○　(4)①ふるえ　②つたわる

4 (1)㋐×　㋑○　㋒×
(2)①ふるえている　②つたわる

てびき **1** (1)(2)これらのがっきは音が出ているとき、ふるえています。ふるえを止めるには手などでがっきにさわります。

(3)(4)がっきは強くたたくとふるえが大きくなり、音も大きくなります。

2 ①〜③音が出ているものは、ふるえています。がっきなどを強くたたいて大きな音を出すと、ふるえも大きくなります。反対に、がっきなどを弱くたたいて小さな音を出すと、ふるえは小さくなります。

④音は、ぴんとはった糸ではつたわります。

⑤⑥糸電話で大きい音をつたえるとき、糸のふるえも大きくなります。

3 (1)(2)音が出ているものをさわると、ふるえていることがわかります。音が出ているものを強くさわると、ふるえは止まります。このとき、音も止まります。

(3)(4)音のふるえは、鉄ぼうもつたわります。

4 糸電話は、糸がたるんでいたり、とちゅうで糸を手でさわったりすると、ふるえがつたわらないため、話し声が聞こえません。

9　ものの重さ

64ページ　きほんのワーク

❶ (1)①600　②600
(2)③かわらない

❷ (1)①キッチンスケール
(2)②平ら
(3)③0

まとめ　①形　②重さ

65ページ　練習のワーク

❶ (1)㋑同じ　㋒同じ　㋓同じ　㋔同じ
(2)かわらない。

❷ (1)キッチンスケール
(2)重さ（ものの重さ）
(3)平らなところ
(4)②、③に○
(5)1000

てびき ❶ 同じものであれば、形をかえても、いくつかに分けても、重さはさいしょにはかった重さと同じになります。

❷ (3)キッチンスケールは、平らな場所において使います。

(4)キッチンスケールは、紙をのせてから、ゼロひょうじボタンをおして、ひょうじを「0」にしてから重さをはかります。ものをのせるとき、決められた重さよりも重いとわかっているものをのせてはいけません。

(5)重さを表すたんいには、「kg（キログラム）」や「g（グラム）」があります。1kg＝1000gです。

66ページ　きほんのワーク

1 (1)①「たてと横の長さと高さ」に○
(2)②に○
(3)④ちがう

2 (1)①てんびん
(2)②皿《さら》　③はり
(3)④つりあっている

まとめ　①同じ　②ちがう

67ページ　練習のワーク

❶ (1)鉄
(2)鉄
(3)鉄
(4)木

❷ (1)③に○
(2)しお
(3)③に○
(4)かわる。

てびき ❶ てんびんの左右の皿にものをのせると、重いほうにかたむきます。

鉄とアルミニウムをくらべたとき、鉄のほうにかたむいていることから、アルミニウムより鉄のほうが重いことがわかります。同じように、鉄と木では鉄のほうが重く、木とアルミニウムではアルミニウムのほうが重いことがわかります。これらのことから、3つのものを重いものからじゅんにならべると、鉄→アルミニウム→木となります。

❷ (1)重さをくらべるためには、体積を同じにするひつようがあります。そのために、同じようきを使い、体積が同じになるように上をすり切って平らにします。

(3)同じようき2つを使うのであれば、どのようなようきでも体積は同じなので、しおのほうが重いです。

(4)体積を同じにして調べると、ものの重さはしゅるいによってちがうので、ものを区《く》べつするための手がかりとなります。

68・69ページ　まとめのテスト

1 (1)㋐100g　㋑100g
(2)100g
(3)かわらない。
(4)かわらない。
(5)45g

2 体重計は25kgをさす（㋐とかわらない）。

3 (1)キッチンスケール
(2)平らなところ
(3)鉄
(4)木
(5)ちがう。

4 (1)左
(2)すな→しお→さとう　(3)さとう

丸つけのポイント

2「体重がかわらない」ということが書かれていれば正かいです。

てびき 1 (1)～(4)同じものなら、形をかえても、いくつかに分けても、全部の重さはかわりません。

(5)（あの重さ）＋（いの重さ）＝100(g)で、あは55gなので、いの重さを□gとすると、次の式ができます。55+□＝100　よって、□＝100−55＝45(g)となります。

3 (3)～(5)同じ体積でものの重さをくらべると、

どれがいちばん重いか、軽いかがわかり、ものを区べつすることができます。表から、4つのものを重いじゅんにならべると、鉄（146g）→アルミニウム（50g）→ゴム（18g）→木（10g）であることがわかります。

4 (1)(2)てんびんは、左右の皿にものをのせると、重いほうにかたむきます。

　㋐では、すなのほうにかたむいているので、しおよりすなのほうが重いことがわかります。㋑では、しおのほうにかたむいているので、さとうよりしおのほうが重いことがわかります。よって、すなとさとうをくらべると、すなのほうが重いため、㋒では、てんびんは左にかたむきます。3つを重いものからじゅんにならべると、すな→しお→さとうとなります。

10　電気の通り道

70ページ　きほんのワーク

1 (1)①かん電池　②豆電球
　③ソケット　④どう線
(2)⑤＋　⑥－
(3)⑦回路

2 (1)①×　②○　③×
(2)④豆電球　⑤－きょく　⑥わ

まとめ　①＋きょく　②豆電球　③－きょく
（①、③順《じゅん》不《ふ》同《どう》）

71ページ　練習のワーク

1 (1)㋐○　㋑×　㋒○　㋓×
(2)回路
(3)④に○

2 ①、③、④に○

てびき **1** (1)(2)かん電池の＋きょく、－きょくで豆電球をはさむようにどう線でつなぎ、わのようにしたものを回路といいます。これは、電気の通り道となります。電気が通る回路では、豆電球の明かりがつきます。㋐や㋒のように、どう線をかん電池の＋きょくと－きょくにつながないと、豆電球の明かりはつきません。かん電池の向きが反対になっていたり、豆電球の向きが横になっていたりしても、豆電球の明かりはつきます。

　(3)豆電球とつながっている2本のどう線を、かん電池の＋きょくと－きょくにそれぞれつなぐと、豆電球の明かりがつきます。

2 豆電球の明かりがつかないときは、まず、回路が、わのようにつながっているか、かくにんしましょう。豆電球の中の線が切れていたり、ソケットがゆるんでいたりすると、回路はつながらず、明かりはつきません。かならずかくにんしましょう。

72・73ページ　まとめのテスト①

1 (1)㋐豆電球　㋑どう線　㋒かん電池
(2)㋓　(3)回路

2 ①○　②×　③×　④○

3 ①、②、⑥に○

4 (1)細い線
(2)ある。
(3)つく。
(4)②、④に○

5 ①○　②×　③×　④×　⑤○

てびき **1** (3)かん電池の＋きょく、豆電球、かん電池の－きょくをじゅんにどう線でつなぐとわのようになります。このとき、豆電球の明かりがつくのは、電気が通ったためです。このような電気の通り道を、回路といいます。

2 かん電池の＋きょく、豆電球、かん電池の－きょくのじゅんに、わのようにつないであるものをさがします。

わかる！理科　かん電池の＋きょくと－きょくの向きを反対向きにしたり、かん電池と豆電球をおくいちをかえたりしても、豆電球の明かりはつきます。

3 つくった回路に電気が通らないときは、豆電球の中の線（明かりがつくところ）が切れていないか、豆電球がソケットにゆるんでついていないか、どう線の先がかん電池のきょくからはなれていないかをかくにんします。回路が1か所でも切れていると、電気が通らないので、明かりがつきません。

4 (3)ソケットを使わないときのつなぎ方です。1本のどう線を豆電球の下のはしに、もう1本のどう線を豆電球の横のみぞの部分につなぐと、明かりがつきます。

⑷回路のつなぎ方は正しいので、それいがいのことで明かりがつかないと考えられます。豆電球の中の細い線が切れていることがよくあります。また、古いかん電池は、電気がへってしまっていて、使えないことがあります。どう線はどれほど長くても、回路にえいきょうしません。

5 回路に電気が通るときには、かん電池の＋きょく、豆電球、かん電池の－きょくがどう線でじゅんにつながれていて、電気の通り道が、わのようになっています。かん電池と豆電球をどのようにおいても、明かりのつき方にはかんけいしません。また、どう線の色もかんけいしません。

74ページ　きほんのワーク

1 ⑴①×　②○　③○　④×
⑵⑤金ぞく

2 ①「つかない」に⬭
②「つく」に⬭

まとめ　①金ぞく　②けずる　③通る

75ページ　練習のワーク

1 ⑴㋐×　㋑○　㋒×　㋓○
㋔×　㋕○　㋖○　㋗×
⑵②に○

2 ⑴②に○
⑵③に○

てびき **1** 金ぞくでできているものは、電気を通します。㋐、㋒、㋔、㋗は、金ぞくではないため、電気を通しません。

2 ジュースなどのかんは、ふつう、表面に絵や文字がいんさつされていて、電気を通さないものでおおわれているため、表面にどう線をつないでも電気は通りません。かんの表面を紙やすりなどでこすり、金ぞくの部分が出たところにどう線をつなぐと、電気が通ります。

わかる! 理科　空きかんのように金ぞくでできていても、色がぬってあると電気を通しません。金ぞくのきらきらしているところにどう線をつないでも豆電球がつかないときは、かんの表面にとうめいなものがぬってあることがあるので、紙やすりなどでこすってみるとよいでしょう。また、回路を1つのわのようにつないでも明かりがつかないときは、回路のどこかに電気を通さないものが入っていることも考えられます。

76・77ページ　まとめのテスト②

1 ①○　②○　③×　④○　⑤○　⑥×

2 ⑴㋐つかない。　㋑つかない。
⑵かんの表面は、電気を通さないものがぬられているから。
⑶③に○

3 ⑴㋐○　㋑×　㋒×
㋓○　㋔×　㋕○
⑵②、③に○

4 ①、④に○

丸つけのポイント

2 ⑵「電気を通さないもの（とりょう）がぬられている」ということが書かれていれば正かいです。

てびき **1** 金ぞくである鉄やアルミニウムは、電気を通します。紙やガラス、プラスチックなどは、電気を通しません。

2 ⑴かんの表面のいんさつ部分は電気を通さないため、どう線をつないでも豆電球の明かりはつきません。

⑵⑶空きかんの表面には、絵や文字がいんさつされていますが、これは金ぞくではないため、電気を通しません。そのため、空きかんをつないだ回路に電気を通すには、空きかんの表面を紙やすりなどでこすって、金ぞくの部分が見えるようにしてから、どう線をつなぎます。

3 回路に電気を通すためには、どう線と金ぞくを、わのようにつなぐひつようがあります。そのわの中に、かん電池の＋きょく、豆電球、かん電池の－きょくをじゅんにつなぐと、豆電球の明かりがつきます。ビニル、木、紙などは電気を通さないので、わの中にこれらをつなぐと、豆電球の明かりはつかなくなります。

4 ①ソケットを使わなくても、どう線の1本を豆電球の下のはしに、もう1本を豆電球の横のみぞにつけると明かりがつきます。

②かん電池の＋きょく、－きょくのそれぞれに、どう線を1本ずつつなぎます。

③ビニルは電気を通しません。しかし、どう線の中の金ぞくの線は電気をよく通します。よって、ビニルの部分をはがしたどう線につなぐと、豆電球に明かりはつきます。

④ゴムひもは電気を通しません。

⑤鉄は金ぞくなので、電気を通します。

11 じしゃく

78ページ きほんのワーク

1 (1)①× ②○ ③× ④× ⑤○ ⑥× ⑦× ⑧× ⑨○ ⑩× ⑪○

(2)⑫「ある」に⬭

(3)⑬鉄

まとめ ①鉄 ②つく

79ページ 練習のワーク

1 (1)[1]× [2]× [3]× [4]×

(2)㋐× ㋑○

(3)③に○

2 ㋐○ ㋑×

てびき **1** 鉄でできているものは、じしゃくにつきます。ゴムや紙、ガラス、プラスチックは、じしゃくにはつきません。

2 かんにはスチールかんとアルミかんがあり、鉄でできているかんをスチールかん、アルミニウムでできているかんをアルミかんといいます。スチールかんはじしゃくにつくので、空きかんを集めて分ける工場では、大きなじしゃくを使ってすばやくスチールかんとアルミかんを分けています。

わかる！理科 じしゃくは、鉄を引きつけます。アルミニウムやどうは、鉄と同じ金ぞくですが、じしゃくにつきません。

80ページ きほんのワーク

1 (1)①引きつけられている

②引きつけられている

(2)③はたらく

2 (1)①○ ②○

(2)③「引きつける」に⬭

まとめ ①鉄 ②じしゃく

81ページ 練習のワーク

1 (1)いえる。

(2)②に○

2 (1)①に○

(2)鉄のクリップにさ鉄がつく。

(3)じしゃく

てびき **1** じしゃくの力は、鉄とじしゃくの間がはなれていたり、間にものがあったりしてもはたらきます。

2 (1)鉄のクリップをじしゃくにつけると、クリップはじしゃくのはたらきをするようになります。よって、じしゃくについた鉄のクリップ㋐をじしゃくから引きはなして、ほかの鉄のクリップに近づけると、ほかの鉄のクリップは㋐に引きつけられます。

(2)(3)じしゃくについた鉄のクリップ㋐は、じしゃくになっているので、さ鉄を近づけると、さ鉄を引きつけます。

82ページ きほんのワーク

1 (1)①「引きつけ合う」に⬭

②「しりぞけ合う」に⬭

(2)③「はなれる」に⬭

④「引きつけられる」に⬭

(3)⑤「しりぞけ合い」に⬭

⑥「引きつけ合う」に⬭

まとめ ①引きつけ ②しりぞけ

83ページ 練習のワーク

1 (1)きょく

(2)Nきょく、Sきょく（順不同）

(3)②に○

2 (1)㋐㋐に○ ㋑㋑に○

(2)Nきょく

3 Nきょく…北

Sきょく…南

てびき **1** (3)じしゃくのNきょくとNきょく、Sきょくと Sきょくを近づけるとしりぞけ合い、Nきょくと Sきょくを近づけると引きつけ合います。

2 じしゃくは、同じきょくどうしを近づけるとしりぞけ合い、ちがうきょくどうしを近づけると引きつけ合います。

㋐では、じしゃくの同じきょくどうしを近づけているので、水の上にうかべたじしゃくはしりぞけ合う向き（あ）に動きます。

㋑では、じしゃくのちがうきょくどうしを近づけているので、水の上にうかべたじしゃくは引きつけ合う向き（い）に動きます。

3 水にうかべたぼうじしゃくは、いつも決まった方位をさして止まります。このとき、Nきょくは北を、Sきょくは南をさしています。このじしゃくのせいしつを使った道具が方位じしんです。

わかる! 理科 自由に動くようにしたじしゃくは、じしゃくの形にはかんけいなく、しばらくするとNきょくが北を、Sきょくが南をさして止まります。このため、じしゃくを糸でつるしたり、水にうかべたりすると、方位を調べることができます。方位じしんは、自由に動けるようにしたじしゃくをはりのようにして、持ち運《はこ》びできるようにしたものです。

84・85ページ まとめのテスト①

1 ㋐× ㋑× ㋒○ ㋓× ㋔○

2 ㋐○ ㋑× ㋒× ㋓○

3 ①× ②○ ③○ ④○
⑤○ ⑥× ⑦○ ⑧×

4 (1)あ
(2)①Nきょく
②Sきょく
(3)①に○

5 (1)鉄
(2)あのくぎにさ鉄が引きつけられる。
(3)じしゃく
(4)①× ②○

てびき **1** じしゃくは鉄を引きつけます。じしゃくの力ははなれていてもはたらくので、ビニルでつつまれた鉄のはり金のハンガーや、色のついたスチールかんにつけても、引きつける力がはたらきます。

2 じしゃくは、同じきょくどうしを近づけるとしりぞけ合い、ちがうきょくどうしを近づけると引きつけ合います。

3 ①②じしゃくは鉄を引きつけます。

③〜⑤じしゃくは、同じきょくどうしではしりぞけ合い、ちがうきょくどうしでは引きつけ合います。

⑥〜⑧じしゃくには、かならずNきょくとSきょくがあり、はなれた鉄も引きつけることができます。

4 (1)(2)ぼうじしゃくや丸い形のじしゃくにも、方位じしんと同じせいしつがあり、水にうかべてしばらくすると、そのうちNきょくが北をさし、Sきょくが南をさすようになります。

(3)じしゃくには、ちがうきょくを近づけると引きつけ合うというせいしつがあります。そのため、べつのじしゃくのNきょくを近づけると、水にうかべたぼうじしゃくのSきょくは、引きつけられてNきょくのほうへ動き出します。

5 (1)じしゃくについたことから、あのくぎは鉄でできていることがわかります。

(2)(3)じしゃくについたくぎは、じしゃくと同じようなはたらきをもつようになります。

(4)じしゃくについたほうがSきょくになるので、くぎの先のほう（とがっているほう）がNきょくになります。

86・87ページ まとめのテスト②

1 (1)㋐× ㋑○ ㋒× ㋓× ㋔× ㋕○
(2)②に○

2 (1)㋑
(2)南

3 (1)②に○
(2)②に○
(3)①強く ②弱く
(4)引きつけられる。

4 (1)②に○
(2)㋐Sきょく ㋑Nきょく ㋒Nきょく
㋓Sきょく ㋔Sきょく ㋕Nきょく

てびき **1** 鉄でできているものが、じしゃくにつきます。

2 方位じしんのはりはじしゃくでできているので、同じきょくどうしを近づけるとしりぞけ合い、ちがうきょくどうしを近づけると引きつけ合います。図のように、じしゃくのSきょくを近づけると、方位じしんのNきょくは、じしゃくのSきょくに近づく向き(㋑)に動きます。

3 (1)鉄のクリップとじしゃくの間が少しはなれていても、鉄はじしゃくに引きつけられます。

(2)(3)じしゃくを鉄のクリップから遠ざけていくと、じしゃくの力が弱まってはたらかなくなり、やがてクリップは下に落ちます。

(4)じしゃくと鉄のクリップの間に下じきをはさんでも、鉄のクリップはじしゃくに引きつけられます。

4 (1)じしゃくはNきょくとNきょく、SきょくとSきょくのように、同じきょくどうしを近づけるとしりぞけ合います。

(2)形のちがうじしゃくにも、ぼうじしゃくと同じようにNきょくとSきょくがあります。図ではじしゃくがういている、つまり、じしゃくがしりぞけ合っているため、㋕はNきょくであることがわかります。その反対面の㋔はSきょくです。

プラスワーク

88ページ **プラスワーク**

1 植物…アサガオ
理由…支柱は、まきついてのびていくアサガオのくきをささえるために使うから。

2 やごがせい虫になるときにのぼるため。

3 時こく…午前10時
理由…かげの向きから太陽は東のほうの空にあるとわかり、太陽が東のほうの空にあるのは午前中だから。

4 道具…㋑
理由…アルミかんはじしゃくにつかないが、スチールかんは鉄でできていて、じしゃくにつくから。

丸つけのポイント

1 支柱がアサガオを育てるためにひつようであることが書かれていれば正かいです。

2 「やごの間は水の中で生活し、せい虫になるとぼうをのぼって外に出ていく」ということが書かれていれば正かいです。

3 太陽がある方位から午前中であることがはんだんできていれば正かいです。

4 「アルミかんはじしゃくにつかないこと」「スチールかんはじしゃくにつくこと」の2つが書かれていれば正かいです。

てびき **1** ホウセンカは、大きくなるにつれてくきが太くなり、くきで体をささえるので、育てるときに支柱は使いません。一方、アサガオは、大きくなってもくきが太くならず、ほかのものにまきつくことで体をささえます。そのため、アサガオを育てるときには、支柱を立てて体をささえられるようにします。

2 やごはトンボのよう虫です。やごは水中で生活していますが、せい虫になるころになると、木などにのぼって水から出て、皮をやぶって出てきます。

3 かげが西と北の間にできているので、このとき太陽は東と南の間の空にあるとわかります。太陽は、明け方に東の方からのぼって正午ごろに南の空高くを通り、夕方に西の方にしずむので、東と南の間に太陽があるのは午前中です。

4 アルミかんはアルミニウムという金ぞくでできていて、スチールかんは鉄でできています。じしゃくはアルミニウムを引きつけず、鉄を引きつけるので、じしゃくを使えばアルミかんとスチールかんを分けることができます。かんの表面にとりょうがぬってあっても、スチールかんはじしゃくに引きつけられます。

アルミニウムも鉄も電気を通すため、かん電池と豆電球を使って区べつすることはできません。また、かんの表面にとりょうがぬってあると、どちらも電気を通さないため、やはり2つを区べつすることはできません。

実力判定テスト　夏休みのテスト①

1 身《み》のまわりの植物《しょくぶつ》や動物《どうぶつ》をかんさつしました。次《つぎ》の問《と》いに答えましょう。　1つ10〔50点〕

(1)　次の図のようなカードに、植物のすがたをきろくしました。

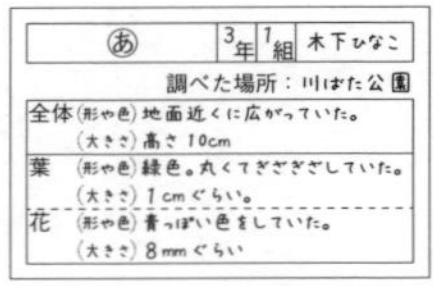

あ　3年　1組　木下ひなこ
調べた場所：川ばた公園
全体　(形や色) 地面近くに広がっていた。
(大きさ) 高さ 10cm
葉　(形や色) 緑色。丸くてぎざぎざしていた。
(大きさ) 1cmぐらい。
花　(形や色) 青っぽい色をしていた。
(大きさ) 8mmぐらい

①　あには、植物の何を書きますか。
（　名前　）

②　植物や動物のかんさつのしかたや調《しら》べ方について、正しいものを、次のア～エから2つえらびましょう。
（　イ　）（　ウ　）

ア　さわるとかぶれる植物や虫は、手に持《も》ってかんさつする。
イ　かんさつしたものの色や形、大きさをカードにかく。
ウ　大きさは、ものさしではかったり、ほかのものとくらべたりする。
エ　調べた日にちは書かず、時こくだけをカードに書く。

(2)　次の図は、かんさつした植物や動物の様子《ようす》です。色や形、大きさは、それぞれ同じですか、ちがいますか。　（　ちがう。　）

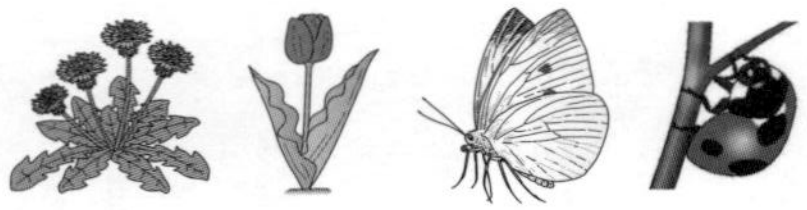

(3)　手に持てるものを虫めがねで見るとき、動《うご》かすものに○をつけましょう。
①（　○　）見るもの
②（　　）顔

2 ホウセンカとヒマワリについて、次の問いに答えましょう。　1つ5〔30点〕

(1)　次の写真《しゃしん》は、ホウセンカとヒマワリのどちらのたねですか。名前を書きましょう。
①（ホウセンカ）　②（　ヒマワリ　）

(2)　次の㋐～㋓からホウセンカとヒマワリの花と葉《は》をそれぞれえらんで、表《ひょう》に記ごうを書きましょう。

㋐

㋑

㋒

㋓

	花	葉
ホウセンカ	㋑	㋒
ヒマワリ	㋐	㋓

3 ホウセンカの体のつくりについて、次の問いに答えましょう。　1つ5〔20点〕

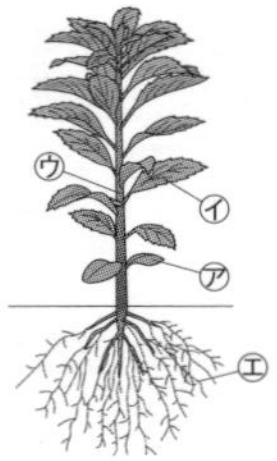

㋒
㋑
㋐
㋓

(1)　たねをまいたあと、さいしょに出てくる葉は、㋐、㋑のどちらですか。また、その葉を何といいますか。
記ごう（　㋐　）
名前（　子葉　）

(2)　㋒、㋓の部分《ぶぶん》の名前を何といいますか。
㋒（　くき　）　㋓（　根　）

実力判定《はんてい》テスト　夏休みのテスト②

1 次《つぎ》の図は、モンシロチョウの育《そだ》つ様子《ようす》を表《あらわ》したものです。あとの問《と》いに答えましょう。　1つ7〔49点〕

㋐
㋑
㋒
㋓

(1)　㋐～㋓のすがたを、何といいますか。
㋐（　たまご　）　㋑（　せい虫　）
㋒（　よう虫　）　㋓（　さなぎ　）

(2)　㋐をさいしょとして、モンシロチョウが育つじゅんに、㋑～㋓をならべましょう。
（　㋐　→　㋒　→　㋓　→　㋑　）

(3)　皮《かわ》をぬいで大きくなるのは、㋐～㋓のどのときですか。　（　㋒　）

(4)　モンシロチョウのように、体が頭・むね・はらの3つに分かれていて、むねに6本のあしがついている生き物《もの》のなかまを何といいますか。
（　こん虫　）

2 次の図のショウリョウバッタとカブトムシの育ち方について、あとの文の（　）にあてはまる言葉《ことば》を書きましょう。　1つ7〔21点〕

ショウリョウバッタ

カブトムシ

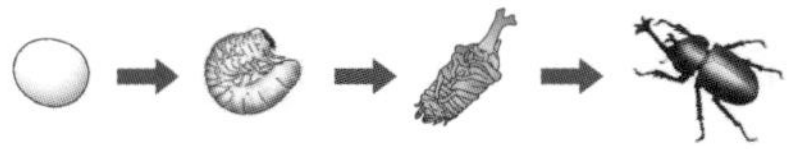

こん虫《ちゅう》には、たまご→①（　よう虫　）→②（　さなぎ　）→せい虫のじゅんに育つものと、たまご→③（　よう虫　）→せい虫のじゅんに育つものがいる。

3 ほかけ車をつくり、風を当てて、風の強さと車が動《うご》いたきょりのかんけいを調べました。表《ひょう》は、そのけっかです。あとの問いに答えましょう。　1つ5〔15点〕

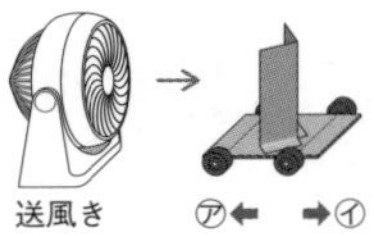

送風き
㋐
㋑

風の強さ	車が動いたきょり
弱い	1m60cm
強い	4m30cm

(1)　──→の向《む》きに風を当てたとき、車は㋐、㋑のどちらへ動きますか。　（　㋑　）

(2)　次の文の（　）にあてはまる言葉を書きましょう。

車が動くきょりは、風の強さが①（　強い　）ほど長くなり、風の強さが②（　弱い　）ほど短《みじか》くなる。

4 ゴム車をつくり、ゴムをのばす長さと車が動くきょりのかんけいを調べました。表は、そのけっかです。あとの問いに答えましょう。　1つ5〔15点〕

引く。

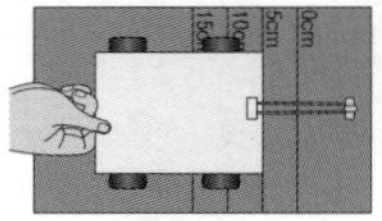

0cm
5cm
10cm
15cm

ゴムをのばす長さ	車が動いたきょり
5cm	2m10cm
10cm	5m20cm

(1)　車を引いたときの手ごたえが大きいのは、ゴムをのばす長さが5cmのときと10cmのときのどちらですか。　（　10cmのとき　）

(2)　次の文の（　）にあてはまる言葉を書きましょう。

車が動くきょりは、ゴムをのばす長さが長いほど①（　長く　）なり、ゴムをのばす長さが短いほど②（　短く　）なる。

もんだいのてびきは 24 ページ

実力判定テスト　冬休みのテスト①

1 こん虫《ちゅう》の体のつくりについて、あとの問《と》いに答えましょう。　1つ4〔28点〕

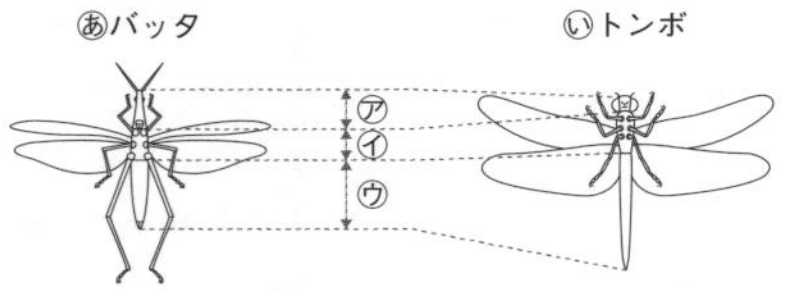

あバッタ
いトンボ
ア
イ
ウ

(1) 図のア～ウの部分《ぶぶん》を何といいますか。
　ア（　頭　）　イ（　むね　）
　ウ（　はら　）

(2) あ、いには、あしは何本ありますか。また、あしはア～ウのどの部分にありますか。
　本数（　6本　）　あしがある部分（　イ　）

(3) 右の図のようなクモやダンゴムシは、こん虫のなかまといえますか、いえませんか。
　（　いえない。　）

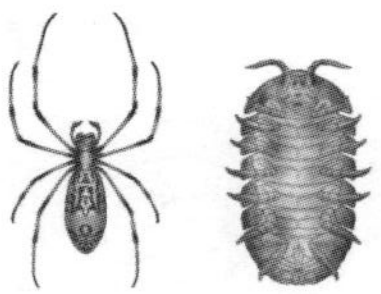

(4) (3)のように答えたのはなぜですか。
　（　あしの数が6本ではないから。　）

2 ホウセンカの育《そだ》ち方について、次《つぎ》の問いに答えましょう。　1つ6〔24点〕

(1) アをさいしょとして、ホウセンカが育つじゅんに、イ～オをならべましょう。
　（　ア　→　オ　→　ウ　→　エ　→　イ　）

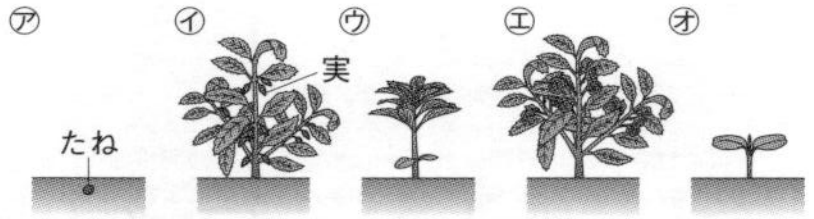

ア
イ
ウ
エ
オ
たね
実

(2) 次の文の（　）にあてはまる言葉《ことば》を書きましょう。

ホウセンカは、草たけがのびて、葉《は》がしげると、やがて①（　花　）がさく。①がさいたあと、②（　実　）ができて、③（　たね　）をのこして、かれていく。

3 次の図のように、地面《じめん》にぼうを立てて、ぼうのかげの向《む》きと太陽《たいよう》のいちのへんかを調《しら》べました。あとの問いに答えましょう。　1つ6〔24点〕

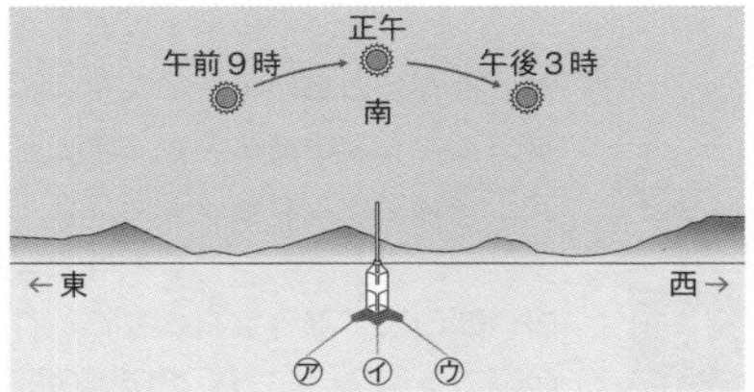

正午
午前9時
午後3時
南
←東
西→
ア
イ
ウ

(1) 午前9時のかげの向きを、ア～ウからえらびましょう。　（　ウ　）

(2) 時間がたつと、かげの向きと太陽の向きは、それぞれどのようにかわりますか。東、西、南、北で答えましょう。
　かげの向き（　西　→　北　→　東　）
　太陽の向き（　東　→　南　→　西　）

(3) 時間がたつと、かげの向きがかわるのはなぜですか。
　（　太陽の向きがかわるから。　）

4 右の図は、日なたと日かげの地面の温度《おんど》を調べたときの温度計の目もりです。次の問いに答えましょう。　1つ6〔24点〕

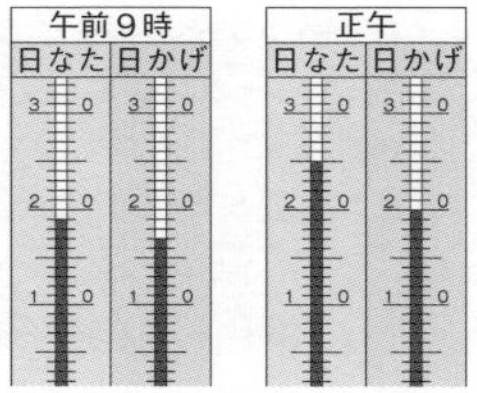

午前9時
日なた
日かげ
正午
日なた
日かげ

(1) 午前9時の日なたと日かげの地面の温度を読みとりましょう。
　日なた（　19℃　）
　日かげ（　17℃　）

(2) 正午に地面の温度が高かったのは、日なたと日かげのどちらですか。　（　日なた　）

(3) (2)のようになるのは、地面が何によってあたためられるからですか。　（　太陽の光　）

実力判定《はんてい》テスト　冬休みのテスト②

1 次《つぎ》の図のように、かがみではね返《かえ》した光をだんボール紙のまとに当てました。あとの問いに答えましょう。　1つ8〔24点〕

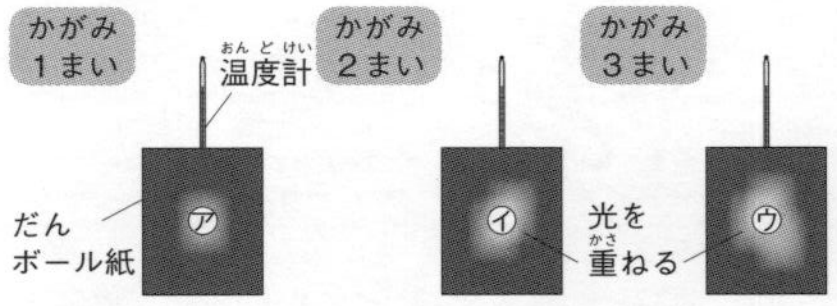

かがみ1まい
温度計《おんどけい》
かがみ2まい
かがみ3まい
だんボール紙
光を重《かさ》ねる
ア
イ
ウ

	ア	イ	ウ
光を当てたあとのまとの温度	21℃	29℃	39℃

(1) ア～ウのうち、光が当たった部分《ぶぶん》がいちばん明るいのはどれですか。　（　ウ　）

(2) 次の文の（　）にあてはまる言葉《ことば》を書きましょう。

はね返した光を重ねるほど、光が当たったところの明るさは①（　明るく　）なり、温度は②（　高く　）なる。

2 次の図のように、たいこの上に小さく切った紙をのせ、たいこをたたいて音を出しました。あとの問いに答えましょう。　1つ8〔24点〕

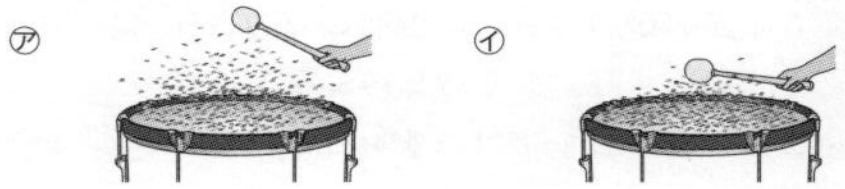

ア
イ

(1) 大きな音が出ているのは、ア、イのどちらですか。　（　ア　）

(2) 図のア、イについて、次の文の（　）にあてはまる言葉を書きましょう。

音が出ているとき、たいこはふるえている。大きい音が出ているときは、たいこのふるえは①（　大きい　）。小さい音が出ているときは、たいこのふるえは②（　小さい　）。

3 次の図のアのような、100gのねんどの形をかえたり、いくつかに分けたりして重《おも》さをはかりました。あとの問いに答えましょう。　1つ7〔28点〕

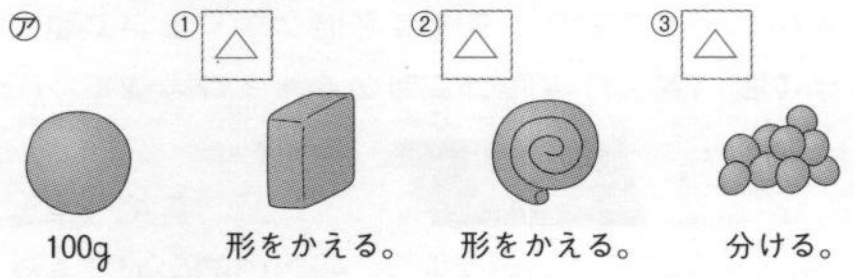

ア
①△
②△
③△
100g
形をかえる。
形をかえる。
分ける。

(1) アのねんどを①～③のようにして、重さをはかりました。アとくらべて重くなるときは○、軽《かる》くなるときは×、かわらないときは△を、①～③の□につけましょう。

(2) ものの形をかえると、重さはどうなりますか。
　（　かわらない。　）

4 同じ体積《たいせき》の鉄《てつ》、アルミニウム、木、プラスチックの重さをはかったところ、次の表《ひょう》のようになりました。あとの問いに答えましょう。　1つ8〔24点〕

鉄	アルミニウム	木	プラスチック
212g	73g	15g	38g

(1) 同じ体積で重さをくらべたとき、いちばん重いものはどれですか。鉄、アルミニウム、木、プラスチックからえらびましょう。　（　鉄　）

(2) 同じ体積で重さをくらべたとき、いちばん軽いものはどれですか。鉄、アルミニウム、木、プラスチックからえらびましょう。　（　木　）

(3) 同じ体積のとき、もののしゅるいがちがうと重さはちがいますか、同じですか。
　（　ちがう。　）

もんだいのてびきは 24 ページ

実力判定テスト　学年末のテスト①

1 次《つぎ》の図のうち、豆電球《まめでんきゅう》に明かりがつくものには○、つかないものには×を□につけましょう。 1つ6〔30点〕

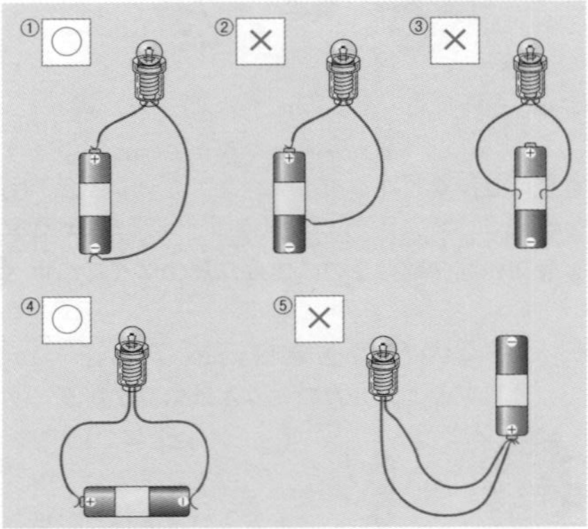

① ○
② ×
③ ×
④ ○
⑤ ×

2 スチールかんが電気を通すかどうかを、次の図のようにして調《しら》べました。あとの問《と》いに答えましょう。 1つ5〔10点〕

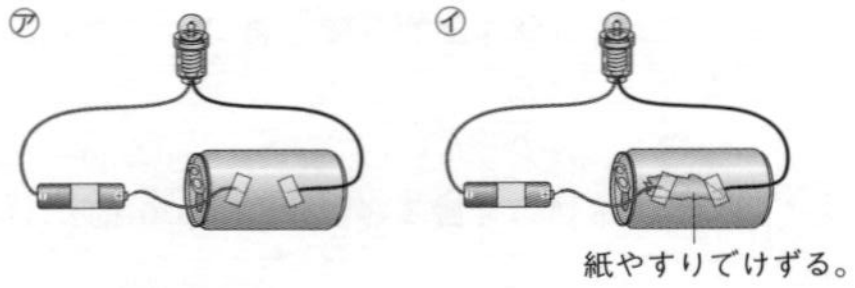

㋐
㋑
紙やすりでけずる。

(1) 豆電球に明かりがつくのは、㋐、㋑のどちらですか。 （ ㋑ ）

(2) 図の㋐、㋑について、次のア～ウのうち、正しいものをえらびましょう。 （ ウ ）

ア かんの表面《ひょうめん》の色がぬってある部分《ぶぶん》は電気を通すが、けずった部分は電気を通さない。

イ かんの表面の色がぬってある部分もけずった部分も電気を通す。

ウ かんの表面の色がぬってある部分は電気を通さないが、けずった部分は電気を通す。

3 じしゃくのせいしつについて、次の問いに答えましょう。 1つ6〔42点〕

(1) 次の①～③の（ ）のうち、正しいほうを◯でかこみましょう。

じしゃくは、はなれていても鉄《てつ》を
①（ (引きつける) 引きつけない ）。
じしゃくと鉄の間にじしゃくに引きつけられないものを入れても、じしゃくは鉄を
②（ (引きつける) 引きつけない ）。
じしゃくが鉄を引きつける力の強さは、じしゃくと鉄のきょりがかわると、
③（ (かわる) かわらない ）。

(2) 次の図のようにじしゃくを近づけたとき、引きつけ合うものには○、しりぞけ合うものには×を□につけましょう。

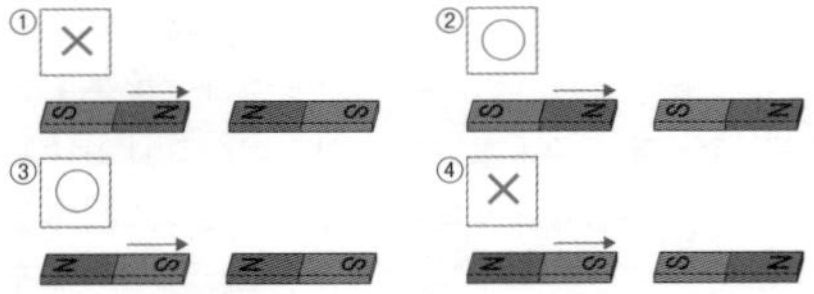

① ×
② ○
③ ○
④ ×

4 右の図のように、じしゃくに鉄のクリップをつけました。次の問いに答えましょう。 1つ6〔18点〕

N
あ

(1) じしゃくからはなした鉄のクリップあをほかの鉄のクリップに近づけると、ほかの鉄のクリップはどうなりますか。
（ 鉄のクリップあにつく。 ）

(2) じしゃくからはなした鉄のクリップあをさ鉄に近づけると、さ鉄はどうなりますか。
（ 鉄のクリップあにつく。 ）

(3) (1)、(2)より、じしゃくにつけた鉄のクリップあは何になったといえますか。
（ じしゃく ）

実力判定《はんてい》テスト　学年末のテスト②

1 次《つぎ》の文のうち、正しいものには○、まちがっているものには×をつけましょう。 1つ6〔30点〕

①（ × ）クモ、アリ、ダンゴムシは、すべてこん虫《ちゅう》である。

②（ ○ ）こん虫などの生き物《もの》は、植物《しょくぶつ》とかかわり合いながら生きている。

③（ ○ ）植物のしゅるいによって、葉《は》や花の形や大きさがちがう。

④（ × ）日なたの地面《じめん》は、日かげの地面より温《おん》度《ど》がひくい。

⑤（ × ）太陽《たいよう》の光をものがさえぎると、太陽と同じがわにもののかげができる。

2 次の図のものについて、電気を通すかどうか、じしゃくにつくかどうかを調《しら》べました。あとの問《と》いに答えましょう。 1つ7〔21点〕

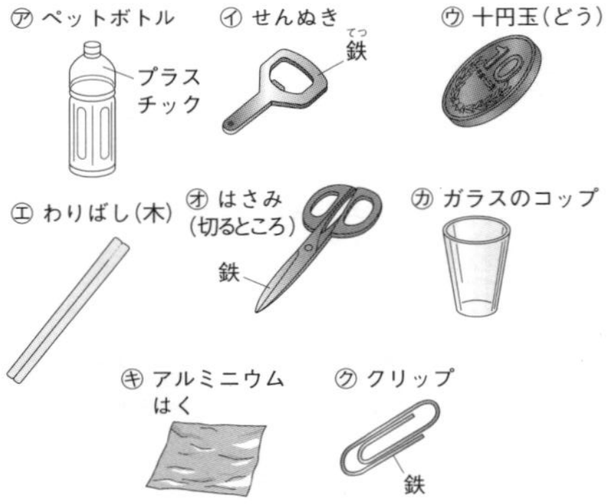

㋐ ペットボトル
プラスチック
㋑ せんぬき
鉄《てつ》
㋒ 十円玉(どう)
㋓ わりばし(木)
㋔ はさみ(切るところ)
鉄
㋕ ガラスのコップ
㋖ アルミニウムはく
㋗ クリップ
鉄

(1) 電気を通すものを、㋐～㋗からすべてえらびましょう。 （㋑、㋒、㋔、㋖、㋗）

(2) じしゃくにつくものを、㋐～㋗からすべてえらびましょう。 （ ㋑、㋔、㋗ ）

(3) 電気を通すものは、かならずじしゃくにつくといえますか、いえませんか。
（ いえない。 ）

3 次の図のように、糸電話をつくって話をしました。あとの問いに答えましょう。 1つ7〔28点〕

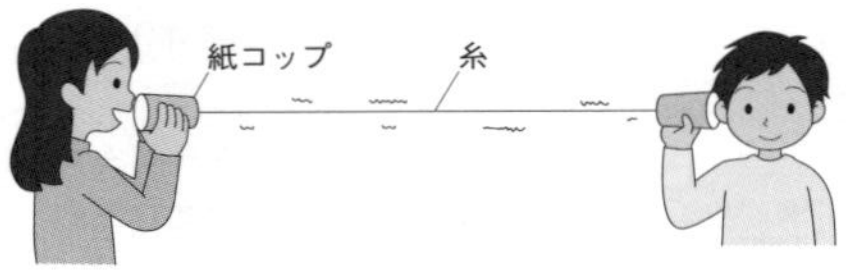

紙コップ
糸

(1) 話をしているときに、糸にそっとふれると、どうなっていますか。
（ ふるえている。 ）

(2) 話をしているときに糸を指《ゆび》でつまむと、聞こえていた声はどうなりますか。
（ 聞こえなくなる。 ）

(3) 次の①、②の（ ）のうち、正しいほうを◯でかこみましょう。

音がものをつたわっているとき、ものは
①（ (ふるえている) ふるえていない ）。
大きい音がつたわるとき、音をつたえるもののふるえは②（ 小さい (大きい) ）。

4 右の図は、黒い紙に虫めがねで光を集《あつ》めて当てている様子《ようす》です。次の問いに答えましょう。 1つ7〔21点〕

あ

(1) 虫めがねを➡の向《む》きに動《うご》かして黒い紙から遠ざけて、あの部分《ぶぶん》を小さくしました。このとき、あの部分の明るさはどうなりますか。
（ 明るくなる。 ）

(2) (1)のとき、あの部分のあたたかさはどうなりますか。 （ あつくなる。 ）

(3) 光を当てたところをいちばん小さくすると、やがて、黒い紙はどうなりますか。
（ こげる。 ）

もんだいのてびきは 24 ページ

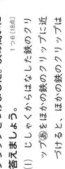

実力判定テスト　かくにん! きぐの使い方

虫めがねの使い方

1 次《つぎ》の①～④の□にあてはまる言葉《ことば》を書きましょう。

手で持てるものを見るとき

1.虫めがねを① 目 に近づけて持《も》つ。

2.② 見るもの を前後に動《うご》かして、はっきり見えるところで止める。

手で持てないものを見るとき

1.虫めがねを③ 目 に近づけて持つ。

2.虫めがねを③に近づけたまま、④ 顔 を前後に動かして、はっきり見えるところで止める。

方位じしんの使い方

2 次の①、②の□にあてはまる言葉を書きましょう。

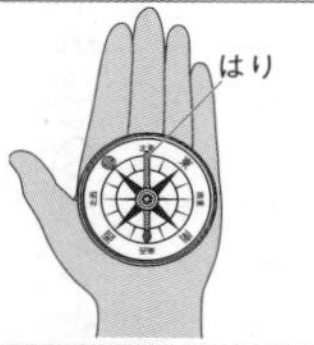
はり

はりが自由に動くように、方位《ほうい》じしんを手のひらの上に① 水平 に持つ。

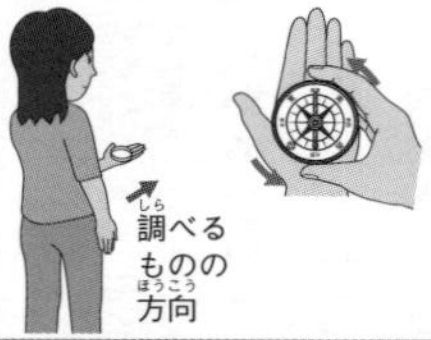
調《しら》べる
ものの
方向《ほうこう》

文字ばんを回して、② 北 の文字をはりの色のぬってあるほうに合わせる。

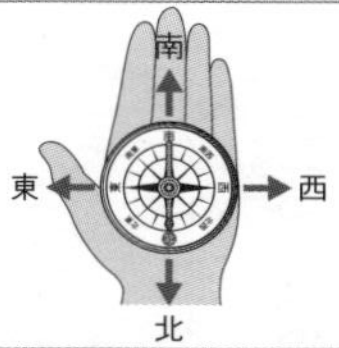
南
東
西
北

文字ばんの方位(調《しら》べたい方位)を読《よ》み取《と》る。

温度計の使い方

3 温度計《おんどけい》の目もりを読む目のいちとして、正しいものには○、まちがっているものには×を、①～③の□につけましょう。また、温度計を使うときに気をつけることについて、次の文の④、⑤の( )のうち、正しいほうを◯でかこみましょう。

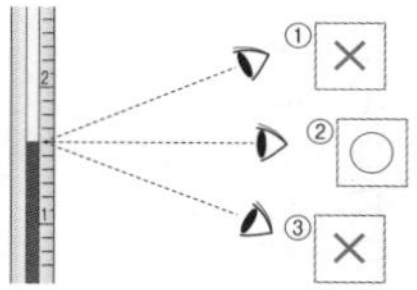
① ×
② ○
③ ×

地面《じめん》の温度をはかるときは、温度計がおれるため、温度計で地面を④(ほってもよい　(ほってはいけない))。また、温度計に日光が直せつ⑤(当たる　(当たらない))ようにするため、おおいをする。

実力判定《はんてい》テスト　かくにん! たんいとグラフ

長さや重さのたんい

1 ものの長さや重《おも》さのたんいを、書いて練習《れんしゅう》しましょう。

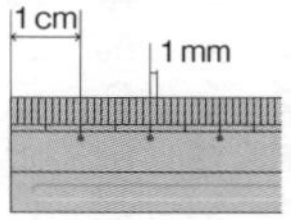
1 cm
1 mm

1m メートル	1cm センチメートル	1mm ミリメートル
1m	1cm	1mm

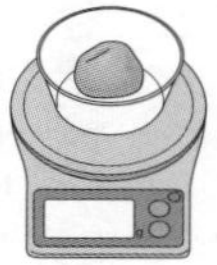

1kg キログラム	1g グラム
1kg	1g

たいせつ

①ものの長さは、ものさしではかることができます。長さのたんいには、「メートル」「センチメートル」「ミリメートル」などがあります。

1 m＝100cm

1 cm＝10mm

②ものの重さは、はかり(台ばかりやキッチンスケールなど)ではかることができます。重さのたんいには、「グラム」「キログラム」などがあります。

1 kg＝1000g

ものの長さや重さは、4年生の理科でも学習《がくしゅう》するよ。よくおぼえておこう！

ぼうグラフのかき方

2 次《つぎ》の表《ひょう》の日なたと日かげの地面《じめん》の温度《おんど》を調《しら》べたけっかを、ぼうグラフに表《あらわ》しましょう。

	日なた	日かげ
午前９時	18℃	16℃
正　午	24℃	18℃

ヒント

①調べた日づけを書く。
②表題《ひょうだい》を書く。
③横《よこ》のじくに調べた時こくを書く。
④たてのじくに温度をとって、目もりが表す数字とたんいを書く。
⑤記ろくした温度に合わせて、ぼうをかく。

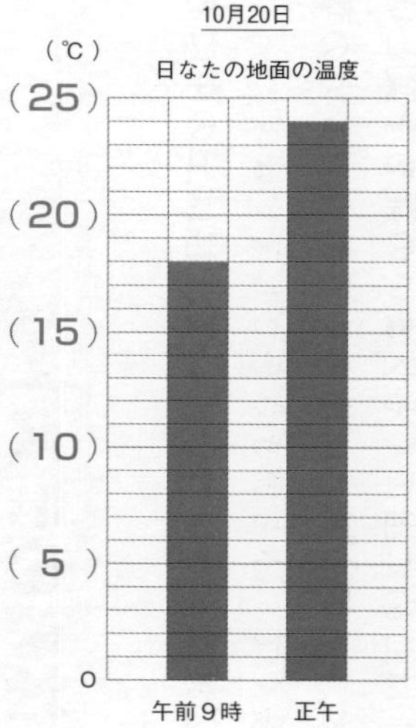
10月20日
日なたの地面の温度
(℃)
(25)
(20)
(15)
(10)
(5)
0
午前９時
正午

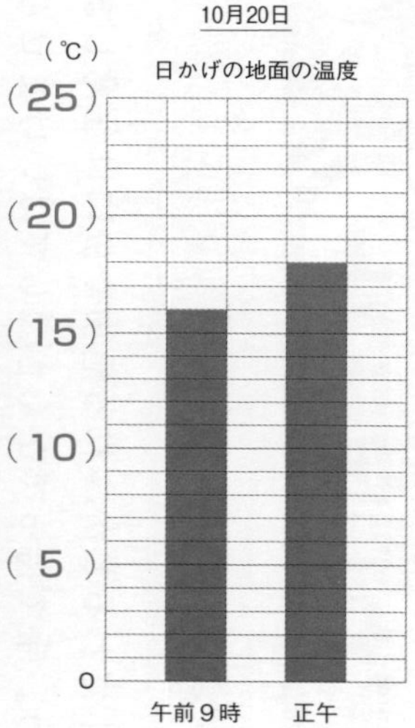
10月20日
日かげの地面の温度
(℃)
(25)
(20)
(15)
(10)
(5)
0
午前９時
正午

ものの重さや長さなど、数字で表せるものをぼうグラフにすると、くらべやすいよ。

もんだいのてびきは 24 ページ

実力判《はん》定《てい》テスト もんだいのてびき

夏休みのテスト①

1 (1)さわるとかぶれる植物や虫には注意しましょう。手で持ってかんさつしてはいけません。

3 (1)はじめに出てくる2まいの葉を子葉といいます。子葉のあとに出てくるホウセンカの葉は、細長くて、ふちがぎざぎざしています。

(2)葉はくきについていて、根は土の中にあります。

夏休みのテスト②

1 (1)モンシロチョウは、たまご→よう虫→さなぎ→せい虫のじゅんに育ちます。

(3)よう虫は、皮をぬいで大きくなっていきます。

(4)モンシロチョウは、体が3つに分かれていて、むねに6本のあしがあるので、こん虫です。

3 風にはものを動かすはたらきがあり、車に当てる風が強いほど、車が動くきょりは長くなります。

4 ゴムの力はものを動かすことができ、ゴムをのばす長さが長くなると、ゴムの元にもどろうとする力が強くなり、車の動くきょりも長くなります。

冬休みのテスト①

3 (2)太陽は、東のほうからのぼり南の空を通って、西のほうへしずみます。かげの向きはその反対に、西→北→東のようにかわっていきます。

冬休みのテスト②

1 かがみではね返した光を重ねるほど、光が当たったところは、より明るく、あたたかくなります。

2 音が出ているとき、たいこはふるえています。大きな音が出ているときはたいこのふるえは大きく、小さな音が出ているときはたいこのふるえは小さくなります。

3 ものの重さは、形がかわってもかわりません。また、はかりへののせ方をかえても、ものの重さはかわりません。

4 もののしゅるいがちがうと、同じ体積でも重さはちがいます。

学年末のテスト①

1 豆電球とかん電池の＋きょくと－きょくがどう線で「わ」のようにつながっているとき、豆電球の明かりがつきます。

3 (2)じしゃくのちがうきょくどうしを近づけると引きつけ合い、同じきょくどうしを近づけるとしりぞけ合います。

学年末のテスト②

2 すべての金ぞくは電気を通しますが、かならずじしゃくにつくとはかぎりません。

3 (2)糸電話の糸を指でつまむと、糸のふるえが止まるため、音はつたわりません。そのため、声は聞こえなくなります。

4 虫めがねを動かして、日光を小さく集めると、とても明るく、あつくなります。しばらくそのままにしておくと、黒い紙はけむりが出たり、こげたりします。

かくにん! きぐの使い方

3 温度計の目もりを読むときは、えきの先の高さと目の高さを合わせて、えきの先に近いほうの目もりを読みましょう。えきの先が、目もりと目もりの真ん中にあるときは、上のほうの目もりを読みます。

かくにん! たんいとグラフ

2 ぼうグラフは、数字で表すことができるものを整理するときに使います。植物の高さや温度のへんかなども、ぼうグラフにするとひとめでわかり、くらべやすくなります。

3 2 1 0 9 8 7 6 5 4
＊ ＊ D C B A

㉙

アメリカ

㉚
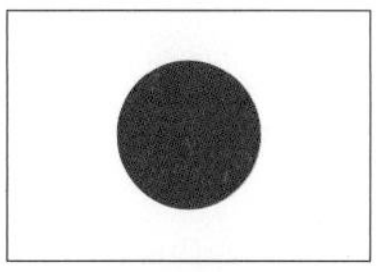
日本

㉛

医者

㉜

先生

㉝
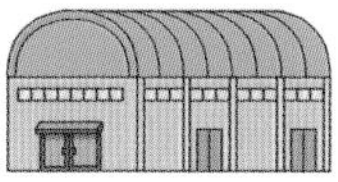
体育館

㉞

○○駅
駅

㉟

大きい

㊱

親切な

㊲

好きである

㊳

学校へ行く

kind

teacher

go to school

gym

Japan

station

big

America

like

doctor

採点をして正しく書けた語数を入れよう！
語/38語
クリア!

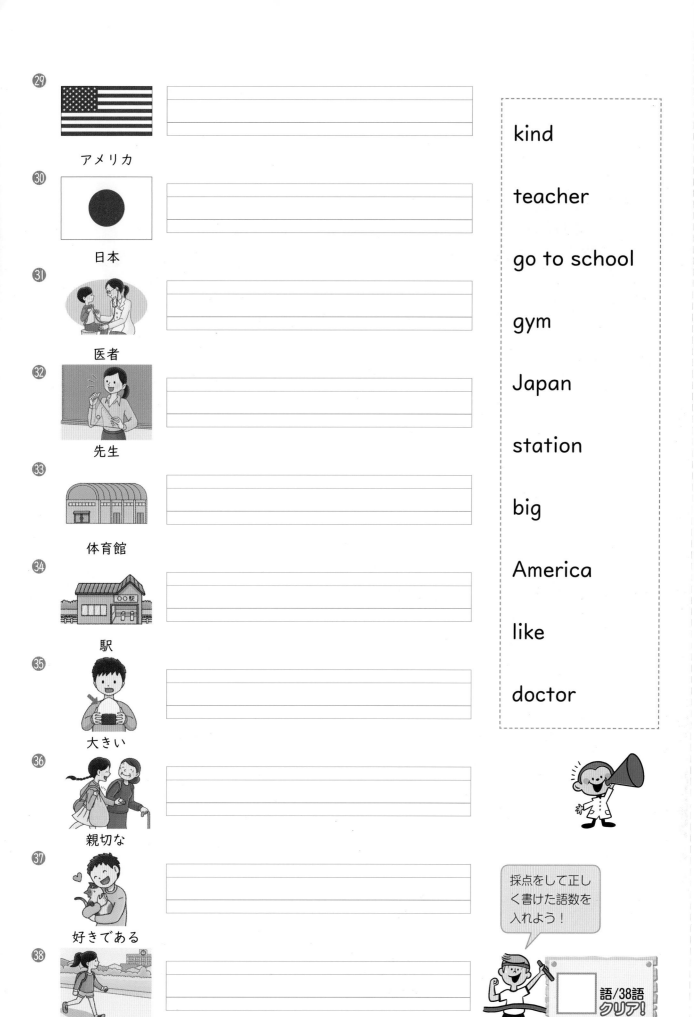

●勉強した日　　月　　日

実力判《はん》定《てい》テスト

5年生の単語38語を書こう!

単語リレー

時間 30分

名前

単語カード 1 〜 156

答え 16ページ

5年生のわくわく英語カードで覚えた単語のおさらいです。絵に合う単語を［　］から選び、＿＿に書きましょう。

❶

家族

❷

お父さん

❸

お姉さん、妹

❹

ステーキ

❺

スパゲッティ

❻

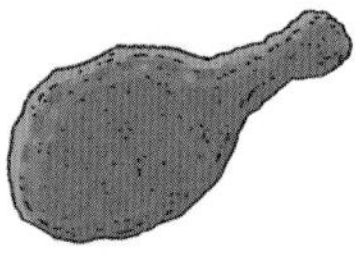

フライドチキン

❼

リコーダー

❽

ギター

steak

father

sister

guitar

family

fried chicken

spaghetti

recorder

⑨

太《たい》鼓《こ》

⑩

ドッジボール

⑪

バドミントン

⑫

バレーボール

⑬

いす

⑭
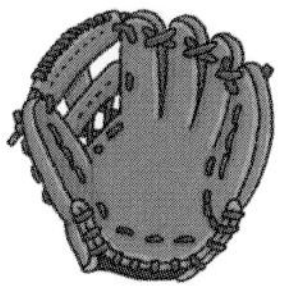
グローブ

⑮
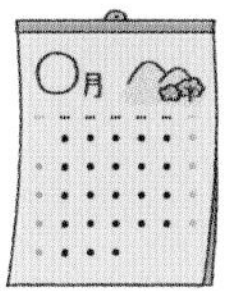

カレンダー

⑯

英語

⑰

国語

⑱

算数

drum
English
volleyball
math
badminton
glove
Japanese
chair
calendar
dodgeball

⑲

日曜日

⑳

水曜日

㉑

金曜日

㉒

春

㉓

夏

㉔

秋

㉕

冬

㉖

1月

㉗

7月

㉘

12月

Wednesday

January

summer

Friday

spring

Sunday

winter

December

fall

July

3 音声を聞いて、それぞれの場所の説明に合うものを下から選んで、記号を（　）に書きましょう。

1つ5点〔20点〕

t29

(1)

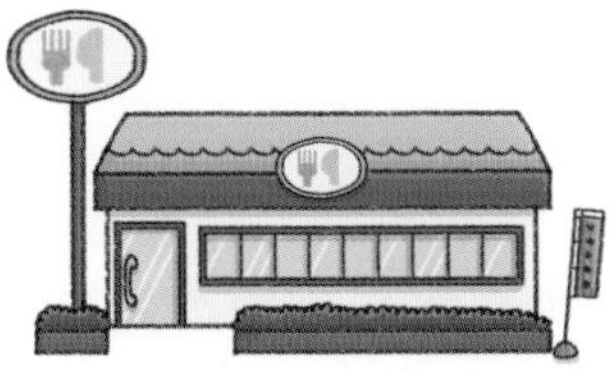

（　　　）

(2)

（　　　）

(3)

（　　　）

(4)

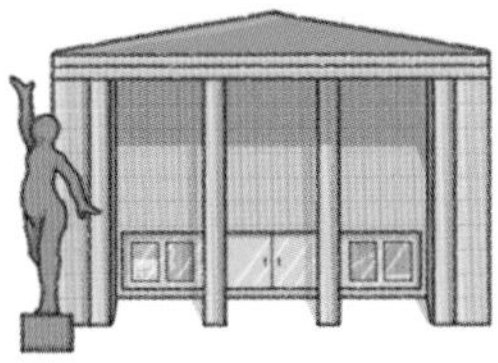

（　　　）

ア　新しい　　イ　古い　　ウ　すばらしい
エ　わくわくする　　オ　有名な

4 タクが自己《じこ》しょうかいをします。音声を聞いて、その内容に合うように、表の（　）に日本語を書きましょう。

1つ6点〔30点〕

t30

(1)	好きな教科	（　　　　　　）
(2)	好きな食べ物	（　　　　　　）
(3)	できること	（　　　　　　）こと
(4)	わたしのヒーロー	（　　　　　　）
(5)	将来《しょうらい》なりたいもの	（　　　　　　）

うら面の問題も解《と》きましょう。

実力判《はん》定《てい》テスト

学年末のテスト

時間 10分

名前　得点 /50点

書く　読む

教科書 14～111 ページ　答え 14 ページ

5 日本語に合うように［　］から英語を選んで、＿＿に書きましょう。文の最初にくることばは大文字で書きはじめましょう。　1つ5点〔20点〕

(1)（自分の町について）水族館があります。

We ＿＿＿＿ an aquarium.

(2) わたしたちはたくさんの魚を見ることができます。

We ＿＿＿＿ see many fish.

(3) あなたのヒーローはだれですか。

＿＿＿＿ is your hero?

(4) わたしはサッカーをするのが得意です。

I'm good at ＿＿＿＿ soccer.

where / have / who / can / play / playing

6 ナナが書いた「わたしのヒーロー」のメモを見て、内容《ないよう》に合うように、[　　] から英語を選んで [　　] に書きましょう。

1つ6点〔30点〕

【メモ】わたしのヒーロー、母ミドリ
- プログラマーをしている
- 優《やさ》しい
- 速く泳ぐことができる
- じょうずにおどることができる

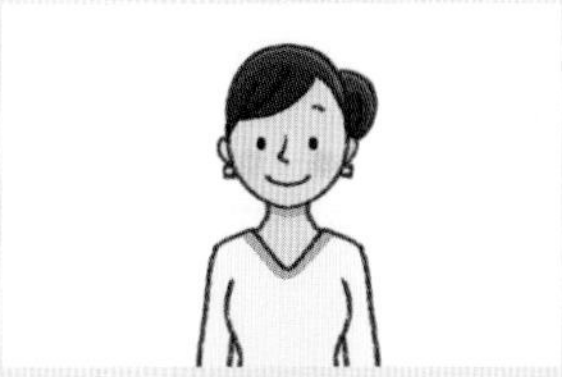

Midori

This is Midori.

She is my ＿＿＿＿＿＿＿＿ .

She is a ＿＿＿＿＿＿＿＿ .

She is ＿＿＿＿＿＿＿＿ .

She can ＿＿＿＿＿＿ fast.

She can ＿＿＿＿＿＿＿＿ .

She is my hero!

mother / run / swim / programmer
gentle / strong / sing well / dance well

●勉強した日　　月　　日

実力判《はん》定《てい》テスト

学年末のテスト

時間 20分

名前	得点
	/100点

音声

教科書 14～111ページ　答え 14ページ

聞く

1 音声を聞いて、絵の内容《ないよう》と合っていれば○、合っていなければ×を（　）に書きましょう。

1つ5点〔20点〕

t27

(1)
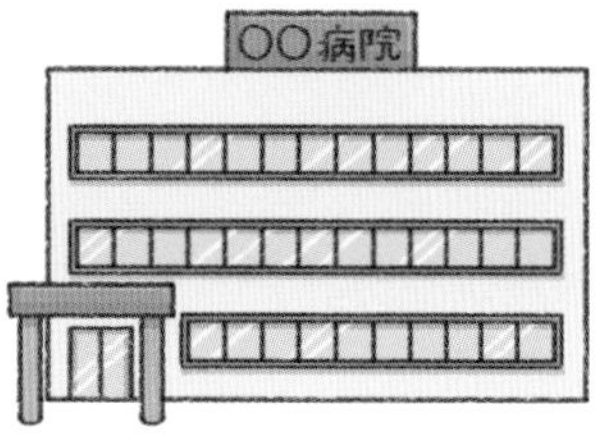

（　　　）

(2)

（　　　）

(3)

（　　　）

(4)
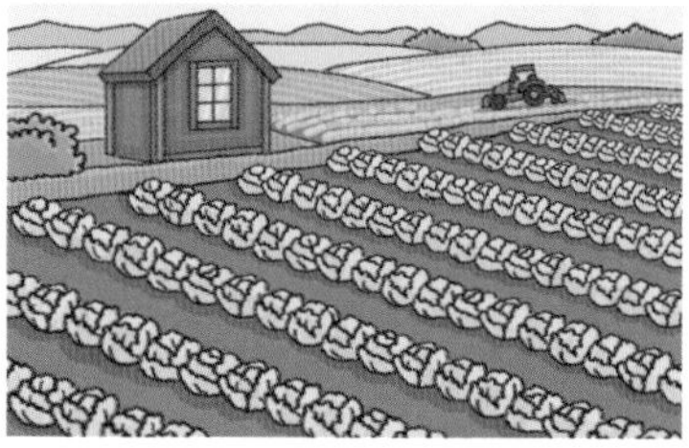

（　　　）

2 音声を聞いて、それぞれの人の職業《しょくぎょう》と人柄《ひとがら》を線で結びましょう。

1つ5点〔30点〕

t28

職業　　人柄

(1)

my father

(2)

my grandfather

(3)

my mother

6 ある人のお気に入りの場所の説明を見て、内容《ないよう》に合うように、[ ] から英語を選んで、______ に書きましょう。

1つ10点〔30点〕

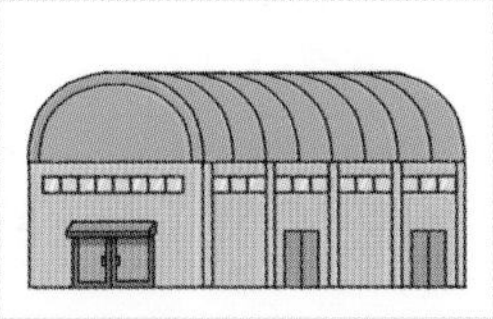

お気に入りの場所　：体育館
気に入っている理由：スポーツが好き
その場所への行き方：まっすぐ行って駅のところで右に曲がる

My ______
is the gym.
I ______ .
Go straight and
______
at the station.

favorite place / favorite sport / turn left
turn right / like sports / play sports

●勉強した日　　月　　日

実力判《はん》定《てい》テスト

冬休みのテスト

時間 20分

名前	得点
	/100点

音声

教科書　50～85ページ　　答え　12ページ　　聞く

1 音声を聞いて、絵の内容《ないよう》と合っていれば○、合っていなければ×を（　）に書きましょう。

1つ5点〔20点〕

t23

(1)

（　　　）

(2)

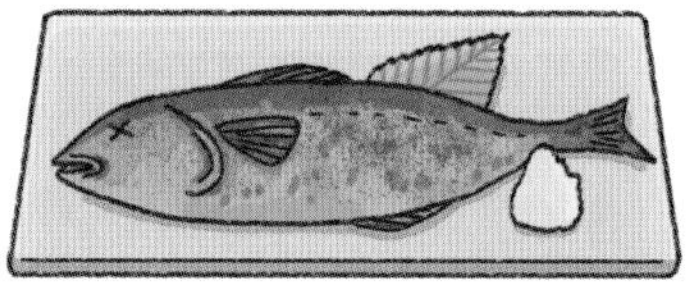

（　　　）

(3)

（　　　）

(4)

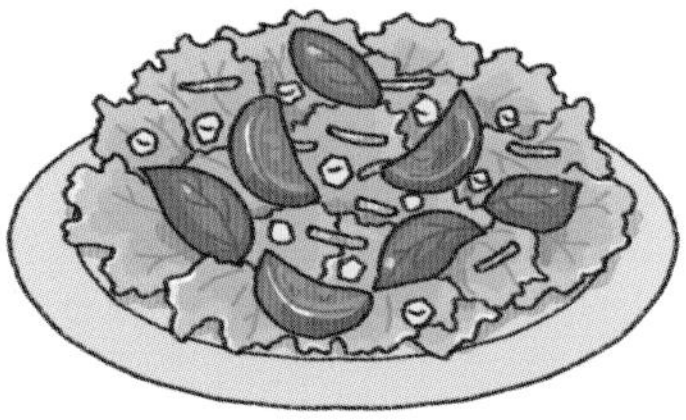

（　　　）

2 音声を聞いて、それぞれの人ができることとできないことを線で結びましょう。

1つ5点〔30点〕

t24

できること　　できないこと

(1)

Ken

(2)

Emi

(3)

Yukari

3 音声を聞いて、それぞれの人のお気に入りの場所を下から選んで、記号を(　)に書きましょう。

1つ6点〔30点〕

t25

(1)

Ai
(　　　)

(2)

Toru
(　　　)

(3)

Satoru
(　　　)

(4)

Nana
(　　　)

(5)

Kei
(　　　)

ア　水族館	イ　書店	ウ　博物館
エ　スタジアム	オ　公園	カ　動物園

4 リサがレストランで注文をします。音声を聞いて、値《ね》段《だん》を(　)に数字で書きましょう。

1つ5点〔20点〕

t26

	食べ物や飲み物	値　段
(1)	ピザ	(　　　　　　) 円
(2)	フライドチキン	(　　　　　　) 円
(3)	ケーキ	(　　　　　　) 円
(4)	オレンジジュース	(　　　　　　) 円

うら面の問題も解《と》きましょう。

実力判《はん》定《てい》テスト

冬休みのテスト

時間 10分

名前　　得点　　/50点

書く　読む

教科書　50～85ページ　　答え　12ページ

5 日本語に合うように［　　］から英語を選んで、＿＿に書きましょう。文の最初にくることばは大文字で書きはじめましょう。　1つ5点〔20点〕

⑴ あなたのボールはどこですか。

＿＿＿＿ is your ball?

⑵ [⑴に答えて]　ベッドのそばです。

It's ＿＿＿＿ the bed.

⑶ 何になさいますか。

What ＿＿＿＿ you like?

⑷ それはいくらですか。

＿＿＿＿ much is it?

where / when / in / would / how / by

3 音声を聞いて、それぞれの人が好きな教科を下から選んで、記号を（　）に書きましょう。

1つ5点〔20点〕

t21

(1)

Ai
（　　　）

(2)

Toru
（　　　）

(3)

Nana
（　　　）

(4)

Kei
（　　　）

ア	図画工作	イ	国語	ウ	体育
エ	社会	オ	算数		

4 ユミが英語の授業《じゅぎょう》で自己《じこ》しょうかいをします。音声を聞いて、その内容に合うように、表の（　）に日本語を書きましょう。

1つ6点〔30点〕

t22

(1)	誕生日	（　　　　　　　　）
(2)	好きな食べ物	（　　　　　　　　）
(3)	好きなスポーツ	（　　　　　　　　）
(4)	好きな教科	（　　　　　　　　）
(5)	好きな教科の曜日	（　　　　　　　　）

うら面の問題も解《と》きましょう。

●勉強した日　　月　　日

実力判《はん》定《てい》テスト

夏休みのテスト

時間 10分

名前　　得点　　/50点

書く　読む

教科書　14～49 ページ　　答え　11 ページ

5 日本語に合うように ＿＿＿ から英語を選んで、 ＿＿＿ に書きましょう。文の最初にくることばは大文字で書きはじめましょう。
1つ5点〔20点〕

(1) はじめまして。

＿＿＿＿＿ to meet you.

(2) あなたはどんな動物が好きですか。

＿＿＿＿＿ animal do you like?

(3) あなたの誕生《たんじょう》日《び》はいつですか。

＿＿＿＿＿ is your birthday?

(4) 10月にスポーツの日があります。

We ＿＿＿＿＿ Sports Day in October.

what / when / have / like / nice

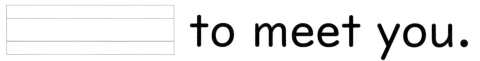

6 サキが書いたスピーチのメモを見て、内容《ないよう》に合うように、＿＿から英語を選んで、＿＿に書きましょう。

1 つ10点〔30点〕

Saki

【スピーチのメモ】
名前：サキ
誕生日：7月１日
誕生日にほしいもの：イヌ
将来《しょうらい》なりたい職業《しょくぎょう》：じゅう医師《いし》

My name is Saki.
My birthday is
____________.
I want ____________ for
my birthday.
I want to be ____________.
Thank you.

July 1st / June 1st
a vet / a doctor / a dog / a cat

●勉強した日　　月　　日

実力判定《はんてい》テスト

夏休みのテスト

時間 20分

名前　　　得点　　/100点

音声　聞く

教科書 14～49ページ　答え 11ページ

1 音声を聞いて、絵の内容《ないよう》と合っていれば○、合っていなければ×を（　）に書きましょう。

1つ5点〔20点〕

♪ t19

(1)

（　　　）

(2)

（　　　）

(3)

（　　　）

(4)

（　　　）

2 音声を聞いて、それぞれの人の誕生《たんじょう》日《び》の月と日づけを線で結びましょう。

1つ5点〔30点〕

♪ t20

(1)

Yukari

April

5th

(2)

Ken

November

23rd

(3)

Emi

February

15th

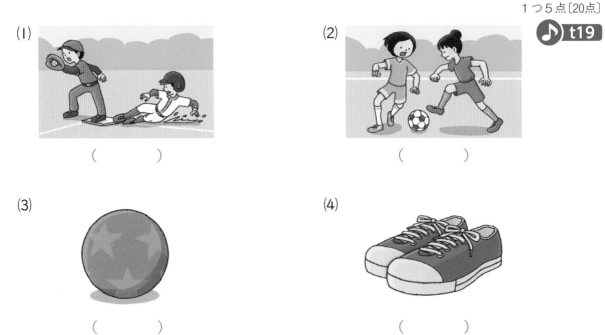

勉強した日　月　日

第7回 レストランでの注文

重要表現まるっと整理

5-07

動画

✪アプリを使って会話の練習をしましょう。80点以上になるように何度も練習しましょう。

トレーニング レストランでの注文の表現を練習しましょう。___の部分をかえて練習しましょう。

s13

□① What would you like?　何をめしあがりますか。

□② I'd like fried chicken.　フライドチキンをください。

・curry and rice　・ice cream　・grilled fish

□③ How much is it?　いくらですか。

□④ It's 400 yen.　400円です。

・600　・200　・550

よく聞いてね！

チャレンジ レストランでの注文の会話を練習しましょう。

s14

What would you like?
I'd like fried chicken.
MENU
How much is it?
It's 400 yen.

第6回 道案内 重要表現まるっと整理

5-06 動画

アプリを使って会話の練習をしましょう。80点以上になるように何度も練習しましょう。

トレーニング 道案内の表現を練習しましょう。___の部分をかえて練習しましょう。

s11

□① Where is the station? 駅はどこにありますか。
・park ・museum ・school

□② Go straight for one block. 1区画まっすぐに行ってください。
・two blocks ・three blocks

□③ Turn right at the corner. その角を右に曲がってください。
・left ・second corner ・third corner

□④ You can see it on your left. それはあなたの左手に見えます。
・right

チャレンジ 道案内の会話を練習しましょう。

s12

Where is the station?
○○駅
Go straight for one block.
Turn right at the corner.
You can see it on your left.

聞く 話す 読む 書く

勉強した日　　月　　日

第5回 もののある場所について

重要表現まるっと整理

5-05
お

動画

アプリを使って会話の練習をしましょう。80点以上になるように何度も練習しましょう。

トレーニング もののある場所についての表現を練習しましょう。＿＿の部分をかえて練習しましょう。

s09

□① Where is the <u>pencil</u>?　えんぴつはどこにありますか。
・notebook ・ball ・towel

□② It's in the <u>pencil case</u>.　それは筆箱の中です。
・bag ・box ・basket

□③ Where is the <u>pencil case</u>?　筆箱はどこにありますか。
・bag ・box ・basket

□④ It's <u>on the desk</u>.　それはつくえの上にあります。
・under the chair ・by the door ・under the table

大きな声で
言ってみよう！

チャレンジ もののある場所についての会話を練習しましょう。

s10

Where is the pencil?
It's in the pencil case.
Where is the pencil case?
It's on the desk.

第4回 時間割《じかんわり》や好きな教科について

重要表現まるっと整理

5-04 動画

アプリを使って会話の練習をしましょう。80点以上になるように何度も練習しましょう。

トレーニング 時間割や好きな教科についての表現を練習しましょう。____の部分をかえて練習しましょう。

s07

- □① What do you have on Monday? あなたは月曜日に何がありますか。
  - ・Tuesday ・Thursday ・Friday
- □② I have English on Monday. わたしは月曜日に英語があります。
  - ・Japanese ・science ・music
  - ・Tuesday ・Thursday ・Friday
- □③ What subject do you like? あなたは何の教科が好きですか。
- □④ I like math. わたしは算数が好きです。
  - ・social studies ・P.E. ・arts and crafts

チャレンジ 時間割や好きな教科について会話を練習しましょう。

s08

What do you have on Monday?
I have English on Monday.
英語
What subject do you like?
I like math.

聞く 話す 読む 書く

勉強した日 月 日

第3回 できることについて
重要表現まるっと整理

5-03 動画

アプリを使って会話の練習をしましょう。80点以上になるように何度も練習しましょう。

トレーニング できることについての表現を練習しましょう。＿＿の部分をかえて練習しましょう。

s05

- □① Can you swim fast?　あなたは速く泳ぐことができますか。
  - ・bake bread well ・sing well ・jump high
- □② Yes, I can.　はい、できます。
  - ・No, I can't.
- □③ This is Ken.　こちらはケンです。
  - ・Emi ・Yuta ・Satomi
- □④ He can swim fast.　彼《かれ》は速く泳ぐことができます。
  - ・She
  - ・bake bread well ・sing well ・jump high
- □⑤ Cool!　かっこいい！
  - ・Great! ・Nice! ・Wonderful!

がんばって！

チャレンジ できることについての会話を練習しましょう。

s06

Can you swim fast?
Yes, I can.
This is Ken.
He can swim fast.
Cool!

第2回 誕《たん》生《じょう》日《び》について

重要表現まるっと整理

動画

✪アプリを使って会話の練習をしましょう。80点以上になるように何度も練習しましょう。

トレーニング 誕生日についての表現を練習しましょう。＿＿の部分をかえて練習しましょう。

♪ s03

□① When is your birthday?　あなたの誕生日はいつですか。

□② My birthday is April 2nd.　わたしの誕生日は４月２日です。

・July 5th　・October 23rd　・January 31st

□③ What do you want for your birthday?　あなたは誕生日に何がほしいですか。

□④ I want a bike.　わたしは自転車がほしいです。

・a bag　・a watch　・a cake

チャレンジ 誕生日についての会話を練習しましょう。

♪ s04

聞く
話す
読む
書く

勉強した日　月　日

第1回 はじめましてのあいさつ

重要表現まるっと整理

5-01
お

動画

アプリを使って会話の練習をしましょう。80点以上になるように何度も練習しましょう。

トレーニング はじめましてのあいさつの表現を練習しましょう。＿＿の部分をかえて練習しましょう。

♪ s01

- □① Hello. My name is Yuki. ／ こんにちは、わたしの名前はユキです。
  - ・Keita　・Mary　・John
- □② How do you spell your name? ／ あなたの名前はどのようにつづりますか。
- □③ Y-U-K-I. Yuki. ／ Y、U、K、I。ユキです。
  - ・K-E-I-T-A. Keita.　・M-A-R-Y. Mary.　・J-O-H-N. John.
- □④ Nice to meet you. ／ はじめまして。
- □⑤ Nice to meet you, too. ／ こちらこそ、はじめまして。

何度も練習してね！

チャレンジ はじめましてのあいさつの会話を練習しましょう。

♪ s02

Hello. My name is Yuki.
How do you spell your name?
Y-U-K-I. Yuki.
Nice to meet you.
Nice to meet you, too.

動画で復習《ふくしゅう》＆アプリで練習！

重要表現まるっと整理

5年生の重要表現《ひょうげん》を復習するよ！動画でリズムに合わせて楽しく復習したい人は ❶ を、はつおん練習にチャレンジしたい人は ❷ を読んでね。❶→❷の順で使うとより効果的《こうかてき》だよ！

❶「わくわく動画」の使い方

各ページの冒頭《ぼうとう》についているQRコードを読み取ると、動画の再生《さいせい》ページにつながります。

Alec先生に続けて子どもたちが１人ずつはつおんします。Alec先生が「You!」と呼《よ》びかけたらあなたの番です。

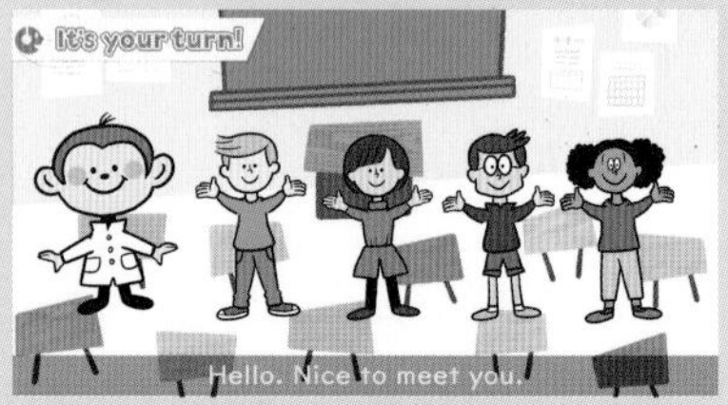

It's your turn!（あなたの番です）が出たら、画面に出ている英文をリズムに合わせてはつおんしましょう。

最後に自己《じこ》表現の練習をします。

It's your turn! が出たら、画面上の英文をはつおんしましょう。　　　　の中に入れる単語は Hint! も参考にしましょう。

❷「文理のはつおん上達アプリ　おん達」の使い方

ダウンロード

アクセスコード

EKJCMF8a

ホーム画面下の「かいわ」を選んで、学習したいタイトルをおします。

トレーニング

❶ をおしてお手本の音声を聞きます。

❷ をおして英語をふきこみます。

❸点数を確認《かくにん》し、 をおして自分の音声を聞きましょう。

チャレンジ

❶カウントダウンのあと会話が始まります。

❷ が光ったら英語をふきこみ、最後にもう一度 をおします。

❸“Role Change!”と出たら役をかわります。

※アクセスコード入力時から15か月間ご利用になれます。

※本サービスは無料ですが、別途各通信会社の通信料がかかります。　※お客様のネット環境および端末によりご利用いただけない場合がございます。ご理解、ご了承いただきますよう、お願いいたします。　※【推奨環境】スマートフォン、タブレット等（iOS11以上、Android8.0以上）